KB036084

4

Software Engineering

소프트웨어 공학

핵심 정보통신기술 총서

삼성SDS 기술사회 지음

한울
아카데미

이 도서의 국립중앙도서관 출판예정도서목록(CIP)은 서지정보유통지원시스템 홈페이지(http://seoji.nl.go.kr)
와 국가자료공동목록시스템(http://www.nl.go.kr/kolisnet)에서 이용하실 수 있습니다.
(CIP제어번호: CIP2019010207)

전면3개정판을 내며

1999년 처음 출간한 이래 '핵심 정보통신기술 총서'는 이론과 실무를 겸비한 전문 서적으로, 기술사가 되고자 하는 수험생은 물론이고 정보기술에 대한 이해를 높이려는 일반인들에게 폭넓은 사랑을 받아왔습니다. 이처럼 '핵심 정보통신기술 총서'가 기술 전문 서적으로는 보기 드물게 장수할 수 있었던 것은 국내 최고의 기술력을 보유한 삼성SDS 기술사회 회원 150여 명의 열정과 정성이 독자들의 마음을 움직였기 때문이라 생각합니다. 즉, 단순히 이론을 나열하는 데 그치지 않고, 살아 있는 현장의 경험을 담으면서도 급변하는 정보기술과 주변 환경에 맞추어 늘 새로움을 추구한 노력의 결과라 할 수 있습니다.

이번 개정판에서는 이전 판의 7권 구성에, 4차 산업혁명을 선도하는 지능화 기술의 기본 개념인 '알고리즘과 통계'(제8권)를 추가했습니다. 또한 분야별로 다루는 내용을 재구성했습니다. 컴퓨터 구조 분야는 컴퓨터의 구조와 사용자를 위한 운영체제 위주로 재정비했으며, 컴퓨터 구조를 다루는 데 기본인 디지털 논리회로 부분을 추가하여 컴퓨터 구조에 대한 이해를 높이고자 했습니다. 정보통신 분야는 인터넷통신, 유선통신, 무선통신, 멀티미디어통신, 통신 응용 서비스로 재분류하고 기본 지식과 기술을 유사한 영역으로 함께 설명하여 정보통신 분야를 이해하는 데 도움이 되도록 구성했습니다. 데이터베이스 분야는 이전 판의 데이터베이스 개념, 데이터 모델링 등에 데이터베이스 품질 영역을 추가했으며 실무 사례 위주로 재정비했습니다. ICT 융합 기술 분야는 최근 산업 분야의 디지털 트랜스포메이션 패러다임 변화에 따라 사업의 응용 범위가 워낙 방대하여 모든 내용을 포함하는 데 한계가 있습니다. 따라서 이를 효과적으로 그룹핑하기 위해 융합 산업 분야의 패러다임 변화와 빅데이터, 클라우드 컴퓨팅, 모빌리티, 사용자 경험UX, ICT 융합 서비스 등으로 분류했습니다. 기업정보시스템 분야는 엔터프라이즈급 기업에 적용되는 최신 IT를 더욱 깊이 있게 설명하고자 했고, 실제 프로젝트가 활발히 진행되고 있는 주제를 중심으로 내용을 재편했습니다. 아울러 알고리즘통계 분야는 빅데이터 분석과 인공지능의 핵심 개념인 알고리즘에 대한 개념과 그 응용 분야에 대한 기초 이론부터 실무 내용까지 포함했습니다.

국내 최고의 ICT 기업인 삼성SDS에 걸맞게 '핵심 정보통신기술 총서'를 기술 분야의 명품으로 만들고자 삼성SDS 기술사회의 집필진은 최선을 다했습니다. 현장에서 축적한 각자의 경험과 지식을 최대한 활용했으며, 객관성을 확보하기 위해 관련 서적과 각종 인터넷 사이트를 하나하나 참조하면서 검증했습니다. 아직 부족한 내용이 있을 수 있고 이 때문에 또 다른 개선이 필요할지 모르지만, 이 또한 완벽함을 향해 전진하는 과정이라 생각하며 부족한 부분에 대한 강호제현의 지적을 겸허한 마음으로 받아들이겠습니다. 모쪼록 독자 여러분의 따뜻한 관심과 아낌없는 성원을 부탁드립니다.

현장 업무로 바쁜 와중에도 개정판 출간을 위해 최선을 다해준 삼성SDS 기술사회 집필진께 감사드리며, 번거로울 수도 있는 개정 작업을 마다하지 않고 지금껏 지속적으로 출판을 맡아주신 한울엠플러스(주)에도 감사를 드립니다. 또한 이 자리를 빌려 총서 출간에 많은 관심과 격려를 보내주신 모든 분과 특별히 삼성SDS 기술사회를 언제나 아낌없이 지원해주시는 홍원표 대표님께 진심으로 감사드립니다.

2019년 3월

삼성SDS주식회사 기술사회

회장 이영길

대표이사 격려사

책을 내는 것은 무척 어려운 일입니다. 더욱이 복잡하고 전문적인 기술에 관해 이해하기 쉽게 저술하려면 고도의 전문성과 인내가 필요합니다. 치열한 산업 현장에서 업무를 수행하는 와중에 이렇게 책을 통해 전문지식을 공유하고자 한 필자들의 노력에 박수를 보내며, 1999년 첫 출간 이후 이번 전면3개정판에 이르기까지 끊임없이 개정을 이어온 꾸준함에 경의를 표합니다.

그동안 정보통신기술ICT은 프로세스 효율화와 시스템화를 통해 기업과 공공기관의 업무 혁신을 이끌어왔습니다. 최근에는 클라우드, 사물인터넷, 인공지능, 블록체인 등의 와해성 기술disruptive technology이 접목되면서 개인의 생활 방식은 물론이고 기업과 공공기관의 운영 방식에도 큰 변화를 가져오고 있습니다. 이런 시점에 컴퓨터의 구조에서부터 디지털 트랜스포메이션에 이르기까지 다양한 ICT 기술의 기본 개념과 적용 사례를 다룬 '핵심 정보통신기술 총서'는 좋은 길잡이가 될 것입니다.

삼성SDS의 사내 기술사들로 이뤄진 필자들과는 프로젝트나 연구개발 사이트에서 자주 만납니다. 그때마다 새로운 기술 변화는 물론이고 그 기술을 일선 현장에 적용하는 방안에 대해 깊이 토론합니다. 이 책에는 그런 필자들의 고민과 경험, 노하우가 배어 있어, 같은 업에 종사하는 분들과 세상의 변화를 알고자 하는 분들에게 도움이 될 것으로 생각합니다.

"세상에서 변하지 않는 단 한 가지는 모든 것은 변한다는 사실"이라고 합니다. 좋은 작품을 만들어 출간하는 필자들과 이 책을 읽는 모든 분에게 끊임없는 도전과 발전의 계기가 되기를 바랍니다. 감사합니다.

2019년 3월

삼성SDS주식회사

대표이사 홍원표

Contents

A
소프트웨어 공학 개요

A-1 소프트웨어 공학 개요 14

1 소프트웨어의 개념 14

2 소프트웨어 공학의 개념과 역사 16

3 소프트웨어 위기와 극복 방안들 18

4 SWEBOK 20

B
소프트웨어 생명주기

B-1 소프트웨어 생명주기 26

1 소프트웨어 생명주기의 이해 26

2 소프트웨어 생명주기 모형의 단계 27

3 소프트웨어 생명주기 모델 27

3.1 소프트웨어 생명주기 프로세스

4 폭포수 모델 29

4.1 폭포수 모델 적용 단계 | 4.2 폭포수 모델의 적용 분야 및 고려 사항

5 프로토타입 모델 31

5.1 프로토타입 모델의 종류 및 구성 요소 | 5.2 프로토타입 모델의 기술적 동향 및 문제점

6 반복적/점증적 개발 모델 32

6.1 반복적 개발 모델의 유형 | 6.2 점증적(증분) 개발 모델 | 6.3 진화적 개발 모델

7 나선형 모델 34

7.1 나선형 모델의 절차 및 내역

8 RAD 모델 35

8.1 RAD의 주요 단계 및 구성도 | 8.2 RAD 모델의 특성 및 장단점

C
소프트웨어 개발 방법론

C-1 소프트웨어 개발 방법론 40

1 소프트웨어 개발 방법론의 이해 40

2 구조적 방법론 43

3 정보공학 방법론 44

4 객체지향 방법론 46

4.1 객체지향 기법의 원리 | 4.2 럼보의 OMT | 4.3 부치의 OOD | 4.4 야콥슨의 OOSE

5 CBD 방법론 50
6 소프트웨어 프로덕트 라인 51
7 마이크로서비스 아키텍처 54
8 개발 방법론 테일러링 57

D
애자일 방법론

D-1 애자일 방법론 62
1 애자일 방법론의 이해 62
1.1 애자일 방법론 정의 | 1.2 애자일 방법론 특징 | 1.3 애자일 방법론 유형 | 1.4 애자일 프로세스 향후 전망
2 대표적인 애자일 방법론 XP 65
2.1 XP의 개요 | 2.2 XP의 프랙티스 | 2.3 XP의 한계점과 효과적인 적용 방안
3 데브옵스의 개념 69
3.1 데브옵스와 애자일 방법론 개요 | 3.2 데브옵스와 애자일 비교 | 3.3 CI/CD
4 칸반의 개요 73
4.1 칸반의 정의 | 4.2 칸반의 개념도 | 4.3 칸반의 장단점과 활용

E
요구공학

E-1 요구공학 78
1 요구사항의 중요성 78
2 요구사항 종류 79
3 요구공학 개요 79
4 요구사항 개발 81
5 요구사항 관리 84

F
소프트웨어 아키텍처

F-1 소프트웨어 아키텍처 88
1 소프트웨어 아키텍처의 이해 88
1.1 소프트웨어 아키텍처의 개요 | 1.2 소프트웨어 아키텍트
2 소프트웨어 아키텍처 표준 90
2.1 IEEE 1471
3 소프트웨어 아키텍처 적용 92
3.1 소프트웨어 아키텍처 설계 절차 | 3.2 품질속성 시나리오 | 3.3 소프트웨어 아키텍처 드라이버 | 3.4 소프트웨어 아키텍처 뷰 | 3.5 소프트웨어 아키텍처 스타일
4 소프트웨어 아키텍처 평가 98
5 소프트웨어 아키텍처 정의서 100

6 서비스 지향 아키텍처 101
6.1 SOA의 개념 | 6.2 SOA의 아키텍처 및 주요 기술
7 마이크로서비스 아키텍처 103
7.1 마이크로서비스 아키텍처의 개념 | 7.2 마이크로서비스 아키텍처의 구성과 특성

G
프레임워크 / 디자인 패턴

G-1 프레임워크 108
1 프레임워크의 이해 108
1.1 프레임워크의 개념 | 1.2 프레임워크와 아키텍처, 디자인 패턴의 관계
2 스프링프레임워크 109
3 전자정부 표준프레임워크 111

G-2 디자인 패턴 113
1 디자인 패턴의 이해 113
1.1 디자인 패턴의 개념과 중요성 | 1.2 디자인 패턴의 중요한 원칙 | 1.3 디자인 패턴의 유형 | 1.4 디자인 패턴 적용의 장점과 문제점 | 1.5 디자인 패턴과 아키텍처 스타일 비교

H
객체지향 설계

H-1 객체지향 설계 118
1 객체지향의 이해 118
2 객체지향의 원리 119
2.1 캡슐화 | 2.2 추상화 | 2.3 상속성 | 2.4 다형성
3 객체지향 설계 원칙 122
3.1 객체지향 설계 원칙의 개요 | 3.2 객체지향 설계의 5원칙
4 객체 모델링 작업의 절차 123
4.1 엔티티 클래스 찾기 | 4.2 경계 클래스 찾기 | 4.3 제어 클래스 찾기 | 4.4 연관 관계 찾기 | 4.5 속성 찾기
5 객체 설계 작업의 절차: 응용 객체를 구현 객체로 바꾸는 작업 126
5.1 객체 서비스 정의 | 5.2 플랫폼 선택 | 5.3 재구조화 | 5.4 최적화

H-2 소프트웨어 설계 127
1 소프트웨어 설계 개요 및 중요성 127
2 소프트웨어 분석모델과 설계와의 연관성 128
3 소프트웨어 설계 유형 129
4 소프트웨어 설계 원리 131
5 효과적인 모듈 설계 기준 132
6 소프트웨어 설계 시 핵심 이슈 135

H-3 UML 136

1 UML 개요 136
2 UML 뷰 프레임워크 137
3 UML 다이어그램 140

I
오픈소스
소프트웨어

I-1 오픈소스 소프트웨어 148

1 오픈소스 소프트웨어의 기본 개념 148

J
소프트웨어 테스트

J-1 소프트웨어 테스트 152

1 소프트웨어 테스트의 기본 개념 152
2 소프트웨어 테스트 프로세스 154
3 테스트의 유형 및 분류 158

J-2 소프트웨어 테스트 기법 162

1 소프트웨어 테스트 기법의 이해 162
2 동적 테스트 163
2.1 명세 기반 테스트 | 2.2 구조 기반 테스트 | 2.3 코드 기반 테스트 | 2.4 결함 기반 테스트 | 2.5 경험 기반 테스트
3 정적 테스트 167
3.1 리뷰 | 3.2 정적 분석
4 리스크 기반 테스트 171

J-3 소프트웨어 관리와 지원 툴 176

1 소프트웨어 테스트 표준 176
2 소프트웨어 테스트 프로세스 심사 및 평가 177
2.1 TMM | 2.2 TPI | 2.3 TMM과 TPI 비교
3 소프트웨어 테스트 자동화 및 지원 툴 180

K
소프트웨어 운영

K-1 소프트웨어 유지보수 186

1 소프트웨어 유지보수의 개념 186
2 소프트웨어 유지보수 종류와 작업 절차 187
2.1 소프트웨어 유지보수 종류 | 2.2 소프트웨어 유지보수 작업 절차
3 소프트웨어 유지보수 향상 활동 189

4 소프트웨어 유지보수 문제점과 해결 방안 190

K-2 소프트웨어 3R 192

1 소프트웨어 3R의 개요 192

2 소프트웨어 3R의 구성 193

2.1 소프트웨어 3R 개념도 | 2.2 소프트웨어 3R 구성요소

3 역공학 194

4 재공학 195

5 소프트웨어 재사용 196

K-3 리팩토링 198

1 리팩토링의 이해 198

2 리팩토링의 적용 시점과 대상 199

3 주요 리팩토링 패턴 200

4 재구조화와 리팩토링의 비교 200

K-4 형상관리 203

1 형상관리 개요 203

2 형상관리 프로세스 및 관리 기법 204

2.1 형상관리 개념도 | 2.2 형상관리 기법

3 소프트웨어 생명주기상에서의 형상관리 205

4 기대효과와 문제점 및 해결 방안 206

L 소프트웨어 품질

L-1 품질관리 210

1 소프트웨어 품질 210

2 소프트웨어 품질 요소 211

3 소프트웨어 특성과 품질 211

4 소프트웨어 품질 접근 방법 212

L-2 품질보증 214

1 소프트웨어 품질보증 214

2 소프트웨어 생명주기와 품질보증 활동 215

3 품질보증 기법 216

4 품질보증활동의 어려움과 기대효과 217

L-3 CMMI 218

1 CMMI 개요 218
2 CMMI 구성과 모델 유형 219
2.1 CMMI 구성요소 | 2.2 CMMI 모델 유형
3 CMMI 전환 및 실무 적용 시 고려사항 220

L-4 TMMI 223

1 소프트웨어 테스트 프로세스 성숙도 평가모델 TMMI 223
2 TMMI 구성 및 성숙도 단계 224
3 TMMI와 CMMI 모델 비교 225

L-5 소프트웨어 안전성 분석 기법 227

1 소프트웨어 안전성 분석 기법 개요 227
2 FHA Functional Hazard Assessment 227
3 PHA Preliminary Hazard Analysis 228
4 FMEA Failure Mode and Effect Analysis 228
5 FSD Failure Sequence Diagram 229
6 HAZOP Hazard and Operability Analysis 229
7 FTA Fault Tree Analysis 230

M
소프트웨어 사업대가산정

M-1 소프트웨어 사업대가산정 234

1 소프트웨어 사업대가산정의 적용 범위 234
2 생명주기 단계별 대가산정 방법 235

M-2 프로세스 및 제품 측정 237

1 소프트웨어 프로세스 및 제품 측정 개요 237
2 프로세스 측정 238
2.1 프로세스 측정 구조
3 소프트웨어 측정 개요 239
3.1 소프트웨어 측정 범주
4 크기 중심 규모 측정 240
5 기능 중심 규모 측정 241
5.1 기능점수 측정 절차 | 5.2 FP 측정 항목 | 5.3 FP의 계산 구조
6 경험 측정 모델 245
6.1 자원 평가 모델 | 6.2 Walston & Felix(WAL77) 모델 | 6.3 COCOMO 모델 | 6.4 COCOMO II 모델 | 6.5 도티 모델 | 6.6 퍼트넘 모델

7 기술적 측정 모델 249
7.1 할스테드의 소프트웨어 과학 | 7.2 매케이브의 회전복잡도

N 프로젝트

N-1 프로젝트관리 256

1 프로젝트관리 256
1.1 프로젝트관리 영역
2 프로젝트 통합관리 259
3 프로젝트 범위관리 261
4 프로젝트 일정관리 262
5 프로젝트 원가관리 264
6 프로젝트 품질관리 265
7 프로젝트 자원관리 266
8 프로젝트 의사소통관리 267
9 프로젝트 위험관리 268
10 프로젝트 조달관리 269
11 프로젝트 이해관계자관리 271

N-2 정보시스템 감리 274

1 정보시스템 감리 274
2 감리 프레임워크 277

찾아보기 279
각 권의 차례 282

A
소프트웨어 공학 개요

A-1. 소프트웨어 공학 개요

A-1

소프트웨어 공학 개요

소프트웨어 산업은 제4차 산업혁명에 필요한 핵심 경쟁력으로 반드시 확보해야 하는 보이지 않는 엔진이다. 소프트웨어 공학은 소프트웨어의 역할을 확대함과 더불어 소프트웨어에 대한 기존의 이해를 뛰어넘기 위해, 경험과 이론적인 요소를 중심으로 접근하는 데 치중해왔던 기존의 방식을 버리고 체계적이고 정량적인 기법과 구체적인 실행 방안을 정립하는 등 공학적인 접근 방식으로 변화하고 있다.

1 소프트웨어의 개념

'소프트웨어Software'라는 용어는 1957년, 존 터키John W. Tukey라는 수학자가 처음으로 사용한 용어로, 일반적으로 응용 소프트웨어를 의미한다.

초창기 컴퓨터는 특정 목적의 계산을 수행하려면 하드웨어 자체를 수정해야만 했지만, 존 폰 노이만John von Neumann이 주창한 프로그램 내장 방식의 계산기가 1964년에 개발되면서 처음으로 소프트웨어 개념이 소개되었다. 이로써 동일한 하드웨어에서 사용 목적에 따라 프로그램만 달리하는 소프트웨어 발전이 시작되었다.

일반적으로 소프트웨어는 하드웨어와 구분되는 개념으로 사용된다. 하드웨어가 정보시스템을 구축하는 물리적인 요소들을 의미한다면 소프트웨어는 이들의 작동을 원활하게 해주는 다양한 종류의 프로그램을 의미한다.

협의의 소프트웨어는 프로그램과 동일한 의미이지만, 광의의 소프트웨어는 프로그램 자체는 물론 개발, 운영 및 유지보수에 이르기까지의 관련 문서와 정보를 모두 포괄하는 개념으로 볼 수 있다. 일반적으로 소프트웨어는

존 폰 노이만
컴퓨터 중앙처리장치의 내장형 프로그램을 처음 고안한 미국 수학자이다. 1949년에 에드박(EDVAC: Electronic Discrete Variable Automatic Computer)이라는 새로운 개념의 컴퓨터를 만들었으며, 이때 고안한 방식은 오늘날에도 거의 모든 컴퓨터 설계의 기본이 된다.

소프트웨어산업 진흥법 제2조(정의) 1항
소프트웨어란 컴퓨터, 통신, 자동화 등의 장비와 그 주변장치에 대하여 명령, 입력, 처리, 저장, 출력, 상호작용이 가능하도록 하게 하는 지시, 명령(음성이나 영상정보 포함)의 집합과 이를 작성하기 위하여 사용된 기술서 및 기타 관련 자료

소프트웨어의 분류
- 시스템 소프트웨어
- 개발 소프트웨어
- 응용 소프트웨어

운영체제OS: Operating System와 같이 시스템을 운영하고 관리하는 시스템 소프트웨어와 프로그램 개발·설계를 담당하는 개발 소프트웨어, 임의의 응용 분야에서 특정 목적을 수행하는 응용 소프트웨어로 구분할 수 있다. 또한 기능, 정보처리 방법, 공급 방법에 따라 다음과 같이 분류할 수도 있다.

구분	유형	내용
기능	시스템 소프트웨어	OS, DMBS, 미들웨어
	응용 소프트웨어	보안관리, 자산관리, 웹 서비스
정보처리 방법	일괄처리 소프트웨어	급여계산, 연말정산, 백업관리
	온라인 소프트웨어	계좌이체, e-Commerce
	실시간 소프트웨어	영상회의, VOD, 스트리밍 서비스
공급 방법	패키지 소프트웨어	시장 분석을 기반으로 개발 후 판매하는 소프트웨어
	주문제작 소프트웨어	요구사항에 맞춰 개발 후 납품하는 소프트웨어

최근의 소프트웨어 산업은 지식 집약적 고부가가치 산업으로, IoTInternet of Things와 스마트 시대로 변해가는 과정에서 산업 간, 기기 간 융·복합화 현상과 함께 새로운 성장 동력으로 부상하고 있다. 또한 전통적인 산업 분류에서 공개 소프트웨어, 지능형 인터페이스, IoT 분야로 기술 및 적용 분야가 확대되면서 소프트웨어 분야 자체가 전략적인 분야로 확장되고 있다. 즉, 기존의 엔지니어링 성격을 넘어서 서비스로서의 소프트웨어, 비즈니스 중심의 소프트웨어로 전환하는 상황이다. 또한 제4차 산업혁명의 핵심 자원으로서 소프트웨어의 중요성은 새로운 의미로 다가서고 있다. 이러한 추세가 맞물리면서 소프트웨어 적용 범위는 앞으로도 확대될 전망이다.

소프트웨어의 특성
- 비가시성
- 복잡성
- 변경성
- 순응성
- 무형성
- 장수성
- 복제 가능성

이러한 소프트웨어의 본질적인 특성은 다음과 같다.

소프트웨어 특성	설명
비가시성(Invisibility)	- 구조가 외부에 노출되지 않고 코드에 내재함(문서화 필요)
복잡성(Complexity)	- 정형적 구조가 없어 개발 과정이 복잡하고, 소프트웨어 자체가 비규칙적·비정규적인 복잡성이 있음
변경성(Changeability)	- 필요에 따라 항상 수정이 가능한 변경성(유지보수, 형상관리)
순응성(Conformity)	- 사용자 요구, 환경 변화에 적절히 변형 가능(호환성) - 요구 및 환경 변화에 적응하는 유연성(순응성)
무형성(Intangibility)	- 매우 중요하나 사실 형체가 없는 무형성 - FP(Function Point) 등으로 유형화하려는 노력 필요(규모측정)
장수성(Longevity)	- 외부의 환경에 의해서 마모되는 것이 아니라, 품질이 저하되는 것(비마모성)
복제 가능성 (Duplicability)	- 간단하고 쉬운 방법으로 복제 가능 - 다양한 경로와 노력으로 복제 가능

2 소프트웨어 공학의 개념과 역사

소프트웨어 공학은 소프트웨어의 개발, 운용, 유지보수 및 폐기에 대한 체계적인 방법론, 또는 고품질 소프트웨어 개발을 위해 경제성 높은 공학적·과학적·수학적 원리와 방법을 적용하는 것을 의미한다.

이러한 소프트웨어 공학은 다음과 같은 요소로 구성된다.

요소	내용	사례
원리	소프트웨어 전문가와 종사자들의 경험과 지혜를 수집	소프트웨어 공학의 7가지 원리
기법	개발자들의 소프트웨어 공학 프로세스 및 수행절차를 분석	구조적 분석/설계기법 자료흐름 중심 설계기법
언어	그래픽, 단어, 기호, 개체(문장, 다이어그램, 모델 등)를 구성하는 규칙으로 구성되며, 이를 이용한 조합이 의미를 구성	DFD, ERD
도구	개발 프로세스의 수행을 도와주는 소프트웨어	CASE, IDE

소프트웨어 공학에서는 기본 원리와 기법, 언어와 이를 지원하기 위한 도구의 순서로 중요성을 가진다고 본다. 특히, 다음과 같은 소프트웨어 공학의 7가지 원리와 사례는 소프트웨어 공학을 이해하는 데 기본적인 개념을 구성한다.

원리	설명	사례
정형성과 엄격	- 명확한 표현을 통해 모호함을 최소화 - 소프트웨어의 정형화된 명세와 엄격한 설계 - 정형성: 수학적 근거를 기반으로 수학적 표현과 증명이 가능 - 엄격: 정형화 기법을 대신해 소프트웨어의 명세, 문서화를 엄격히 하여 프로세스의 재사용성을 향상	UML
관심사의 분리	- 복잡한 소프트웨어 구조의 문제점을 분리해 단순화시킴 - 단계별·역할별로 분리해 문제 해결을 시도	AOP, SDLC
모듈화	- 정보의 공유·교환을 최소화하는 효율적인 설계를 통해 모듈화 수행	응집도, 결합도
추상화	- 주어진 문제, 시스템에 대해 중요하고 관계있는 부분만을 분리해 간결하고 이해하기 쉽도록 만들어가는 과정	디자인 패턴
변화예측	- 향후 예상되는 변화를 사전 예측하여, 변화에 따라 요구사항을 손쉽게 수용할 수 있도록 함	MSA, SOA
일반화	- 구체적인 사실들로부터 일반적인 이론을 추출 - 공통 요구사항에 맞춘 소프트웨어를 개발해 재사용 가능성을 높임	CBD
점진화	- 개략적인 수준에서 구체적인 단계로 점차 진화	단위 → 통합 → 인수테스트

그리고 소프트웨어 공학에서는 요구공학, 소프트웨어 아키텍처, 프로세스 및 품질, 개발 방법론, 테스트, 재사용, 역공학 및 재공학 등 다양한 분야를 다루며, 다음과 같이 방법, 도구, 프로세스, 패러다임으로 주제를 분류할 수 있다.

분야	의미	사례
방법 (Method)	- 소프트웨어 개발 시 사용되는 기법과 절차	- 구조적 분석 및 설계 방법 - 객체지향 분석 및 설계 방법
도구 (Tool)	- 분석, 설계 개발, 유지보수 등 소프트웨어 개발 생명 주기의 자동화 혹은 반자동화를 지원하는 시스템	- 분석, 설계 도구 - 프로그래밍 및 테스트 도구 - 프로젝트 관리도구
프로세스 (Process)	- 도구와 기법을 사용해 작업하는 순서	- CMMI, ISO15504(SPICE) - Agile Process, RUP
패러다임 (Paradigm)	- 접근 방법이나 스타일 - 소프트웨어를 구축하는 기술적인 'How to'를 제공	- 구조적/객체지향/컴포넌트 방법론 - 서비스 지향 패러다임

소프트웨어 공학의 역사를 살펴보면, 복잡한 계산을 쉽고 정확하게 수행하는 컴퓨터가 등장하고 이를 구현하기 위한 기계어 프로그램이 사용된 1950~1960년대로 넘어와서는 빠르고 편리하게 소프트웨어를 개발하기 위해 매크로 어셈블러 등 초기 개발 도구와 컴파일러가 등장했다. 1960년대에는 메인프레임 출현과 함께 OS와 비즈니스 소프트웨어를 개발하기 위해 점차 프로젝트가 대형화되었다.

그러나 하드웨어의 대량 보급과 가격 하락은 컴퓨터 응용 분야의 확대와 대형 소프트웨어 시스템 구축에 대한 요구를 증대시킨 데 반해, 소프트웨어 개발 방법이 정립되지 않아 많은 프로젝트에서 일정 지연, 개발 비용 급등, 신뢰도 저하 및 유지보수의 어려움이 문제가 되고 있었다. 이로 인해 하드웨어의 발전 속도에 비해 소프트웨어의 생산성과 개발기술 등이 따라가지 못하는 현상을 뜻하는 소프트웨어 위기software crisis라는 용어가 1968년 NATO 소프트웨어 공학학회에서 처음 언급되었다. 이와 더불어 소프트웨어 개발의 저품질, 저생산, 고비용, 납기 지연 등 소프트웨어 위기에 대한 문제 해결 방안으로 소프트웨어 공학software engineering이라는 용어가 처음 소개되었다. 이러한 역사적 배경 아래 소프트웨어 공학은 상업용 소프트웨어보다는 체계적이고 정량적인 접근 방법을 사용하는 국방 또는 정부 시스템을 개발하는 데 필요한 사항을 충족시키기 위해 발전했다.

1970년대에는 중소형 컴퓨터가 보급되면서 소형 비즈니스 소프트웨어가 등장하고, 1980년 이후에는 퍼스널컴퓨터가 보편화됨에 따라 상업적으로 반복해 사용할 수 있는 패키지 소프트웨어가 등장했다. 1990년대에는 객체지향 방법론과 컴포넌트 방법론 등 개발생산성과 제품의 품질 향상을 위한 공학적인 방법론이 강조되는 시기였다. 또한 소프트웨어 프로젝트의 다양한 실패를 예방하고자 소프트웨어 개발 프로세스 성숙도를 측정하고 개선하고자 하는 CMM, SPICE 등이 등장했다. 2000년대에는 인터넷과 모바일 및 임베디드 기기의 활성화로 오픈소스 기반의 다양한 개발 플랫폼과 프레임워크, 도구가 등장했으며, 소프트웨어의 서비스화 및 컨버전스의 영향으로 서비스 지향 아키텍처service oriented architecture, 클라우드 컴퓨팅cloud computing, SaaS Software as a Service 등 서비스 기반의 아키텍처가 등장했다.

4차 산업혁명 시대에는 상황 변화에 따른 상황인지context awareness 소프트웨어, 휴먼 인터페이스human interface, 웨어러블 컴퓨팅wearable computing, IoT, 빅 데이터big data 등의 분야에서 새로운 소프트웨어와 비즈니스 영역이 개척되고 있으며, 이러한 변화에 대응하기 위해 소프트웨어 공학은 새로운 개념과 진화된 방법론을 지속적으로 제시하면서 성숙하고 발전할 것이다.

3 소프트웨어 위기와 극복 방안들

소프트웨어 위기는 소프트웨어가 품질과 생산성, 일정 등을 만족시키지 못해 사용자에게 외면당하는 것을 말하며, 고객의 요구 수준과 공급 능력 간의 차이가 지속적으로 심화되어 공정상의 문제까지도 야기되는 현상을 의미한다. 이러한 소프트웨어 위기의 원인은 전반적인 소프트웨어 프로세스의 복잡성과 소프트웨어 공학이 전문 분야로서 상대적으로 미성숙한 점이 관련되어 있다. 소프트웨어 위기의 원인은 다음과 같다.

소프트웨어 위기
소프트웨어가 품질과 생산성, 일정 등을 만족시키지 못해 사용자에게 외면당하는 현상

- 소프트웨어 규모가 점점 커지고, 하드웨어 및 소프트웨어 기술이 발전함에 따라 소프트웨어의 요구사항이 증가하고 복잡해졌으며, 이에 따른 개발 비용이 증가했다.
- 유지보수의 중요성이 부각되지만 소프트웨어의 갱신 주기가 짧아지면서 개발 적체 현상이 발생했다.

- 소프트웨어 비가시성으로 인해 프로젝트 개발 및 소요 예산, 일정, 자원 등의 예측이 어렵다.
- 소프트웨어 특성에 대한 이해가 부족하고, 신기술에 대한 교육과 훈련이 부족하다.

이러한 위기로 인해 소프트웨어 개발 프로젝트에서는 예산을 초과하고 일정이 지연되어 프로젝트관리를 실패하는 현상이 발생했다. 또한 소프트웨어 자체가 비효율적이고 품질 수준이 낮아짐에 따라 사용자 요구사항을 만족시키지 못하는 일들이 빈번하게 일어났으며, 사용자 손에 전달되지도 못하는 경우뿐만 아니라 유지보수관리에서도 많은 논쟁거리가 발생했다.

소프트웨어 위기를 해결하고자 지난 수십 년간 다양한 기법과 방법이 개발되었지만, "만병통치약은 없다No Silver bullet"는 견해만이 확고해졌다. 즉, 실패를 방지하기 위해 모든 경우에 통용될 수 있는 방법론은 없다는 견해가 일반적이며, 프로젝트 규모가 크고 복잡하며 요구조건이 명확하지 않은 경우에는 사실상 예측 불가능한 여러 가지 위험에 노출되어 있다.

소프트웨어 위기 극복 방안
- 공학적 접근
- 표준화 기술
- 자동화 도구 활용
- 품질보증체제

소프트웨어 위기를 최소화하기 위한 방법으로서 소프트웨어 공학에서는 다음과 같은 방안을 제시해왔으며, 지속적으로 공학적인 기법을 발전시키려고 노력하고 있다.

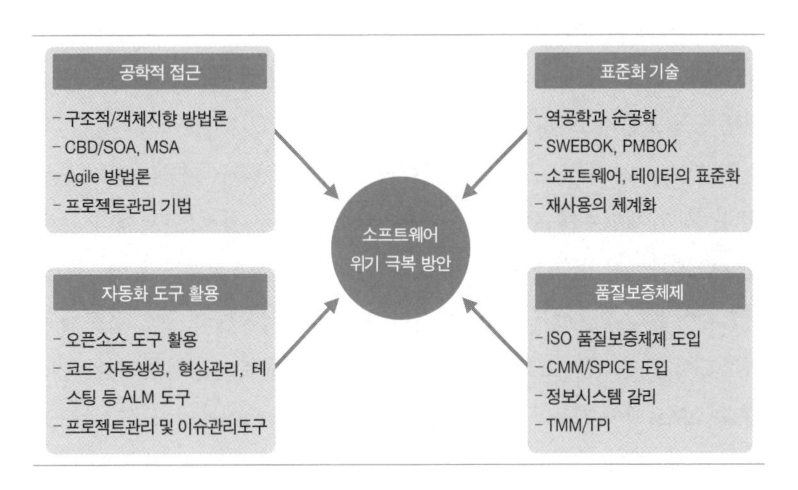

소프트웨어 공학 관련 기술 및 지식을 다양하게 분류할 수 있겠지만, 2004년 IEEE Computer Society는 소프트웨어 공학 전체를 10개의 기술

분야로 분류하고 각 기술별로 필요한 상세 지식을 정의한 *Guide to Software Engineering Body Of Knowledge* SWEBOK 2004를 내놓았다. 이 책의 구성과 흐름 또한 SWEBOK의 목차를 참조하여 소프트웨어 공학 전반에 대해 구체적으로 설명하고, 실무적인 관점에서 다양한 사례와 최근 부각되는 소프트웨어 공학 방법론을 소개한다.

4 SWEBOK

SWEBOK Software Engineering Body of Knowledge은 IEEE Computer Society에서 소프트웨어 공학 분야에 대해 일반적으로 받아들이는 지식을 정리한 체계이다. SWEBOK은 다음과 같은 5가지 목적으로 만들어졌다. 첫째, 소프트웨어 공학에 대한 일관성 있는 정보를 전달하고, 둘째, 소프트웨어 공학의 범위를 명확히 정의하고 전산학, 수학, 프로젝트관리와 같은 다른 영역과의 차이를 명백히 하며, 셋째, 소프트웨어 공학의 내용을 상세히 설명하고, 넷째, 소프트웨어 공학 지식체계에 대한 손쉬운 접근 방법을 제시한다. 마지막으로 관련 인증 및 자격취득을 위한 교과과정에 대한 기반을 제공한다.

SWEBOK
IEEE 산하의 소프트웨어 공학 표준위원회와 ACM(Association for Computing Machinery)이 2004년 발표한 소프트웨어 공학 분야 전체에 걸친 지식체계

SWEBOK 2004 버전은 총 10개의 지식영역 knowledge area으로 구성되었으며, 소프트웨어 공학자가 알아야 할 지식의 범위에 대한 표준으로서 ISO/IEC 24773으로 채택되었다. 현재 지식영역을 15개로 확장하고, 관련 실천 방법 등을 보완해 SWEBOK V3를 제공하고 있다.

SWEBOK V3에서 소프트웨어 공학의 15개 지식체계는 다음과 같이 분류된다. 개발 생명주기 측면에서의 소프트웨어 요구사항, 소프트웨어 설계, 소프트웨어 개발, 소프트웨어 테스트, 소프트웨어 유지보수 5개 영역과 소프트웨어 관리 부문에서의 소프트웨어 형상관리, 공학관리, 공학 프로세스, 공학모델 및 방법론, 소프트웨어 품질론 5개 영역으로 구성된다. 여기에 추가로 소프트웨어 전문가 실천 방안 Software Engineering Professional Practice, 소프트웨어 공학 경제학, 컴퓨팅 기초, 수학 기초, 공학 기초 등의 관련 이론 5개 영역으로 구성된다.

지식영역	상세영역	세부 내용
① 소프트웨어 요구사항	소프트웨어 요구사항 정의	소프트웨어 요구사항의 정의, 제품 및 프로세스 요구사항, 기능 및 비기능 요구사항에 관한 설명
	요구사항 프로세스	프로세스 모델과 주체, 프로세스 지원과 관리, 프로세스 품질 향상에 관한 설명
	요구사항 도출	요구사항을 도출하기 위한 요인들과 기법 설명
	요구사항 분석	요구사항 분류, 개념적 모델링, 아키텍처 설계와 요구사항 할당, 요구사항 협상에 관한 설명
	요구사항 명세	시스템 정의 문서, 시스템 요구사항 명세, 소프트웨어 요구사항 명세에 관한 설명
	요구사항 검증	요구사항 검토, 프로토타이핑, 모델 검증, 인수 테스트에 관한 설명
	실무적인 고려 사항	변경관리, 요구사항 속성 및 추적성, 요구사항 측정에 관한 설명
② 소프트웨어 설계	소프트웨어 설계의 기본	일반적인 설계 개념, 배경, 소프트웨어 설계 프로세스 및 설계 원칙에 관한 설명
	소프트웨어 설계 시 핵심 이슈	병행성, 이벤트의 통제와 처리, 컴포넌트 분배, 오류/예외처리/장애의 허용성, 데이터 지속성 등에 대한 이슈의 설명
	소프트웨어 구조와 아키텍처	아키텍처 구조와 관점, 설계 패턴, 디자인 패턴, 프로그램과 프레임워크의 관계에 관한 설명
	소프트웨어 설계의 품질 분석과 평가	소프트웨어 품질속성과 품질 분석 및 평가 기법, 품질 측정에 관한 설명
	소프트웨어 설계 표기법	정적인 뷰 관점에서 구조적 설명과 동적인 뷰 관점에서 행동에 관한 설명
	소프트웨어 설계 전략과 방법	구조적, 객체지향, 데이터 중심 설계, 컴포넌트 기반 설계 등에 관한 전략과 방법 설명
③ 소프트웨어 개발	소프트웨어 개발 기본	복잡도를 최소화하고 변경을 예측하며, 검증을 위한 개발 방법과 개발 표준에 관한 설명
	개발관리	소프트웨어 개발 모델과 개발 계획 및 측정 설명
	실무적인 고려 사항	실무적인 관점에서 개발 설계, 언어, 코딩, 테스트, 재사용, 개발 품질, 통합 등의 고려 사항 설명
④ 소프트웨어 테스팅	소프트웨어 테스트 기본	테스트의 관련 용어, 결함과 장애, 테스트와 다른 활동 간의 관계에 대한 설명
	테스트 레벨	단위, 통합, 시스템, 인수 테스트에 대한 설명과 테스트 목적에 따른 성능, 스트레스, 복구 테스트 등에 관한 설명
	테스트 기법	명세 기반, 코드 기반, 결함 기반, 사용성 기반 등의 테스트 기법과 선택 및 조합 방법에 대해 설명
	테스트 관련 측정	테스트 중인 프로그램의 평가와 실행된 테스트에 대한 평가에 대한 설명
	테스트 프로세스	분석, 설계, 개발 등 소프트웨어 개발 단계에서의 테스트 활동 및 실무적인 고려 사항에 대한 설명
⑤ 소프트웨어 유지보수	소프트웨어 유지보수 기본	소프트웨어 유지보수의 개념, 필요성, 특성을 설명하고, 유지보수 비용의 주요 항목과 분류, 소프트웨어의 진화에 대한 설명
	소프트웨어 유지보수의 주요 이슈들	관리적, 기법적, 유지보수 비용 산정 및 측정에 따른 이슈 설명
	유지보수 프로세스	유지보수 프로세스와 활동에 대한 설명
	유지보수를 위한 기법	재공학 및 역공학에 대한 설명
⑥ 소프트웨어 형상관리	소프트웨어 형상관리 프로세스의 관리	형상관리의 목적과 조직, 제약 사항과 가이드, 형상관리계획과 감시에 대한 설명
	소프트웨어 형상 식별	통제할 항목 식별 및 라이브러리에 대한 설명
	소프트웨어 형상 통제	소프트웨어 변경 요구, 평가, 승인 방법과 변경에 따른 형상 통제에 관한 설명
	소프트웨어 형상 상태 기록 및 보고	소프트웨어 형상 상태 정보와 보고에 관한 설명
	소프트웨어 형상감사	기능적 형상감사와 물리적 형상감사, 소프트웨어 베이스라인의 프로세스 과정 감사 설명
	소프트웨어 배포관리와 인도	소프트웨어 빌딩 및 배포관리에 관한 설명

지식영역	상세영역	세부 내용
⑦ 소프트웨어 관리	착수 및 범위 정의	요구사항 정의 및 협상, 타당성 분석, 요구사항 검토 및 변경 프로세스에 관한 설명
	소프트웨어 프로젝트 계획 수립	프로세스 계획 수립, 납품물 정의, 공수, 일정 및 원가 산정, 자원 할당, 위험 및 품질관리 등 프로젝트 관리계획 수립에 관한 설명
	소프트웨어 프로젝트 수행	프로젝트 계획의 구현, 협력업체 계약관리, 측정 프로세스의 구현, 모니터링 및 통제 프로세스와 보고에 따른 설명
	검토 및 평가	요구사항 만족 여부의 결정, 성과 검토 및 평가에 관한 설명
	종료	프로젝트 종료에 관한 결정과 활동 설명
	소프트웨어 측정	측정 프로세스 계획수립 및 실행, 측정에 대한 평가에 관한 설명
⑧ 소프트웨어 프로세스	프로세스 구현 및 변경관리	프로세스 기반 구조, 프로세스관리, 프로세스 구현 및 변경관리 모델 등에 대한 설명
	프로세스 정의	소프트웨어 생명주기 모델과 프로세스 설명, 프로세스 정의를 위한 표기 기법, 자동화 및 프로세스 적용 방안을 설명
	프로세스 평가	프로세스 평가 모델과 방법에 관한 설명
	프로세스와 제품 측정	프로세스 측정, 소프트웨어 제품 측정, 측정 결과에 대한 품질, 정보 모델, 측정 기법에 대한 설명
⑨ 소프트웨어 방법론	소프트웨어 툴	요구사항관리, 설계, 개발, 테스트, 유지보수 툴과 형상관리, 프로젝트관리, 프로세스, 품질 등에 관한 툴과 이슈에 대한 설명
	소프트웨어 방법론	경험적 방법론, 정형화된 방법론과 프로토타이핑 방법론에 대한 설명
⑩ 소프트웨어 품질	소프트웨어 품질 기본	소프트웨어 공학문화와 윤리, 품질의 가치와 비용, 모델 및 품질 특징, 품질 개선에 관한 설명
	소프트웨어 품질관리 프로세스	소프트웨어 품질보증, 확인과 검증, 검토와 감리를 설명
	실무적인 고려 사항	소프트웨어 품질 요구사항, 결함의 특징, 품질관리 기법, 소프트웨어 품질 측정지표에 관한 설명
⑪ 소프트웨어 전문가 실천 방안	프로페셔널리즘	소프트웨어 공학의 개념과 철학 등 관련 종사자들이 지켜야 할 원칙 제시
	집단 역학 및 심리학	불확실성과 문제 인식, 조직 내 역학 관계를 설명
	커뮤니케이션 스킬	프레젠테이션을 비롯한 상호 이해와 글쓰기, 표현 방법에 대한 기술
⑫ 소프트웨어 공학 경제학	소프트웨어 공학 경제학 기초	재무, 회계, 현금 흐름 등 관련 재무 기초
	생명주기 경제학	제품과 프로젝트 생명주기에 대한 설명
	위험과 불확실성	위험관리와 불확실성 해소를 위한 추정, 목표, 계획관리 방법
	경제적 분석방법	소프트웨어의 경제성 분석과 효용성 확대를 위한 방법
	실용적인 고려사항	Good Enough 원칙과 아웃소싱 등 실무적인 접근 방안 제시
⑬ 컴퓨팅 기초	프로그래밍 기법에 대한 17가지 이론적 내용	문제 해결 방법, 추상화, 프로그래밍 기초와 알고리즘 등 소프트웨어 공학에서 다루지만 기존 소프트웨어 공학에서 중요하게 여겨지지 않았던 기초 분야들의 상관관계에 대해 설명하고 있으며 17가지 분야는 다음과 같음 1) Problem Solving Techniques 2) Abstraction, Programming Fundamentals 3) Programming Language Basics 4) Debugging Tools and Techniques 5) Data Structure and Representation 6) Algorithms and Complexity 7) Basic Concept of a System 8) Computer Organization 9) Operating System Basics 10) Compiler Basics

지식영역	상세영역	세부 내용
		11) Database Basics and Data Management 12) Network Communication Basics 13) Parallel and Distributed Computing 14) Basic User Human Factors 15) Basic Developer Human Factors 16) Secure Software Development and Maintenance
⑭ 수학 기초	수학적 분석과 문제 해결 방법에 대한 11가지 이론적 내용	집합과 관계, 함수, 증명 기법 등을 비롯한 소프트웨어 공학에서 필요한 수학적 기초 이론에 대해 설명. 소프트웨어 공학이 추상적이 아니라 수학적/논리적으로 설명될 수 있다는 개념을 담고 있으며 11가지 분야는 다음과 같음 1) Sets, Relations, Functions 2) Basic Logic 3) Proof Techniques 4) Basics of Counting 5) Graphs and Trees 6) Discrete Probability 7) Finite State Machines 8) Grammars 9) Numerical Precision, Accuracy and Errors 10) Number Theory 11) Algebraic Structures
⑮ 공학 기초	소프트웨어 공학에서 다루는 공학 기초에 대한 7가지 이론적 내용	소프트웨어 공학이 다른 공학 이론들의 원칙과 같이 효용성과 가치를 증명할 수 있도록 하는 1) 경험/실험적 기법, 2) 통계 분석, 3) 측정, 4) 공학 설계, 5) 모델링과 시뮬레이션/프로토타이핑, 6) 표준, 7) 근본 원인 분석 등의 7가지 분야를 다루고 있음

참고자료

최은만. 2013. 『소프트웨어 공학』. 정익사.

「2011, 2012 소프트웨어산업 연간보고서」. 정보통신산업진흥원.

『2009~2013 소프트웨어 공학백서』. 정보통신산업진흥원.

2004 SWEBOK Guide. http://www.computer.org/portal/web/swebok/2004guide.

Brooks, Fred. 1986. *No silver bullet: Essence and accidents of software engineering*. IEEE Computer.

SWEBOK V3. http://www.computer.org/portal/web/swebok/v3-guide

기출문제

111회 관리 국내 중소기업은 소프트웨어 공학 프로세스에 의한 소프트웨어 개발 품질관리를 수행하기에 인력과 비용이 부족하여, 소프트웨어 개발 품질관리를 수행하기 위한 소프트웨어 Visualization이 부각되고 있다. 소프트웨어 Visualization을 개발 프로세스 및 소스코드 관점에서 설명하시오. (25점)

101회 관리 로버트 솔로(Robert Solow)의 IT 생산성 패러독스(Productivity Paradox)에 대하여 설명하고, 소프트웨어 개발 프로젝트에서 IT 생산성 패러독스를 해결할 수 있는 방안을 IT 거버넌스, 시뮬레이션 모델링, 프로토타이핑 모델링

을 중심으로 설명하시오. (25점)

90회 관리 IEEE의 컴퓨터분과(Computer Society)에서 정의한 SWEBOK(Software Engineering Body of Knowledge)의 지식영역을 나열하시오. (10점)

90회 관리 우리나라 소프트웨어 산업구조를 시장구조, 기업 역량, 기업 간 거래 구조 측면에서 현황 및 문제점을 분석하고, 소프트웨어 산업구조의 선진화 방향에 대해 설명하시오. (25점)

B
소프트웨어 생명주기

B-1. 소프트웨어 생명주기

B-1

소프트웨어 생명주기

소프트웨어 생명주기는 소프트웨어의 발전과 함께 수많은 모델과 방법론들이 만들어져 왔다. 이는 빠른 실행과 지속적인 개선을 목표로 하는 애자일 방법론과 단계별 프로세스 성숙도를 높이는 기존 방법론들 간의 줄다리기처럼 여러 논쟁과 사례를 통해 발전되어온 것이다. 소프트웨어 생명주기는 프로젝트 생명주기(PLC)가 프로젝트의 모든 활동을 다루는 데 비해 고객의 요구사항을 효과적으로 구현하는 데 초점을 맞추고 있다.

1 소프트웨어 생명주기의 이해

소프트웨어 생명주기SDLC: Software Development Life Cycle란 소프트웨어 타당성 조사부터 개발, 유지보수, 폐기까지의 전 과정을 하나의 주기로 보고, 이를 효과적으로 수행하기 위한 방법론을 모델화한 것을 의미한다. 소프트웨어가 개발되기 위해 정의되고, 개발되어 사용이 완료된 후 폐기될 때까지의 전 과정을 단계별로 분류해 정의하는 것을 말한다.

소프트웨어 생명주기는 소프트웨어 위기를 해결하기 위한 방법으로, 소프트웨어 개발을 효과적으로 수행하기 위한 대안으로서 제시되었다. 이에 따라 소프트웨어 생명주기는 문제의 유형, 시각, 개발 방법에 따라 다양한 유형이 존재하며, 프로젝트 수행절차를 이해하기 위한 효과적인 도구로 여겨지기도 한다.

소프트웨어 개발을 효과적으로 개선하고, 소프트웨어 생명주기 프로세스를 정립하기 위해서는 유능한 팀원, 툴, 자금 등 적절한 기반 구조를 준비해야 하며 소프트웨어 프로세스 업무를 감독하도록 조직들 간의 유기적인 협력이 필수적이다.

2 소프트웨어 생명주기 모형의 단계

단계	내용	비고
타당성 검토	- 요구사항을 만족시키기 위한 대안을 분석하는 작업 수행 - 시스템 생산성 향상, 비용 절감 등 전략적 이익 결정	- 개발전략서
요구사항 분석	- 타당성 검토 시 선택된 시스템 개발에 대한 요구사항을 식별하고 상세화하는 과정	- 요구사항 명세서
설계	- 고객의 요구사항에 기초해 프로그램을 위한 사양 작성 - 새로운 요구사항을 관리하기 위한 공식적 변경관리 수행	- 설계 명세서 - 테스트 계획서
개발	- 프로그래밍 및 실행코드 생성	- 개발SOURCE
시험	- 개발시스템에 대한 검토와 확인(Verification & Validation)	- V&V, 평가 - 테스트결과서
설치/이행	- 운영환경을 구축하고 사용자 인수테스트를 수행 - 향후 수행할 타 프로젝트를 위해 Lessons Learned 정리	- Open 계획서 - 이행계획서
유지보수	- 인수 활동 후에 일어나는 모든 활동(완전화, 예방, 적응, 수정)	- 유지보수문서
폐기	- 새로운 정보시스템 개발, 비즈니스 변화로 인한 시스템 폐기	- 폐기목록

- 소프트웨어 생명주기 모형은 소프트웨어 개발의 타당성을 검토하고, 요구사항 분석을 통해 주요 기능의 설계, 개발, 테스트를 비롯하여 실제 사용 시 발생하는 유지보수 업무와 사용이 완료된 이후 폐기 절차까지의 단계를 거치게 된다.

3 소프트웨어 생명주기 모델

소프트웨어 생명주기에는 폭포수waterfall 모델, 일회성 프로토타이핑throw-away prototyping 모델, 진화적evolutionary 개발 모델, 점진적·반복적 개발incremental / iterative delivery 모델, 나선형spiral 모델, 재사용reusable 소프트웨어 모델, 자동화된 소프트웨어 통합automated software synthesis 모델 등이 있다.

- 소프트웨어 생명주기 모델의 특징 및 장단점

모델	장점	단점	사용의 예
폭포수 (Waterfall)	- 모델 및 이해 용이 - 계획 및 감독 용이 - 유지보수 용이	- 모든 사용자 요구사항이 조기에 알려지지 않으면 적용 곤란 - 요구사항 변경이 어려움 - 제품의 조기 사용 불가	- 설계 및 기술이 입증되었고 성숙한 경우 - 프로젝트 기간이 비교적 단기간인 경우
프로토타이핑 (Prototyping)	- 요구사항 이해 용이 - 사전에 시스템 형상을 볼 수 있음 - 요구사항을 정확하게 파악 가능	- 관리 및 통제의 어려움 - 고객의 과대한 기대 유발	- 요구사항이 명확하지 않은 경우 - 신기술이나 증명되지 않은 기술을 적용할 경우 - 사용자가 시제품을 원할 경우
점진적 (Incremental)	- 일정 지연, 요구사항 변경, 인도 문제의 위험 감소 - 사용자의 필요한 변경 수용 가능 - 시스템 운용 절차를 조기에 확인 - 고객과 검토 용이	- 모든 요구사항이 조기에 알려지지 않으면 적용이 곤란 - 특정한 빌드 선정 방법에 따라 민감 - 요구사항이 안정적이지 않으면 변경통제 절차의 오버헤드와 형상관리에 어려움이 발생	- 요구사항은 대부분 안정적이고 이해할 수 있으나 부분적으로 TBD에 해당하는 경우 - 설계 및 기술이 입증되었고 성숙한 경우 - 전체적인 프로젝트 기간이 1년 이상 혹은 사용자가 중간 제품을 원할 경우
나선형 (Spiral)	- 위험관리 용이 - 사용자 피드백 용이 - 신기술 개발사업에 적용 유리	- 프로젝트 초기에는 산정이 어려움 - 끝없는 치장으로 납기 준수가 어려워질 수 있음(continual gold plating) - 사용자가 참여하지 않으면 성공이 어려움	- 요구사항 혹은 설계가 잘 정의되어 있지 않거나 이해되지 않아 심각한 변경이 예상되는 경우 - 신기술 혹은 증명되지 않은 기술을 적용할 경우 - 잠재적으로 필요성이 서로 다른 다양한 사용자 집단의 경우

- 생명주기 모델 선정 시 고려하는 특성

구분		폭포수	프로토타이핑	점진적	나선형
요구사항	안정	○		○	
	불안정		○		○
위험	상		○		○
	중			○	
	하	○			
사업 크기	대형			○	○
	소형	○	○		
개발 사이클	다수		○	○	○
	소수	○			
중간 산출물 배포 여부	예				○
	아니오	○			
	불확실		○	○	
개발 복잡도	상			○	○
	중		○		
	하	○			

3.1 소프트웨어 생명주기 프로세스

소프트웨어 생명주기 프로세스는 생명주기 모델보다 구체적이며, 시간의 흐름에 맞춰 프로세스가 전개된 것이 아니라 프로세스 구성 요소를 나열한 프레임워크로서, 어떠한 소프트웨어 생명주기 모델에도 연결될 수 있다.

소프트웨어 생명주기 모델 vs 소프트웨어 생명주기 프로세스

구분	소프트웨어 생명주기 모델	소프트웨어 생명주기 프로세스
의미	소프트웨어 생명주기를 업무의 진행 순서에 따라 수행 체계를 정의한 것	소프트웨어 생명주기를 구성하는 프로세스 중심으로 수행해야 할 표준적인 요소를 정의한 것
특징	시간의 흐름에 따름	프로세스 구성 요소에 따름
유형	폭포수, 프로토타이핑, 나선형, 점진적·반복적 등	Primary Life Cycle Process, Supporting Life Cycle Process, Organizational Life Cycle Process
구분 단위	요구사항 정의, 분석, 설계, 개발, 구현 등의 단계 중심	획득, 공급, 개발, 운영, 유지보수 등의 프로세스 중심

4 폭포수 모델

폭포수 모델은 단계적 생명주기Phased lifecycle라고도 하며, 분석·설계·개발·구현·시험·유지보수 과정을 순차적으로 접근하는 방법이다. 즉, 소프트웨어 개발을 계획부터 설치, 운영, 유지보수까지 폭포수가 아래로 흐르듯이 단계적으로 수행하는 모델로 1979년 배리 보엠Barry Boehm이 제안했다.

폭포수 모델의 특징은 소프트웨어 개발을 단계적으로 정의한 체계로서 순차적 접근 방법, 개념 정립에서 구현까지 하향식 접근 방법(높은 추상화 단계 → 낮은 추상화 단계)이며, 각 단계별로 철저히 종료한 후 다음 단계로 진행(이전 단계의 산출물 → 다음 단계의 기초)하는 데 사용된다는 점이다. 따라서 표준화되어 있는 양식과 문서 중심의 프로세스 및 프로젝트관리를 강조하며, 명확한 요구사항 정의가 필수적이다.

4.1 폭포수 모델 적용 단계

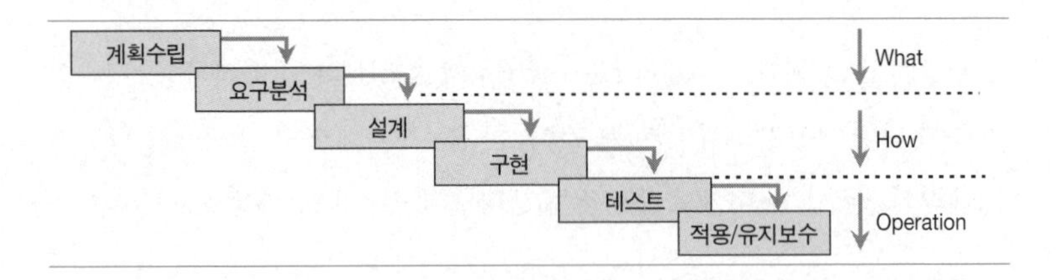

- 계획수립 단계: 경영층의 소프트웨어 필요성 파악 및 개발 타당성 검토
- 요구분석 단계: 개발에 필요한 범위 확정과 액티비티, 스케줄, 자원 할당, 비용 계획을 수립하고 시스템 사용자와 대화를 통해 제공 서비스, 제약 조건, 목적 등 설정
- 설계 단계: 전반적인 하드웨어 구조, 소프트웨어 구조, 제어 구조, 데이터 구조의 기본적인 설계 작성, 프로그램 작성에 필요한 모든 규칙을 작성하고 제어 구조, 데이터 구조, 인터페이스 구조, 소프트웨어 크기, 주요 알고리즘에 초점
- 구현 단계: 실제 프로그램 작성, 단위 테스트, 사용자 인터페이스UI 구현, 데이터베이스 구축
- 테스트 단계: 모듈별 소프트웨어가 기능상 정의된 입력으로부터 올바른 결과를 출력하는지 통합하여 테스트 및 인터페이스 테스트에 초점
- 적용/유지보수 단계: 초기 단계에서 발견된 오류 및 변경에 대한 요구를 수용하여 반영

폭포수 모델 단계별 주요 활동과 산출물

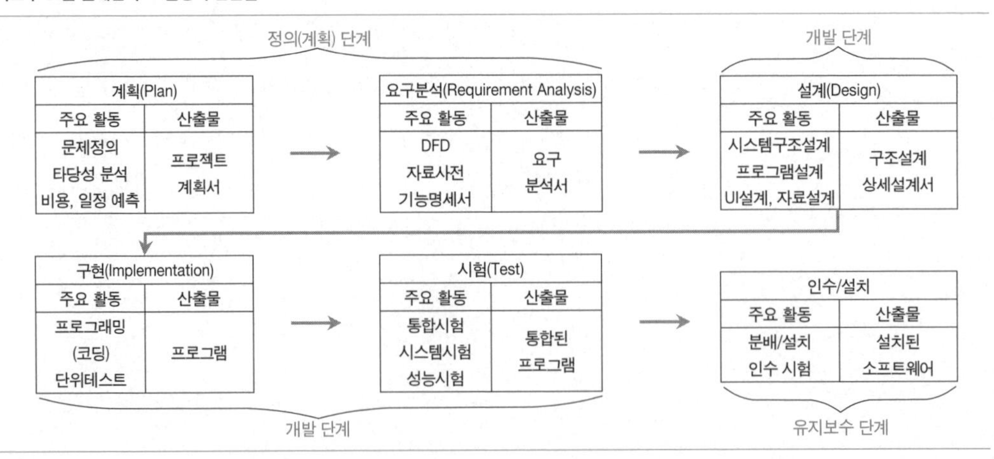

4.2 폭포수 모델의 적용 분야 및 고려 사항

- 기술적 위험이 낮고 유사한 프로젝트 경험이 있는 경우
- 요구사항이 명확히 정의되어 있는 경우
- 관리가 상대적으로 쉽지만, 요구사항의 변경에 대한 대응력이 떨어지므로 변경관리에 유의

5 프로토타입 모델

프로토타입 모델은 짧은 시간 내에 시제품을 개발해 사용자의 요구사항을 미리 확인하고 기술적 문제의 해결 가능성을 사전에 파악할 수 있도록 소프트웨어 개발 단계를 정의하는 것이다. 개발하려는 시스템의 주요 기능을 초기에 실제 운영할 모델로 개발하는 점진적 개발 방법(폭포수 모델의 단점을 보완)이다.

프로토타입 모델의 목적은 요구사항 분석의 어려움을 해결하고, 의사소통 도구로 사용하며, 사용자의 참여를 유도하는 것이다. 또한 프로토타입 모델은 요구사항을 명세화하기가 어려운 경우, 프로젝트의 타당성이 의심스러운 경우, UI의 시험제작의 경우, 요구수정이 초기에 결정되어 개발 단계에서 유지보수가 이루어지는 경우에 적합하며 사용자·개발자 모두에게 공동의 참조 모델을 제공한다. 경우에 따라서 시스템 개선을 위한 사용자의 창조적인 문제 해결 방법이 도출되기도 한다.

5.1 프로토타입 모델의 종류 및 구성 요소

프로토타이핑의 종류

종류	특징
실험적 (experimental) 프로토타이핑	- 요구분석의 어려움을 해결하기 위해 실제 개발될 소프트웨어의 일부분을 직접 개발함으로써 의사소통 도구로 활용 - 개발의 타당성을 검증하기 위한 목적으로 프로토타입 개발 - 개발 단계에서는 해당 시제품을 폐기하고, 재개발하게 됨
진화적 (evolutionary) 프로토타이핑	- 프로토타입을 요구분석의 도구로만 활용하는 것이 아니라 이미 개발된 프로토타입을 지속적으로 발전시켜 최종 소프트웨어를 개발하는 모델 - 보엠의 '나선형 모델'

프로토타입 모델의 구성 요소

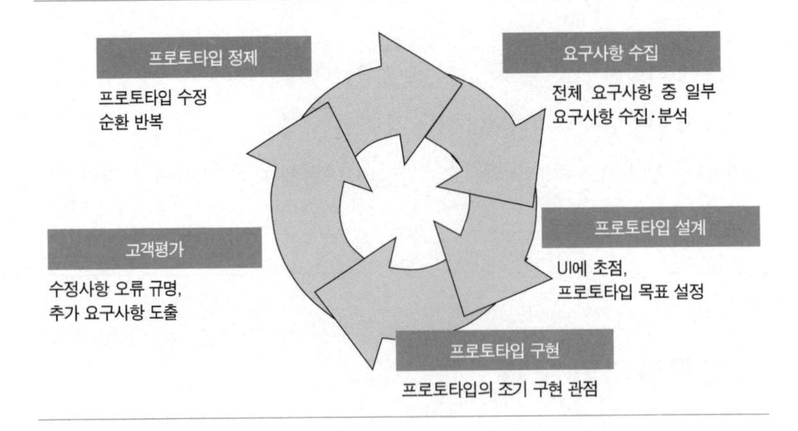

5.2 프로토타입 모델의 기술적 동향 및 문제점

프로토타입의 기술 동향은 진화적 프로토타이핑이 일반적이며, 재사용 및 코드 생성 기능과 접목(개발 자동화 도구)되고 4GL, 자동화 등 사용하기 쉬운 도구의 사용이 활성화되고 있다. 그러나 시간 낭비라는 인식과 관리 부실화 발생 등의 문제점이 제기된다.

프로토타입의 문제점 및 해결 방안

관점	문제점	해결 방안
개발자	시간낭비라는 인식으로 거부감	- 의사소통의 중요성 인지 및 활성화 - 요구사항의 정확한 반영으로 재작업(rework) 최소화
관리자	프로젝트관리의 부실화 발생 가능	- 체계적인 개발관리도구 도입
사용자	요구사항에 대한 신속한 결과 기대	- 프로토타입과 프로덕트 간의 차이 설득 및 교육

6 반복적/점증적 개발 모델

반복적 개발 모델은 사용자의 요구사항 일부분 혹은 제품의 일부분을 반복적으로 개발해 최종 시스템으로 완성하는 모델(waterfall+prototyping)이다. 재사용, 객체지향, RAD의 기반을 제공하고 각각의 반복 회차에서 수행하는 공정 단계는 미니 폭포수Mini-Waterfall의 개념으로 폭포수 모델에서 제시하는 공정 단계와 특징이 유사하다.

6.1 반복적 개발 모델의 유형

종류	특징
증분 개발 모델 (Incremental development model)	- 폭포수 모델의 변형이며 소프트웨어의 구조적 관점에서 하향식 계층구조의 수준별 증분을 개발해 이들을 통합하는 방식 - 프로토타이핑의 반복개념을 선형순차 모델의 요소들에 결합 - 프로토타이핑과 같이 반복적이나 각 점증이 갖는 제품 인도에 초점(요구사항이 명확할 경우 적용) - 각 증분의 병행 개발을 통해 개발기간을 단축시킬 수 있음 - 증분의 수가 많고 병행 개발이 빈번하게 이루어지면 관리가 어려워지고, PM은 증분 개발 활동 간의 조율에 많은 노력이 필요
진화적 개발 모델 (Evolutionary development model)	- 요구사항을 여러 부분으로 나누어 계속 붙여가면서 통합하는 형식 - 구성 요소의 핵심 부분을 개발한 후 각 구성 요소를 개선·발전시켜나가는 방법 - 다음 단계 진화를 위해 전체 진화 과정에 대한 개요(outline) 필요 - 시스템 요구사항을 사전에 정의하기 어려운 경우 사용 - 프로토타입을 만들고 이를 다시 분석함으로써 요구사항을 진화시키는 방법 - 프로토타입의 시스템은 재사용을 전제로 하여 개발

6.2 점증적(증분) 개발 모델

점증적Incremental 개발 모델은 폭포수 모델의 변형으로 증분을 따로 개발한 후 통합하는 방법인데, 즉 프로토타이핑의 반복 개념을 선형순차 모델의 요소에 결합시킨 것으로 소프트웨어의 구조적 관점에서 하향식 계층구조의 수준별 증분을 개발해 이들을 통합하는 방식이다.

점증적 모델의 특징을 살펴보면, 첫 번째 점증은 소수의 전문가가 핵심 제품, 또는 고위험·무경험 기술을 구현해 실현 가능성을 검증한다. 프로토타이핑과 유사하게 반복적이나 각 점증이 갖는 제품 인도에 초점을 맞추며 테크니컬 위험을 관리하는 데 유용하다.

점증적 개발 모델의 절차

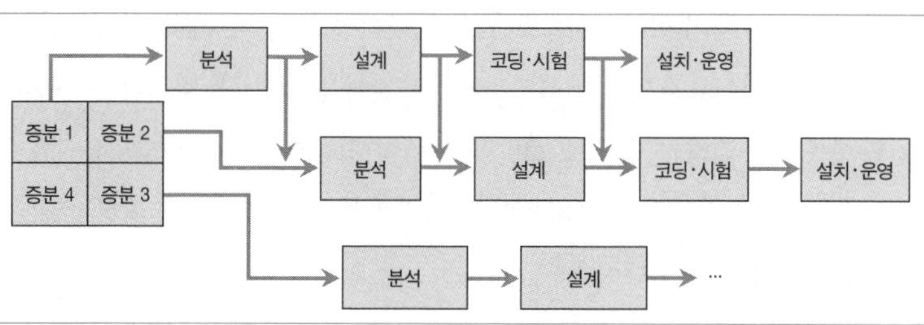

6.3 진화적 개발 모델

진화적Evolutionary 개발 모델은 시스템을 이루는 여러 구성 요소의 핵심 부분을 개발한 후 각 구성 요소를 개선·발전시켜나가는 방법이다.

이 모델에서 중요한 점은 전체 진화 과정에 대한 기획이다.

진화적 개발 모델의 절차

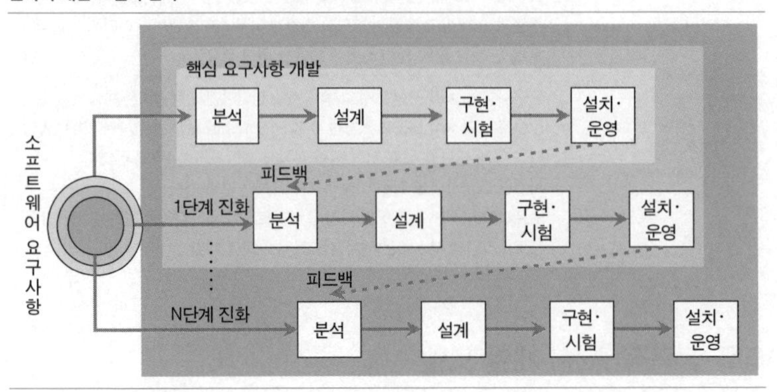

1단계 진화에서 시스템 각 구성 항목 중 핵심 요소를 포함한 최소 시스템을 개발하고, 2단계 진화부터는 이에 대한 개선을 포함, 다음 단계 개발 진행에 대한 계획을 선행한다.

7 나선형 모델

나선형 모델은 선형순차 모델의 제어와 프로토타이핑 모델의 반복적 특성을 체계적으로 결합한 단계적 소프트웨어 프로세스 모델(보엠의 제안)로 위험 분석을 추가한 것이다. 개발될 주요 요구사항 분석 및 예비·상세 설계에서 예상되는 위험요소를 식별하고, 대안을 찾아 분석한 후 최적안을 마련해 그 단계를 마무리하는 것으로 개발을 진행한다(계획수립 → 위험분석 → 개발 → 평가). 즉, 이미 개발된 프로토타입을 지속적으로 발전시켜 최종 소프트웨어에 이르게 하는 모델이다.

이 모델은 대규모 시스템 및 위험부담이 큰 시스템 개발에 적합(위험 분석 추가)하며 반복적인 접근법으로 위험을 명시화해 위험을 최소화하는 것이 목적이다. 또한 핵심 성공 요인Critical Success Features을 먼저 개발하고 점증적인 릴리스 단계로 개발 진행한다.

7.1 나선형 모델의 절차 및 내역

나선형 모델의 절차

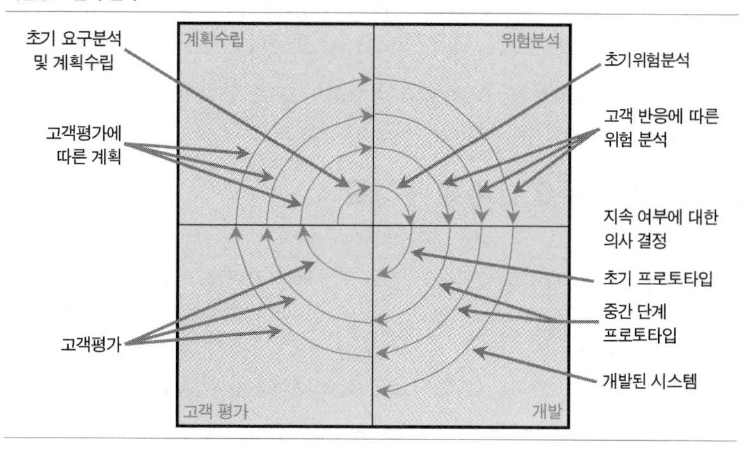

- 나선형 모델의 적용 단계
  - 계획수립: 요구사항 수집, 프로젝트 계획을 수립하고 시스템 목표를 설정(성능, 기능 등)하며, 제약 조건·차선책 등을 고려한다.
  - 위험분석: 요구사항에 근거한 위험을 규명하고, 불확실성 및 위험의 감소를 위해 프로젝트의 지속 여부를 결정한다.
  - 개발: 시스템 개발 모델을 결정하고 시스템을 개발한다.
  - 고객평가: 사용자의 시스템을 평가하고 시스템의 수정 요구사항을 수렴한다.

8 RAD 모델

RAD Rapid Application Development 모델은 매우 짧은 개발주기 동안에 소프트웨어를 개발하기 위한 선형순차적 프로세스 모델로, 사용자의 요구사항 정의·분석 및 설계와 코드 생성기Code Generator를 통해 신속하게 개발한다. 사용자 요구사항의 일부분, 제품 일부분을 반복적으로 개발해 최종 제품을 완성하는 방법이다.

RAD 모델의 특징은 포커스그룹을 대상으로 하는 워크숍 등을 통해 요구조건을 수집하고, 프로토타입과 설계를 사용자가 일찍부터 반복적으로 테스트하도록 한다. 비즈니스 애플리케이션이 3개월(60~90일) 이내에 개발할 수 있을 정도의 주요 기능으로 모듈화될 경우에는 효과적이지만, 시스템을 적절하게 모듈화할 수 없는 경우, 고성능이 요구되고 부분적으로 시스템 성능이 조율되어야 하는 경우, 기술적인 위험이 높은 경우에는 부적합하다.

8.1 RAD의 주요 단계 및 구성도

- RAD의 주요 단계
  - 비즈니스 모델링: 비즈니스 기능 간 정보흐름에 대해 JRP Joint Requirement Planning, 즉 사용자와 함께 비즈니스 모델 작성·검토를 반복하고 이를 통해 분석한다.
  - 데이터 모델링: 시스템에서 처리해야 할 데이터 객체에 대해 각 객체의 속성 및 객체 간의 관계를 정의한다.
  - 프로세스 모델링: 데이터 객체를 처리하는 기능 JAD Joint Application Design, 즉 사용자와 함께 프로토타입의 개발·수정·보완 반복을 통해 시스템을 설계한다.
  - 애플리케이션 생성: 기존의 프로그램 컴포넌트를 재사용하거나, 필요시 재사용할 수 있는 컴포넌트에 CASE, RDB, 4GL 등 관련 기술을 이용하여 시스템을 구축·운영한다.
  - 시험 및 인도: 새롭게 추가한 컴포넌트 및 컴포넌트 간의 인터페이스를 시험한다.

RAD의 구성도

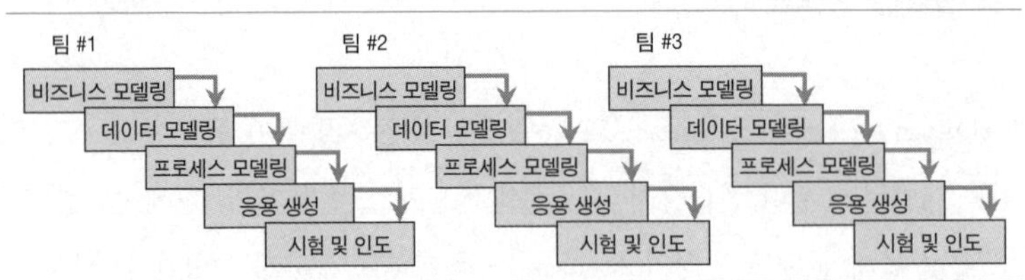

8.2 RAD 모델의 특성 및 장단점

이 모델의 특성은 RAD 팀별로 각각의 주요 기능을 분리해 개발하고, 도구(CASE 도구, RDB, 재사용 library 등)를 활용하며, 프로토타이핑의 사용 및 사용자의 참여를 적극 유도하고, 객체 기술을 효과적으로 활용한다는 것이다.

RAD 모델의 장점으로는 요구사항을 완전하게 이해하고 프로젝트 범위를 명확하게 설정할 때 신속한 개발 및 완전한 기능 구현이 가능하고, 재사용할 수 있는 컴포넌트 활용으로 시스템 시험기간이 짧아진다는 것이다. 반면에 책임감을 가진 구성원이 없을 경우 실패하며, 적절한 모듈화 가능성을 전제해야 하고, 기술적 위험이 높을 경우 부적합하다는 단점이 있다.

전통적 생명주기와 RAD의 비교

구분	RAD 기법 모델	전통적 생명주기
목표	- 핵심 요구사항 만족, 시간 단축	- High Speed/Quality, Low Cost
개발인원	- 소규모, 사용자+개발자	- 대규모
분석/설계	- 개략적 분석/설계	- 완벽한 분석/설계
기법	- JRP, JAD, Time-boxing	- 데이터 모델링, 프로세스 모델링
특징	- 사용자 지속적 참여 - 툴 사용, 적정 규모	- 순차적 접근 - 하향적 접근

참고자료

최은만. 2007. 『소프트웨어 공학』. 정익사.

프레스먼, 로저(Roger S. Pressman). 2001. 『소프트웨어 공학 5판(*Software Engineering A Practitioner's Approach*)』. 우치수 옮김. 한국맥그로힐.

한혁수. 2008. 『소프트웨어 공학의 소개』. 홍릉과학출판사.

기출문제

89회 응용 소프트웨어 개발 생명주기(software development life cycle) 공정(process)을 설정하고 설정한 소프트웨어 개발 생명주기 공정에 따른 모든 산출물(design output)의 종류에 대해 정의한 후 각각의 산출물에 포함시켜야 할 주요 내용들을 설명하시오. (25점)

81회 응용 소프트웨어 개발자가 소프트웨어 생명주기 공정(계획 단계, 요구사항 단계, 설계 단계, 구현 및 컴포넌트 시험 단계, 통합 시험 단계, 시스템 시험 단계)에 따라 산출물을 생산했다. 이들의 품질을 보증하기 위한 일환 중 하나인 소프트웨어 검증 및 확인계획(SVVP: Software Verification and Software Validation

Plan)을 수립해보시오. (25점)

81회 응용 프로세스(process)란 요구사항을 만족하기 위해 개발자, 개발 방법론, 요구사항을 통합해 상호 연관된 활동들의 집합으로 정의할 수 있다. 프로젝트(과제)업무 수행 시 이들의 표준 프로세스를 과제관리 프로세스 범주, 생명주기(life cycle) 프로세스 범주, 지원(support) 프로세스 범주 및 프로세스관리 프로세스 범주로 구분해 논술하시오. (25점)

80회 응용 정보시스템 개발 프로젝트의 특성을 중심으로 적용될 개발 생명주기에 대한 연관성에 대해 논하시오. (25점)

83회 관리 소프트웨어 시스템이 어떤 순서에 의거해서 개발, 운영, 유지보수되어 생명주기를 마칠 때까지의 전체적인 작업 프로세스를 모델화한 소프트웨어 생명주기 모형에 관해서 물음에 답하시오. (25점)

(1) 폭포수(waterfall) 모델과 프로토타이핑(prototyping) 모델의 특징을 설명하시오.

(2) 나선형(spiral) 모델을 개발 4단계 절차 중심으로 설명하시오.

(3) 클린룸(clean room) 모델을 3개의 박스 중심으로 설명하시오.

81회 관리 국가표준으로 제정된 소프트웨어 발주관리 프로세스에 대해 다음 질문에 답하시오. (25점)

가. 발주관리 프로세스의 핵심 생명주기 프로세스를 나열하고 설명하시오.

나. 핵심 생명주기 프로세스 중 발주 프로세스의 단계를 나열하고 단계별 활동을 설명하시오.

다. 핵심 생명주기 프로세스 중 공급 프로세스의 단계를 나열하고 단계별 활동을 설명하시오.

C
소프트웨어 개발 방법론

C-1. 소프트웨어 개발 방법론

C-1

소프트웨어 개발 방법론

소프트웨어 개발 방법론은 요구사항을 만족시키는 가장 효율적인 수행 방법과 기법, 도구를 통해 시스템을 구축하려는 목적으로 만들어졌다. 이를 통해 프로젝트는 생산성과 품질, 가시성과 예측성을 확보하는 등 이점을 확보하게 되었다.

1 소프트웨어 개발 방법론의 이해

소프트웨어 개발 방법론이란 소프트웨어 개발에 필요한 계획, 분석, 설계 및 구축과 관련하여 정형화된 방법과 절차, 도구 등을 소프트웨어 공학 원리를 기반으로 정리해 표준화한 것을 의미한다. 소프트웨어 개발 방법론은 시스템 구축에 필요한 각 작업을 상세하게 수행하는 수행 절차와 이러한 작업을 효율적·효과적으로 수행하기 위한 공학적 기법, 작업 수행을 지원하는 기술적 수단인 도구를 필요로 한다.

소프트웨어 개발 방법론의 탄생 배경은 소프트웨어 공학의 출현 배경과 연관성이 깊다. 소프트웨어에 대한 수요는 그 규모와 복잡성으로 인해 기하급수적으로 증가하는 반면, 개발 인력의 공급은 한계가 있을뿐더러 유지보수 대상과 신규 개발 요구도 급격히 증가해 총체적 위기의식이 고조되었다. 1968년에 NATO 소프트웨어 공학학회 국제회의에서 '소프트웨어 위기'라는 용어가 처음 언급된 이후, 소프트웨어 공학이 발전하면서 소프트웨어 개발 방법론의 중요성을 인식하게 되었다. 이와 더불어 정보시스템에 대한 사용자의 이해가 확대되면 이용 범위도 실무자 중심에서 관리자와 경영층으로 점차 확대되었다. 또한 소프트웨어 관련 프로젝트의 규모 및 복잡도가 증가함에 따라 개발에 참여하는 인력을 대규모로 구성하고, 개발기간의 장기화로 예산·기간·품질의 복합적인 문제가 대두하면서 소프트웨어 개발 방법론은 선택이 아닌 필수로 발전했다.

소프트웨어 개발 방법론은 개발경험 축적 및 재활용을 통해 개발생산성을 향상(작업의 표준화·모듈화)시키고, 효과적인 프로젝트관리(수행공정의 가시화 포함)에 도움을 줄 수 있다. 또한 정형화된 절차와 표준용어를 사용해 의사소통 수단을 제공하며, 각 단계별 검증 및 종결 승인을 통해 일정 수준의 품질을 보증한다.

소프트웨어 개발 방법론 구성 요소
- 작업 절차
- 작업 방법
- 산출물
- 관리
- 기법
- 도구

이러한 소프트웨어 개발 방법론의 구체적인 구성 요소는 작업 절차, 작업 방법, 산출물, 관리, 기법, 도구가 있으며, 이를 자세히 설명하면 다음과 같다.

구성 요소	내용	비고
작업 절차	- 프로젝트 수행 시 이루어지는 작업 단계의 체계 - 단계별 활동, 활동별 세부 작업 열거, 활동의 순서 명시	단계 - 활동 - 작업 - 산출물
작업 방법	- 각 단계별로 수행해야 하는 일 - 절차, 작업 방법(누가, 언제, 무엇을 작업하는지 기술)	작업 방법
산출물	- 각 단계별로 만들어야 하는 산출물의 목록 및 양식	설계서 등
관리	- 프로젝트의 진행 기록 - 계획수립, 진행관리, 품질, 외주, 예산, 인력관리 등의 기록	계획서, 실적, 품질보증 등
기법	- 각 단계별로 작업 수행 시 기술 및 기법의 설명	구조적, 객체지향, ERD, DFD 등
도구	- 기법에서 제시된 각 기법별 지원 도구에 대한 구체적인 사용 표준 및 방법	CASE, UML 등

소프트웨어 개발 방법론은 소프트웨어 개발생산성 향상과 고품질의 제품 제공 및 원활한 의사소통을 위해 지속적으로 발전해왔다. 전통적으로 주요 소프트웨어 개발 방법론은 1970년대의 구조적 방법론, 1980년대의 정보공학 방법론, 1990년대의 객체지향 방법론, 2000년대의 CBDComponent Based Development 방법론을 거쳐 최근에는 MDA, 프로덕트 라인Product Line, 애자일Agile, SOA, 린Lean 소프트웨어 개발 방법론 등 다양한 방법론이 각광을 받고 있다.

린 소프트웨어 개발 방법론
제품 개발 환경에서 본질적으로 결함이나 낭비되고 있는 노력, 시간 및 자원을 절감해 제품 생명주기에 걸쳐 제품 비용을 조절하고 이윤을 극대화하는 개발 방법론

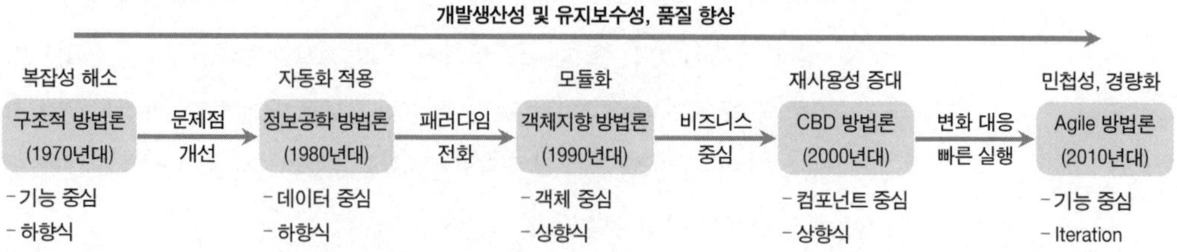

개발생산성 및 유지보수성, 품질 향상

복잡성 해소		자동화 적용		모듈화		재사용성 증대		민첩성, 경량화
구조적 방법론 (1970년대)	문제점 개선 →	정보공학 방법론 (1980년대)	패러다임 전환 →	객체지향 방법론 (1990년대)	비즈니스 중심 →	CBD 방법론 (2000년대)	변화 대응 빠른 실행 →	Agile 방법론 (2010년대)
- 기능 중심 - 하향식		- 데이터 중심 - 하향식		- 객체 중심 - 상향식		- 컴포넌트 중심 - 상향식		- 기능 중심 - Iteration

전통적인 과거 방법론과 애자일 비교

구분		구조적 방법론	정보공학 방법론	객체지향 방법론	CBD 방법론	애자일
특징		- 분할과 정복 원칙(Divide & Conquer) - 프로그램 로직 중심 - 콘트롤 가능한 모듈 구조화 → 재사용 - **기능 중심**	- 기업 업무지원용 개발 - 데이터모델링 중심 - 프로그램 로직은 데이터 구조에 종속(CRUD) - 전사적 통합 데이터 모델 - **자료구조 중심**	- 데이터와 로직을 통합(객체) - 모듈화, 객체 중심 - 상속에 의한 재사용(White Box Reuse) - 분석·설계 간 Gap이 없음 - **객체 중심**	- 객체지향 방법론의 진화된 형태 - Interface 중시(구현 제약 없음) - 인터페이스를 구현한 컴포넌트 활용 - Black Box Reuse 지향 - **컴포넌트 중심**	- 민첩성 - 신속성 - 반복개발 - 일정주기 - 경량화 - 소통과 협업 - **기능 중심**
개발 단계별 주요 산출물	계획	도메인 분석서 프로젝트 계획서	도메인 분석서 프로젝트 계획서	Biz Process / Concept Model 프로젝트 계획서	Biz Process / Concept Model 프로젝트 계획서	사용자요구분석 개발계획
	분석	Data Flow Diagram	- E-R Diagram - 기능 차트 - Event 모델	- Use Case Diagram - Sequence Diagram - Class Diagram	- Use Case Diagram - Business Type Diagram - Component Diagram (논리) - 재사용 계획서	- 사용자스토리 - Backlog - UX/UI
	설계	- Structure Chart - 프로그램 사양서	- 애플리케이션 구조도 - 프로그램 사양서 - Table 정의서/목록	- Sequence Diagram - Class Diagram - Component Diagram - Deployment Diagram	- Sequence Diagram - Class Diagram - Component Diagram (물리)	- Sprint - Cycle Repeat - CI/CD - Monitoring
장점		- 프로세스 중심 방식 개발 유용	- 자료 중심으로 비교적 안정적	- 자연스럽고 유연함 - 재사용 용이	- 생산성, 품질, 비용, 위험 개선 - 소프트웨어 위기 극복	- 경량화, 민첩성 - 적시성
단점		- 데이터 정보은닉 안 됨 - 낮은 유지보수성과 재사용성	- 애플리케이션은 여전히 기능 중심 설계 - 낮은 유지보수성과 재사용성	- 객체 설계 전문가 부족 - 기본적인 소프트웨어 기술 필요	- 컴포넌트 유통환경 개선 필요 - 테스트 및 컴포넌트 평가, 인증 환경 미흡	- 산출물 문서화 요구 풍조 - 개발문화에 대한 이해

2 구조적 방법론

구조적 방법론은 업무활동 중심의 방법론으로서 정형화된 절차 및 도형 중심의 도구를 이용해 사용자 요구사항을 파악하고 문서화하는 방법론이다. 구조적 방법론은 구조적 프로그래밍에서 출발해 설계의 원칙을 정리한 구조적 설계와, 시스템 복잡성 문제를 해결하기 위한 구조적 분석으로 발전했다. 구조적 방법론의 특성은 정보와 정보의 구조를 중심으로 분석·설계·구현을 하며, 정형화된 분석 절차에 따라 사용자의 요구사항을 파악하고, 도형 중심의 다이어그램을 이용해 문서화한다는 점이다. 구조적 기법은 추상화를 통해 단계적으로 상세화하고, 분할과 정복 원리를 통해 모듈화를 수행하며, 프로그램 관점으로는 GOTO 문 대신에 3개의 논리적인 구조인 순차sequencing, 선택selection, 반복iteration으로 프로그램의 흐름 복잡성을 감소시켰다. 철저한 모듈화를 통해 추상화와 정보은닉을 이루어 프로그램의 구조를 이해하기 쉽게 단순화시킨 것이다. 프로세스 위주의 분석과 설계방식을 통해 데이터 흐름을 중시하고, 폭포수 모델을 기반으로 했다.

GOTO 문
여러 프로그래밍 언어에서 프로그램의 특정 부분에서 행 번호나 레이블이 있는 다른 부분으로 건너뛸 때 사용하는 명령이다. 고급 언어에서 GOTO 문은 비판의 대상이 되어왔는데, GOTO 문이 과도하게 사용되면, 이해하기 어렵고 유지보수하기 힘든 복잡하게 얽힌 코드가 나오기 쉽기 때문이다.

구조적 방법론의 공정 단계를 살펴보면, 구조적 분석 단계에서는 분할과 정복, 추상화, 정형화, 구조적 조직화, 하향식 기능 분해 등과 같은 기법을 사용해 시스템의 복잡성을 해결한다. 이 과정에서 도형 중심의 자료흐름도DFD: Data flow Diagram, 자료사전DD: Data Dictionary, 소단위 명세서Mini Spec 등과 같은 도구를 사용한다.

구조적 설계 단계에서는 복합 설계의 기본 원칙인 결합도와 응집도의 특성과 구조적 분석 단계에서 생성된 자료흐름도, 자료사전 등을 이용한다. 이 과정에서는 소프트웨어 기능, 프로그램 구조와 모듈을 설계하는 전략 및 평가지침과 문서화 도구를 지원하는 체계적인 설계 기법을 사용한다.

구조적 프로그래밍은 다익스트라Edsger W. Dijkstra에 의해 정형화되었으며, 구조화된 코볼COBOL, 포트란Fortran 77, 파스칼Pascal 같은 언어를 사용했다. GOTO 문의 결점을 제거하고자 하는 데서 출발했으며 GOTO 문을 사용하지 않고, 연속sequence 구조, 선택selection or if-then-else 구조, 반복repetition의 논리 구조만 사용해 프로그래밍한다. 구조적 방법론의 기본 원리는 다음과 같다.

기본 원리	내용
추상화 (Abstraction)	문제를 이해하고 표현하기 위해 세부사항을 모두 기술하지 않고, 관심 분야에 대해 개념화시켜 표현하는 방법
정보 은닉 (Information Hiding)	각 모듈은 다른 모듈에 독립적이며 하나의 모듈 변경이 다른 모듈에 영향을 미치지 않도록 하는 설계 방법
구조화 (Structuring)	소프트웨어에 계층적인 구조를 부여해 상위 모듈이 하위 모듈을 활용할 때, 규칙을 갖도록 하는 특성(Avoid "pancake" structure) - 수평분리: factoring, 입력/자료변환/출력 - 수직분리: 상위 모듈 변경 시 하위 모듈로의 파급이 큼
단계적 분해 (Stepwise Refinement)	단계별로 진행하면서 점차적으로 내용을 구체화해가는 방법
모듈화 (Modularization)	하나의 시스템을 서브시스템, 프로그램, 모듈 등으로 구분해 정의하고, 각 단위별로 설계하는 방법 ※ 모듈: 이름을 가지며, 하나의 작업단위를 처리할 수 있는 최소 애플리케이션 단위

구조적 기법의 설계평가는 결합도와 응집도를 통해 수행하지만 데이터 설계방법이 결여되어 있고, 변환분석, 거래분석 측정 기준, 응집도·결합도 측정 기준이 모호해 규모가 복잡한 시스템에 비효율적이므로 단위 프로젝트 활동 위주로 접근할 수밖에 없고, 데이터의 구성에 대한 설계 방안과 데이터 모델링 방법이 부족하고, 프로그램 로직 중심이라는 단점이 있다.

3 정보공학 방법론

정보공학 방법론은 기업 전체 또는 주요 부문을 대상으로 정보 시스템의 계획수립, 분석, 설계, 구축 과정에서 정형화된 기법을 사용해 상호 연관성이 있도록 통합하는 데이터 중심의 방법론이다. 즉, 기업에 필요한 정보와 업무를 총체적·체계적·효과적으로 파악해 이를 모형화하고 빠른 시간 내에 정보시스템으로 발전시키는 데 필요한 일련의 작업 절차를 자동화한 공학적인 방법론이라 할 수 있다.

정보공학 방법론은 구조적 개발 방법론의 문제점을 극복하기 위해 1990년대 제임스 마틴James Martin이 발표했다. 기업의 정보시스템이 복잡해지고, 데이터를 통합하는 데 어려움을 겪으면서 새로운 정보시스템 개발 방법이 필요해졌기 때문이다.

정보공학 방법론의 특징은 정보전략계획ISP: Information Strategic Planning을 포

함한 공학적 접근 방식을 이용해 기업 업무에 자료 및 도형 중심으로 접근하는 것이다. 정보시스템 프로젝트 계획·개발·운영 단계에서 명확한 구조 기반을 제시하고, 최신 정보기술을 능동적으로 수용해 자동화를 지향하며 적극적인 사용자 참여를 유도한다.

정보공학 방법론은 리포지터리Repository, CASEComputer Aided Software Engineering, 4GL4th-Generation programming Language, RADRapid Application Development와 같은 핵심기술을 사용해, 프로젝트를 분할과 정복 원리하에 관리할 수 있는 단위로 나누고, 데이터와 프로세스의 균형을 유지하며 모듈화를 통해 톱다운 형태로 구현한다.

정보공학 방법론 진행 과정을 보면, 가장 먼저 ISP를 수립하고 업무영역 분석BAA: Business Area Analysis을 통해 업무시스템 설계BSD: Business System Design를 거친 뒤 시스템 구축SC: System Construction을 수행한다.

정보공학 피라미드

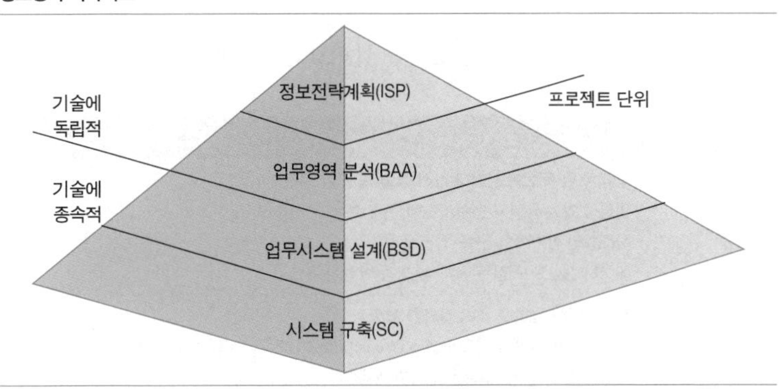

ISP 시에는 경영전략, 관련 조직, 업무자료를 거시적으로 분석해 현행 시스템을 평가하고 BAA 단계에서는 ERD를 통한 데이터 모델링, 프로세스 계층도PHD: Process Hierarchy Diagram, 프로세스 의존도PDD: Process Dependency Diagram, 자료흐름도DFD를 통해 프로세스 모델링을 수행한다. BSD 단계에서는 업무 절차를 정의하고 프레젠테이션 및 비즈니스 로직을 설계해 SC 단계에서 응용 프로그램을 개발한다.

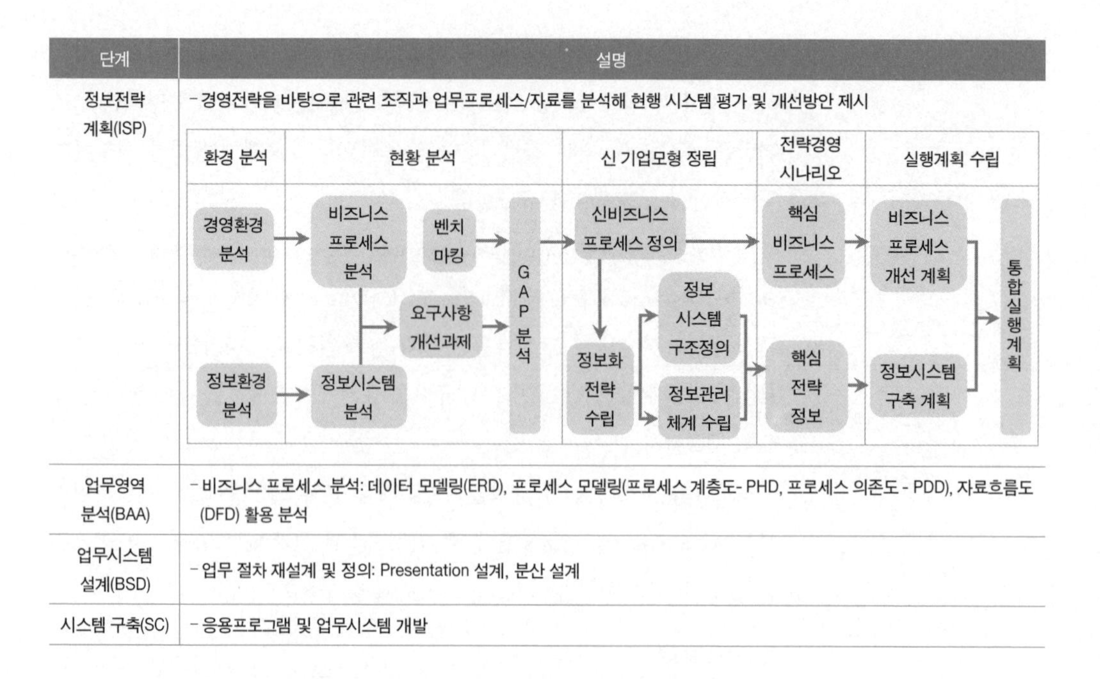

단계	설명
정보전략 계획(ISP)	- 경영전략을 바탕으로 관련 조직과 업무프로세스/자료를 분석해 현행 시스템 평가 및 개선방안 제시
업무영역 분석(BAA)	- 비즈니스 프로세스 분석: 데이터 모델링(ERD), 프로세스 모델링(프로세스 계층도- PHD, 프로세스 의존도 - PDD), 자료흐름도(DFD) 활용 분석
업무시스템 설계(BSD)	- 업무 절차 재설계 및 정의: Presentation 설계, 분산 설계
시스템 구축(SC)	- 응용프로그램 및 업무시스템 개발

이러한 정보공학 방법론의 장단점을 살펴보면 다음과 같다.

구분	내용
장점	- 경쟁 우위 확보의 전략적 기회 식별 및 방안 제공 - 일관성 있고 통일된 정보시스템 구축 가능 - 시스템의 장기적인 진화·발전 허용 - 데이터 중심으로 업무 절차 및 환경 변화에 유연
단점	- 정보공학의 효과를 위해 장기간 필요 - 구조적 방법의 SDLC(Software Development Life Cycle)를 그대로 이용 - 케이스 툴(case tool) 이용이 쉽지 않음 - 중소 규모 프로젝트의 무리한 적용(복잡한 논리, 많은 산출물)

4 객체지향 방법론

객체지향 방법론은 프로그램을 객체와 객체 간의 인터페이스 형태로 구성하기 위해 문제영역에서 객체, 클래스 및 이들 간의 관계를 식별해 설계 모델(객체·동적·기능 모델링)로 변환하는 방법론이다. 복잡한 메커니즘의 현실세계를 인간이 이해하는 방식으로 시스템에 적용하는 개념으로서 이를 위해 객체·클래스·메시지를 기본 모형으로 제시했다.

객체란 소프트웨어를 데이터와 프로세스로 나누지 않고, 사람이 실제 세계에 존재하는 사물과 개념, 즉 객체를 이해할 수 있는 방식 그대로 시스템을 구현하는 개념이다. 새로운 기술 및 운영환경 변화의 단위를 데이터와 프로세스를 동시에 가진 객체로 정의해, 소프트웨어를 쉽게 이해하고 개발할 수 있도록 하여 개발생산성과 유지보수성을 향상시키고자 했다.

객체지향 방법론의 특징은 단계가 길고, 문서작업이 선행되어야 했던 기존 폭포수 모델과 달리 클래스의 재사용과 확장에 의해 신속한 개발이 가능해졌다는 점이다. 또한 상태State와 기능Behavior, 식별자Identity를 통해 객체를 기반으로 재사용에 적합하다는 점이다. 마지막으로 모형의 적합성을 통해 현실 세계 및 인간의 사고방식과 유사하다는 점이다. 객체지향 개발 절차는 요구정의 후 객체를 모델링하고 동적 모델링과 기능 모델링을 통해 객체지향 분석을 수행한다. 객체지향 설계 단계에서는 시스템과 객체 설계 후 시스템 구현 과정을 거친다.

단계	작업 항목	설명
객체지향 분석	객체 모델링	- 시스템 정적구조 포착(추상화·분류화·일반화·집단화)
	동적 모델링	- 시간 흐름에 따라 객체 사이의 변화 조사(상태·사건·작동)
	기능 모델링	- 입력 → 처리 결과에 대한 확인
객체지향 설계	시스템 설계	- 시스템 구조를 서브시스템으로 분해(성능 최적화 방안, 자원 분배 방안)
	객체 설계	- 상세 내역을 모형으로 개발 상세화 - 구체적 자료 구조와 알고리즘 정의
객체지향 구현	객체지향 언어로 상속지원	- C++, Java

객체지향의 기본 개념을 기존 절차 중심 방법과 비교하면 다음과 같다.

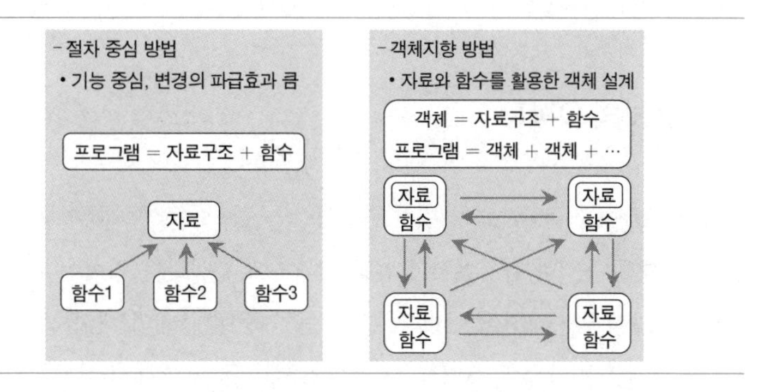

4.1 객체지향 기법의 원리

객체지향 기법은 추상화, 캡슐화, 상속성, 다형성, 연관성 등 기본 원리를 바탕으로 현실 세계의 객체를 효과적으로 구현하고, 개발된 프로그램에 대한 손쉬운 이해와 재사용을 가능하게 했다. 객체지향 기법의 원리는 다음과 같다.

구분	개념	역할	특징
추상화 (Abstraction)	현실 세계를 그대로 객체로 표현하기보다는 문제의 중요한 측면을 주목하여 구현해가는 과정	복잡한 프로그램을 간단하게 해주고 분석의 초점을 명확히 함	종류: 자료, 기능, 제어 추상화
캡슐화 (Encapsulation)	객체의 상세 내용을 객체 외부에 숨기고, 메시지만으로 객체와의 상호작용을 하게 하는 것	객체의 내부구조와 실체분리로 내부변경이 미치는 영향을 최소화하여 유지보수 용이	클래스와 객체에 대하여 "public" 선언 시 외부에서 사용 가능, "private" 선언 시 불가
상속성 (Inheritance)	상위클래스가 갖는 성질을 하위클래스에 부여하는 개념	프로그램을 쉽게 확장할 수 있도록 해주는 강력한 수단	상속의 효과는 클래스를 체계화할 수 있으며, 기존의 클래스로부터 확장이 용이
다형성 (Polymorphism)	하나의 인터페이스를 이용, 서로 다른 구현 방법을 제공하는 것	클래스들을 위한 일관된 인터페이스를 개발하는 수단을 제공	Overloading: 동일한 이름의 operation 사용(수평적) Overriding: 상위클래스의 메소드를 하위클래스에서 재정의(수직적)
연관성 (Association)	- is-a(일반화/특수화): 자동차 vs 트럭 - is-member-of(Association): 링크 개념과 유사 - is-instance-of(Classification) : 공통특성 → 클래스화 - is-part-of(Aggregation): 승용차 vs 부품 ※ Composition: 윈도우 vs 패널 (동일수명, cascade 옵션)	객체 간의 관계를 세부적으로 정의해 구현 용이	

객체지향 방법론의 대표적인 종류로는 제임스 럼보James E. Rumbaugh의 OMT Object Modeling Technique, 그레이디 부치Grady Booch의 OOD Object Oriented Design, 이바르 야콥손Ivar Jacobson의 OOSE Object Oriented Software Engineering가 있으며, 이러한 객체지향 개발 방법론의 모델링 기법을 통합해 일반적이고 다양한 분야에서 사용할 수 있는 UML로 발전했다.

4.2 럼보의 OMT

OMT Object Modeling Technique는 먼저 추상화·캡슐화·모듈화·계층화를 통해 실세계에 대한 동일한 관점에서 문제를 이해하고 분석하는 기법이다. 객체지향 분석 관점에서 강점이 있지만, 분석·설계·구현 단계의 객체지향 생명주기 전 단계를 일관되게 지원할 수 있고, 대형 프로젝트에서 복잡한 시스템을 개발하는 데 효과적으로 사용할 수 있다. OMT의 각 구현 단계를 정리하면 다음과 같다.

<table>
<tr><th>단계</th><th colspan="3">상세 설명</th></tr>
<tr><td rowspan="5">객체 지향 분석</td><td colspan="3">- 실세계를 이해하기 위한 모형화 작업</td></tr>
<tr><th>구분</th><th>내용</th><th>산출물</th></tr>
<tr><td>객체모형</td><td>시스템의 정적구조 파악[객체식별, 관계정의, 클래스의 속성(attribute)과 연산기능 정의]</td><td>객체 다이어그램</td></tr>
<tr><td>동적모형</td><td>동시에 활동하는 객체들의 제어흐름, 상호반응 및 연산순서를 표현</td><td>상태 다이어그램</td></tr>
<tr><td>기능모형</td><td>시스템 내에서 데이터 값이 변하는 과정을 표현</td><td>자료흐름도(DFD)</td></tr>
<tr><td rowspan="4">객체 지향 설계</td><td colspan="3">- 실세계의 문제영역에 대한 표현을 소프트웨어로 된 해결영역으로 연계(mapping)</td></tr>
<tr><th>구분</th><th colspan="2">내용</th></tr>
<tr><td>시스템 설계</td><td colspan="2">- 전체 시스템 구조를 결정함(시스템을 서브시스템으로 분해)
- 동시성, 프로세스와 작업과의 관계, 데이터관리 결정</td></tr>
<tr><td>객체 설계</td><td colspan="2">- 객체모형의 구체화 작업
- 자료 구조와 알고리즘을 정의</td></tr>
<tr><td>구현</td><td colspan="3">- 세부 객체모형, 동적모형, 기능모형 및 기타 문서를 이용해 시스템을 구현
- 객체지향 언어를 사용하면 가장 용이하지만 비객체지향 언어를 사용해 구현 가능</td></tr>
</table>

4.3 부치의 OOD

OOD Object Oriented Design는 다양한 자동화 도구들의 지원으로 분석 단계의 정적 모델과 동적 모델을 통해 분석과 설계를 동일화하고 개발 프로세스를 정의했다.

<table>
<tr><th>단계</th><th colspan="2">상세 설명</th></tr>
<tr><td rowspan="3">분석</td><td colspan="2">- 정적 모델과 동적 모델로 표현</td></tr>
<tr><td>정적 모델</td><td>- 논리적 관점을 표현(클래스 다이어그램, 객체 다이어그램)
- 물리적 관점을 표현(구조 다이어그램, 프로세스 구조도)</td></tr>
<tr><td>동적 모델</td><td>- 실세계의 사건 발생에 따라 작동해야 할 일을 표현(상태 다이어그램)</td></tr>
<tr><td rowspan="4">개발 프로세스</td><td>클래스와 객체 식별</td><td>- 문제영역으로부터 클래스와 객체를 식별
- 객체 사이의 행위 메커니즘을 나타내는 객체 다이어그램 생성</td></tr>
<tr><td>클래스와 객체의 의미 식별</td><td>- 객체 사이의 프로토콜을 결정(객체의 생성 → 소멸에 이르기까지 상태와 사건의 흐름으로 표현)</td></tr>
<tr><td>클래스와 객체의 관계 식별</td><td>- 객체의 사용성·상속성·관계성을 확립
- 객체의 정적·동적 성질, 메시지 동기화, 실행 타이밍 표현</td></tr>
<tr><td>구현</td><td>- 설계 결정을 검토해 휴리스틱한 방법으로 클래스를 모듈에 할당
- 프로그램을 프로세스에 할당</td></tr>
</table>

4.4 야콥손의 OOSE

OOSE Object Oriented Software Engineering는 유스케이스로 고객 요구사항을 도출하는 도구를 사용해 유스케이스 중심으로 접근하고 시스템의 변화에 유연성을 강조했지만, 분석 모델은 연산·인터페이스·파라미터 등 정제화 때문에 프로그래밍 언어로 구현하기에는 비정형적이라는 단점이 존재한다.

단계	상세 설명
분석	- 사용자: 정의 및 역할 작성, 사용자별 유스케이스 작성 - 요구사항 분석 모델 생성: 유스케이스 다이어그램, 유스케이스 디스크립션(description) 작성
설계·구현	- 실제 시스템은 시스템이 구현될 환경에 적합하도록 설계 모델로 변환하며 성능 요구사항, 실시간 요구사항과 동시성, 하드웨어, 시스템 소프트웨어, DBMS와 프로그래밍 언어를 고려해야 함 - 객체지향 설계를 진행하면서 분석 결과가 시스템 구축에 적절한지 확인하고 분석 모델을 수정함

5 CBD 방법론

CBD 방법론의 특징
- 컴포넌트 기반 개발
- 표준화된 UML을 통한 모델링 및 산출물 작성
- 반복 점진적 개발 프로세스 제공
- 표준화된 산출물 작성, 컴포넌트 제작기법을 통한 재사용성 향상

CBD Component Based Development 방법론이란 재사용이 가능한 컴포넌트의 개발 또는 상용 컴포넌트를 조합해 애플리케이션 개발생산성과 품질을 높이고 시스템 유지보수 비용을 최소화할 수 있는 개발 방법 프로세스이다. 즉, 컴포넌트 단위의 개발과 조립을 통해 정보시스템을 신속하게 구축, 변경 및 확장을 용이하게 하고 타 시스템과의 호환성을 달성하려는 소프트웨어 공학 프로세스, 방법론 및 기술의 총체적 개념이라 할 수 있다.

CBD 방법론은 객체지향에서는 Binary 형태의 표준이 없고, 객체가 같은 컴파일러를 사용해야 하는 점, 그리고 실제 재사용 가능한 소프트웨어 개발 사례가 없으며, 대규모 프로젝트에서는 확장성이 떨어지는 문제점을 해결하고자 했다. 이러한 CBD 개발 프로세스는 다음과 같다.

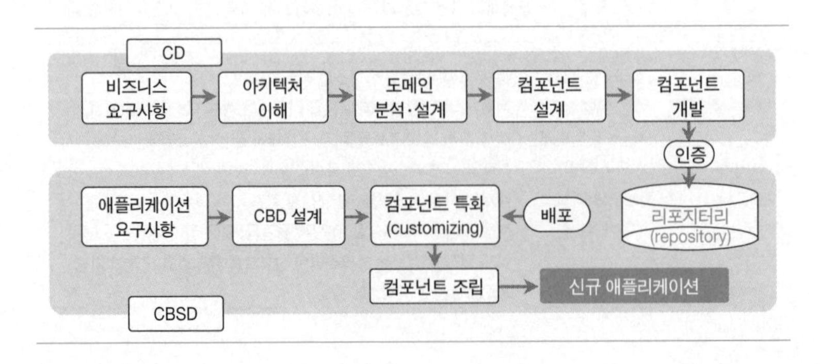

CD Component Development는 소프트웨어 개발에 필요한 부품을 만드는 방법론이다. 컴포넌트 개발 방법은 재사용 목적상 해당 도메인에 대한 분석이 핵심으로서, 비즈니스 영역과 기술 아키텍처에 대한 이해가 선행되어야 하고, 비즈니스 컴포넌트와 소프트웨어 컴포넌트를 병행해 개발한다.

컴포넌트를 조립하는 CBSD Component Based Software Development는 컴포넌트를 조립하고 반복적iteration 개발 프로세스를 적용해 생산성을 혁신적으로 향상시키는 개발 방법이다. 반복적 개발 프로세스는 프로젝트 수행 중 최소 두 번 이상 수행하며, 결과물은 독립적으로 완벽히 작동하는 실행 모듈을 포함한다. 이때, 초기 반복은 가장 위험도가 높거나 중요하다고 생각되는 업무영역이나 검증 혹은 경험이 없는 기술 아키텍처를 포함한다. 개발기간은 2개월 이하로 계획하고, 첫 반복은 전체 범위의 70~80% 정도를 분석 대상으로 하여 파레토 법칙을 적용해 기능은 20% 정도만 실제 구현하는 것이 좋다. CBD 방법론은 다음과 같은 공정으로 구성된다.

요구분석	분석	설계	개발	구현
AS-IS 모델링 TO-BE 모델링 요구사항정의	아키텍처 정의 Use-Case모델링 UI 프로토타이핑	UI설계 컴포넌트 정의/설계 DB, 컨버전, 테스트 설계	코딩 테스트	릴리스 교육
	Iteration의 반복(N회)			

성공적인 CBD 개발 방법론을 적용하려면 프로세스를 구성하는 활동과 역할을 잘 정의해야 하며, 컴포넌트 재사용 과정의 자동화 도구가 필요하다. 또한 활용할 수 있는 풍부한 컴포넌트와 카탈로그를 확보하고 자산화해 적극 활용해야 하며, CBD를 적용하기 위한 조직 차원의 체계적 접근법이 필요하다.

6 소프트웨어 프로덕트 라인

프로덕트 라인product line이란 특정 시장(도메인)의 요구사항이나 업무 수행을 만족하는 일련의 공통/관리되는 기능들에 대해 도메인의 재사용성 향상을 위해 핵심자산core asset을 개발 및 조립하는 방법론이다. 여기서 핵심자산의 범위는 단순히 코드의 재사용이 아니라 분석·설계·개발·테스트 등 모든 소프트웨어 생명주기에서 재사용 가능한 산출물(요구사항, 아키텍처, 컴포넌트, 테스트 케이스 등)이다. 이를 기반으로 핵심자산을 미리 개발하고, 핵심자산을 활용해 여러 프로덕트를 만들어내는 방법을 말한다.

프로덕트 라인은 도메인 공학domain engineering과 애플리케이션 공학application engineering 기반으로 재사용성을 증대시키고, 필요 요구사항에 대한 재활용을 극대화시키기 위해 발전했다. 또한 CBD의 진화된 방법론으로, 개발 초기에 대규모의 초기 투자 비용과 오랜 시간의 개발이 필요하지만, 요구사항 재사용을 통해 개발생산성을 향상시키고 소프트웨어 제품과 서비스를 단축해 시장의 흐름과 고객 니즈에 경쟁사보다 빨리 대응할 수 있는 방법론이다.

도메인 공학
도메인 모델의 공통적이고 가변적인 특성을 분석해 재사용 가능한 요구사항, 아키텍처, 컴포넌트, 테스트 케이스 등을 개발하는 공학적 기법

애플리케이션 공학
도메인 공학의 핵심자산을 기반으로 새로운 기능을 보완해 특정한 제품을 개발하는 공학적 기법

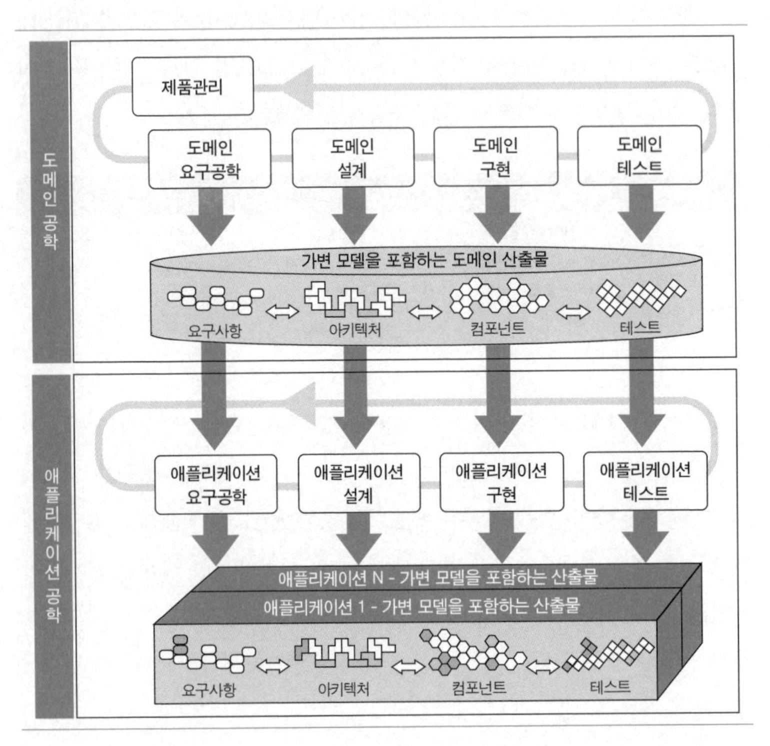

이러한 프로덕트 라인의 구성 요소는 도메인에서 공통된 요구사항을 도출해 핵심 컴포넌트를 개발하는 핵심자산 영역과, 이를 이용해 플러그 앤드 플레이Plug & Play 방식으로 측정 제품에 맞게 조립하는 제품 개발 영역, 리포지터리repository에 저장하고 전체 프로세스를 관리하는 관리 영역으로 구분할 수 있다.

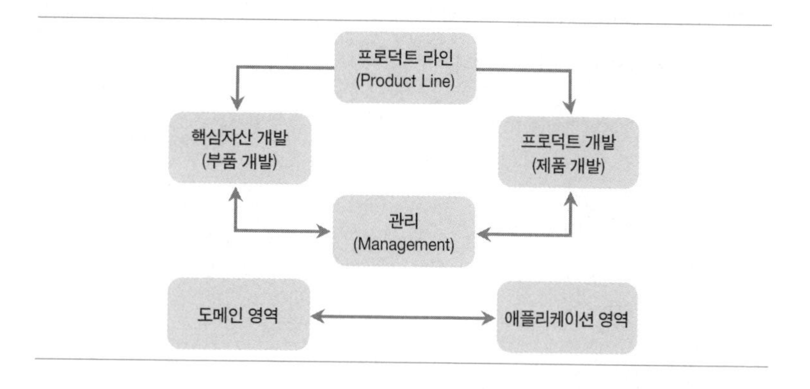

프로덕트 라인을 구축하는 개발 방법은 선행적proactive 방식, 반응적reactive 방식, 추출식extractive 방식, 점진적incremental 방식이 있다.

방식	특징	적용 분야
선행적 (proactive)	- 핵심자산을 먼저 개발하고 제품을 개발하는 방법으로 초기 투자가 필요함 - 새로운 제품을 개발할 때, 코드 개발을 최소화	자본이 충분한 대규모 조직, 제품의 요구사항이 잘 정의되고 안정된 도메인에 적합
반응적 (reactive)	- 하나 또는 여러 개의 제품에서 핵심자산 및 다른 제품을 도출 - 프로덕트 라인을 처음 적용하는 경우 저렴한 비용 소요	제품의 요구사항을 예측하기 힘들고, 공통된 요소가 부족하고 가변적인 요소가 많을 경우 부적합
추출식 (extractive)	- 선행적 방식에 비해 비용이 적게 소요되고 효율적인 재사용이 가능 - 기존에 개발된 시스템에서 추출	기존 시스템을 재사용할 수 있고 공통점이 많고, 차이점이 일관화되어 있는 경우 적합
점진적 (incremental)	- 선행적 방식과 반응적 방식의 혼용 방식 - 핵심자산 베이스로부터 제품과 추가 핵심자산을 반복적으로 개발	일정한 부분은 제품의 요구사항이 예측되고, 나머지 부분은 예측하기 힘들 때 혼합적으로 적용

프로덕트 라인을 도입하는 이유는 생산성을 향상시키고, 고품질의 소프트웨어 제품을 확보해 필요한 소프트웨어 개발 비용을 절감하고 외부 환경에 대한 민첩성을 강화하기 위함이다.

프로덕트 라인은 소프트웨어 아키텍처 기술이 핵심이다. 새로운 요구사항에 맞추어 조립공정을 바꿀 수 있는 강건한 아키텍처가 매우 중요하며, 변화에 신속히 적응할 수 있도록 조직을 관리하는 것이 필요하다. 이와 함께 비즈니스 케이스를 도출하고 기존의 구조를 재구성하며 새로운 기술을 적용하기 위한 조직 구성원의 교육이 필요하므로 초기 투자와 오랜 시간의 개발기간이 요구된다. 그러나 일정 기간의 초기 투자를 통해 조직과 프로세스에 내재화된다면 기존의 전통적인 개발 방법에 비해 적은 노력으로 제품을 빠르게 제공할 수 있을 것이다.

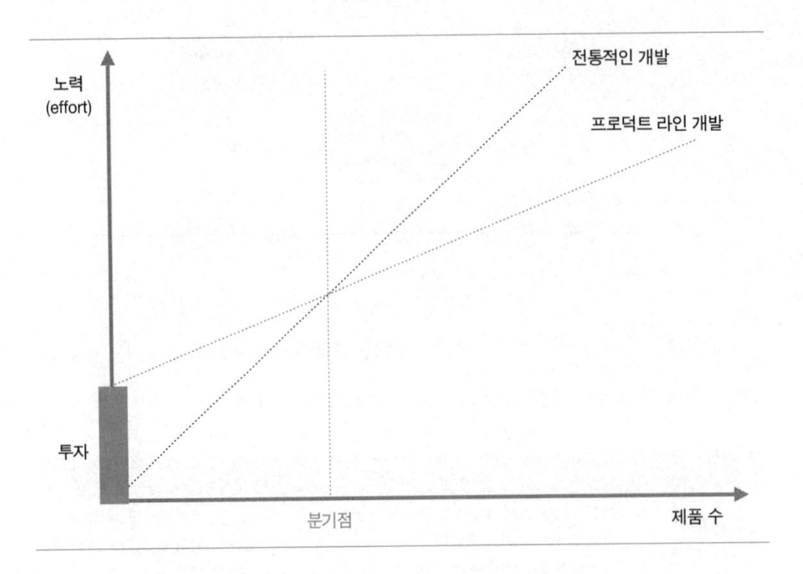

초기 투자 기간에는 개발 완료 시기가 촉박하지 않은 프로젝트에 파일럿 형태를 적용해 출발하는 것이 좋다. 또한 MDA와 같은 공학적 기법을 적용하고, 소프트웨어 제품 구현을 위한 구체적인 표준과 가이드라인을 활용하며, 프로세스를 지원하는 자동화 지원 도구와의 밀접한 연계가 필요하다.

7 마이크로서비스 아키텍처

시스템의 서비스들을 재사용 가능한 수준으로 설계/개발하여 오케스트레이션하는 SOA 대신에 최근 대세로 등장한 것이 마이크로서비스 아키텍처MSA: Microservice Architecture이다. 소프트웨어를 단독 실행 가능하고 독립된 여러 개의 서비스로 나누고, 이 서비스들을 조합해 기능을 제공하는 아키텍처를 의미하는 것으로, 레고 블록을 조립하는 것과 유사하다.

MSA는 소프트웨어를 단독 실행이 가능한 작은 모듈로 기능을 분해하고, 연계방식은 표준화해, 서비스별로 독립적인 개발 및 운영이 가능한 아키텍처 구성방식이다. 클라우드 환경 및 대용량 웹 서비스가 증가하는 추세 덕분에 이론적인 수준에서 논의되던 SOA가 현실에서 제대로 만들어질 수 있었다.

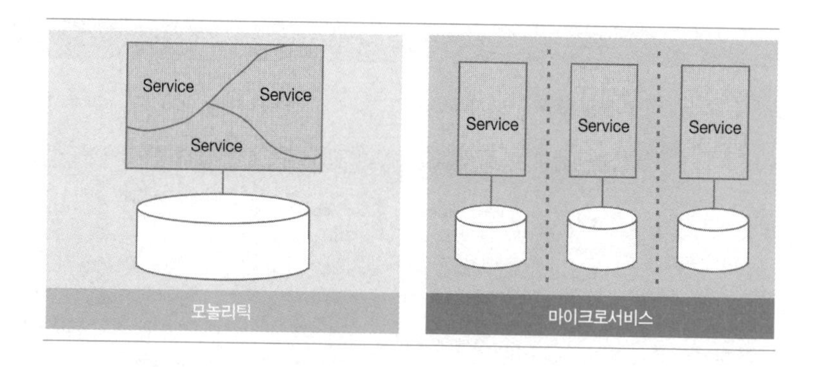

마이크로서비스는 기존 모놀리틱Monolithic 방식의 단점인 높은 복잡도와 낮은 재활용 문제를 해결해 클라우드 환경의 대규모 분산 웹시스템 아키텍처 스타일과 소프트웨어 개발방식을 이용한다. 각 마이크로서비스는 공유나 프로세스 간 통신이 없이도 독립적으로 실행, 운영/관리될 수 있는 특징을 띤다. 마이크로서비스 간 연결은 응용프로그래밍 인터페이스API: Application Programming Interface를 이용하며, 전체 서비스 운영관리를 위해 MSA 개발에서 데브옵스DevOps 적용은 필수적이다.

기존 모놀리틱서비스와 마이크로서비스의 특장점을 비교하면 다음과 같다.

구분	모놀리틱	마이크로서비스
특징	- UI, 비즈니스로직, 데이터베이스가 하나의 통으로 이루어진 단일 구조 - 개발 후 프로그램 배포는 전체를 하나로 묶어서 수행	- UI, 비즈니스 로직을 비롯해 데이터까지 모두 분리 가능 - 표준 인터페이스를 적용해 기능을 외부로 제공·호출 가능 - 서비스별 프로그램 배포 가능
단점	- 소스코드 복잡도 증가, 재활용률 감소 - 소프트웨어 배포 복잡 및 소요 시간 과다 - 장애발생 예상 및 대처 어려움	- 대규모 트랜젝션 시스템에서는 서비스 간 복잡도 증가
장점	- ERP와 같은 대규모 트랜젝션 및 연계 시스템에 적합	- 서비스단위 개발로 소스코드의 복잡도 감소, 재활용률 증가 - 유연한 확장구조로 클라우드 환경에 적합하고 배포가 용이 - 장애 시 원인 파악 및 조치 용이

MSA의 아키텍처 구조와 기반 기술은 다음과 같다.

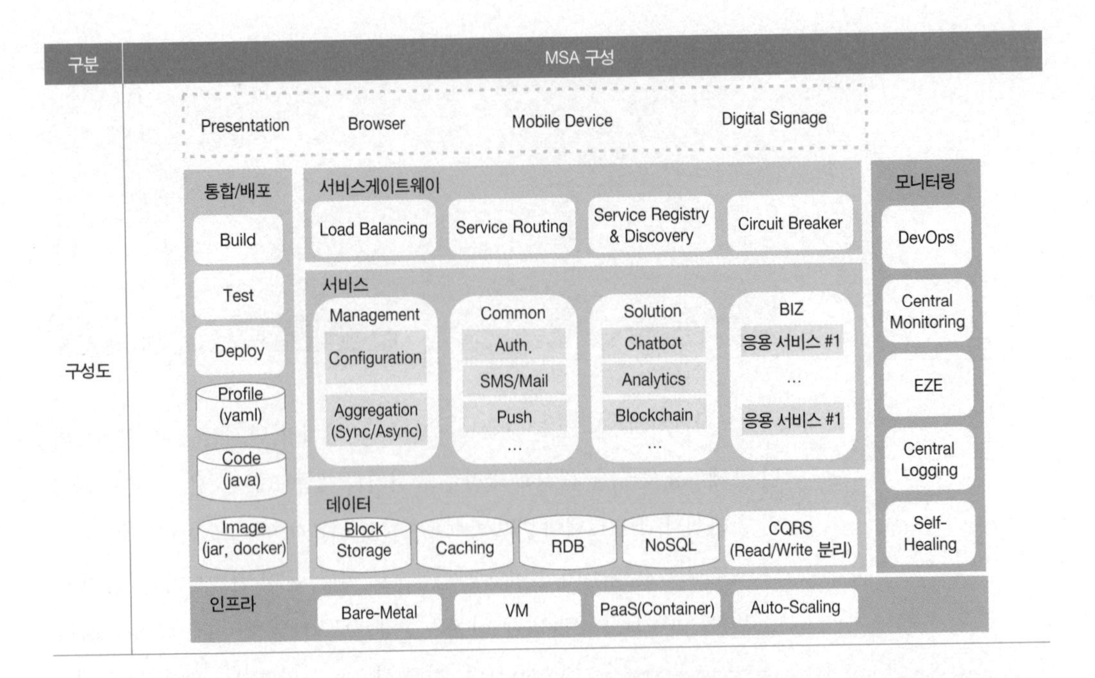

구성	요소기술	설명
서비스 게이트웨이	Load Balancing	병렬로 운용되고 있는 기기 사이에서의 부하가 가능한 한 균등하게 되도록 작업 처리를 분산해 할당하는 것
	Service Routing	목적지까지 갈 수 있는 여러 경로 중 한 가지 경로를 설정해 주는 과정 ㉠ 정적 Routing: 서비스의 변화에 따라 관리자(인간)가 경로를 선택해야 하는 것 ㉡ 동적 Routing: 서비스의 변화에 따라 라우터가 동적으로 경로를 선택하는 것
	Service Registry & Discovery	- Service Registry: 각 서비스는 Service Registry에 자신의 상태를 전달, Service Registry는 가용한 인스턴스의 목록을 보유 - Service Discovery: Load Balancer 존재, 클라인언트에서 요청을 보내면 Load Balancer가 Service Registry와 연동해 요청을 적절한 서비스 인스턴스로 전달
	Circuit Breaker	원격 접속의 성공/실패를 카운트해 에러율(failure rate)이 임계치를 넘어섰을 때 자동적으로 접속을 차단하는 시스템
서비스	Management	서비스 운영 및 관리를 위한 환경 파일과 서비스 Aggregation을 위한 동기/비동기식 소프트웨어로 구성
	Common	표준화/공용화에서 제공하는 공통서비스(인증, 로깅, Push, 암호화, 검색, Queue, 룰엔진, Sync 등)로 구성
	Solution	SDS 솔루션(Chatbot, Brightics, Nexledger 등)으로 구성
	Biz	비즈니스 기능을 제공하는 서비스로 구성
데이터	Block Storage	파일 시스템이 디렉토리 구조로 파일을 계층화해 저장하는 오브젝트 스토리지
	Caching	이전에 검색하거나 계산된 데이터를 효과적으로 재사용할 수 있게 해주는 고속의 데이터 스토리지 계층(예: 인 메모리 스토리지 계층)
	RDB	키(key)와 값(value)들의 간단한 관계를 테이블화한 매우 간단한 원칙의 데이터베이스
	NoSQL	스키마를 사용하지 않는 비관계형 데이터베이스
	CQRS (Command Query Responsibility Segregation)	별도의 인터페이스를 사용해 데이터를 업데이트하는 작업과 데이터를 읽는 작업을 분리하는 패턴

통합 / 배포	Build	소스를 실행 가능한 모듈로 변환하는 것
	Test	소프트웨어의 결함이 존재함을 보이는 과정
	Deploy	빌드되어 실행 가능한 결과물을 컨테이너에서 인식 가능한 곳에 배치하는 것
	Profile	통합/배포와 관련된 환경 설정 정보를 저장
	Code	소스코드
	Image	Container 또는 WAS에 배포 되는 docker 또는 jar 이미지
모니터링	DevOps	소프트웨어 개발조직과 운영조직 간의 소통, 협업 및 통합을 강조하는 개발 환경이나 문화
	Central Monitoring	모니터링 측정지표를 수집 및 집계하여 데이터를 분석, 문제에 대한 경고 및 대시보드 제공
	End to End Monitoring	하나의 트랜잭션이 관련된 여러 서비스에 걸쳐 수행될 때의 흐름을 추적하는 것
	Central Logging	로그를 수집하고 필터를 사용하여 로그 데이터를 구성 및 시각화
	Self-Healing	Self Healing(자가 치유)는 신뢰성을 보장하기 위한 기술 중 하나로 오류 탐지와 오류 회복으로 구성
인프라	Bare-Metal	하드웨어
	Virtual Machine	운영 체제나 응용 프로그램을 설치 및 실행할 수 있는 컴퓨팅 환경
	PaaS (Container)	일반적으로 앱의 개발 및 시작과 관련된 인프라를 만들고 유지보수하는 복잡함 없이 고객이 애플리케이션을 개발, 실행, 관리할 수 있게 하는 플랫폼 제공
	Auto-Scaling	사용자의 설정에 따라 자동으로 컴퓨팅의 리소스를 자동으로 확장하거나 축소

MSA를 적용하면 서비스 단위로 개발/운영을 할 수 있기 때문에 고객 요구에 신속하게 대응할 수 있고, 기능 간 의존도가 감소하여 장애가 발생할 때 조기 조치 및 신속한 대응이 가능해진다. 또한 클라우드 환경에서 서비스 확장이 손쉽게 이뤄지며, 재사용률이 높고 확장이 손쉬워 개발/인프라 원가가 절감되는 효과가 있다.

아마존Amazon은 시장변화 및 고객 대응에 유연하게 대처하고 신규 서비스의 빠른 출시를 위해 도입했으며, 넷플릭스Netflix는 3일간의 장애로 인한 서비스 중지 사태를 겪고 나서 도입한 이후 장애를 최소화했다.

8 개발 방법론 테일러링

프로젝트 상황에 맞는 개발 방법론을 선정하려면 먼저 조직적인 측면에서 전문 인력 확보 가능성, 개발 그룹의 수준, 기업의 문화와 규모, 지속적인 유지보수 및 성능 개선이 보장된 구조와 담당조직이 존재하는지를 고려해야 한다.

공학적으로 많은 방법론이 소프트웨어 공학 또는 정보공학 등에서 나오고 있어 방법론의 뿌리를 아는 것은 그 논리적 전개에 매우 중요하다. 때로는 방법론과 구축하고자 하는 목표 시스템의 궁합이 맞지 않는 경우가 생기는데, 이 문제를 해결하기 위해 근본을 흔들지 않는 범위 내에서 재구성이 가능해야 한다. 또한 CASE 툴이나 기타 도구로 적용 시 생산성이 보장되고 변경관리가 가능한지 자동화 지원 도구의 수준을 고려해야 한다. 이러한 개발 방법론의 테일러링Tailoring 절차는 개발계획 수립 단계에 이루어지며 내용은 다음과 같다.

- 아키텍처 측면의 프로젝트 특성 파악
- 소프트웨어 생명주기(SDLC) 모형 선정
- Baseline 방법론(프로세스) 선정
- Tailoring 전략 수립
- Tailoring 수행: 활동 추가/삭제/수정
- Process Dictionary 기록(Tailoring 근거)
- Tailored Process 교육

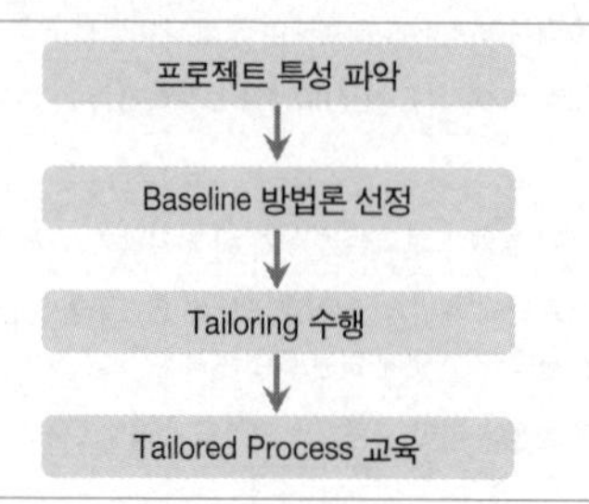

개발과 유지보수 측면에서는 개발 방법론을 적용하는데, 정보 시스템에 대한 일정 정도의 지식으로도 업무가 가능하려면 개발자와 실제 사용자가 모두 이해할 수 있도록 방법론이 쉬워야 하며, 구조적이고 논리적으로 적합한지, 적용 사례가 풍부한지를 고려해야 한다. 또한 납기/비용, 기술환경, 개발/운영을 위한 인적자원 수준 및 고객 요구사항을 고려해야 하고, 일부 시스템은 법적 제약사항 및 국제 표준까지도 고려해야 할 수 있다.

참고자료

최은만. 2007. 『소프트웨어 공학』. 정익사.
한혁수. 2008. 『소프트웨어 공학의 소개』. 홍릉과학출판사.
위키백과(http://www.wikipedia.org/)

기출문제

90회 관리 소프트웨어 개발 방법론은 구조적 방법론, 정보공학 방법론, 객체지향 방법론, 컴포넌트 기반 방법론의 형태로 발전되어왔다. 이 중 정보공학 방법론의 특징과 의의를 타 방법론과 비교하여 설명하시오. (25점)

84회 관리 반복점증적(iterative & incremental) 개발 방법 적용 시 각 회차마다 작

성되는 반복계획서와 평가서에 포함될 내용을 목차 형식으로 기술하시오. (10점)

83회 관리 정보시스템의 효율적 도입 및 운용 등에 관한 법률안이 공포되어 공공기관을 중심으로 ITA/EA프로젝트가 진행되고 있다. 정보공학 방법론에 기반한 ISP와 EAP를 비교 설명하시오. (25점)

83회 관리 A기관 차세대통합정보시스템 구축사업에서는 웹 서비스 방식으로 모든 서비스를 제공할 계획이다. 고객 제안요청서에서는 CBD(Component Based Development) 방법론으로 구축을 요구하고 있으나, 현재 개발업체 입장은 과제 해결에 요구되는 몇 가지 기존 소프트웨어 컴포넌트 구매가 필요하고 나머지는 EJB(Enterprise Java Beans) 환경으로 개발을 고려하고 있다. 고객과의 이견 차이를 좁히기 위한 적합한 응용 소프트웨어 아키텍처 구현 방안을 다음 사항을 기준으로 설명하시오. (25점)

(1) 개발 방법론(패키지 + CBD) 적용 방안을 제시하시오.

(2) 응용소프트웨어 아키텍처 구성 방안을 기술하시오.

(3) 기성 소프트웨어 컴포넌트와 신규 개발 컴포넌트 간 인터페이스 방안을 설명하시오.

81회 응용 현재 본인이 수행하고 있는 업무를 구조적 분석 및 설계 방법에 따라 소프트웨어 시스템 분석 및 설계 과정을 기술하시오. (25점)

Software

Engineering

D
애자일 방법론

D-1. 애자일 방법론

D-1

애자일 방법론

전통적인 폭포수 방법론의 소프트웨어 개발방식인 분석-설계-개발-테스트의 과정과 달리 시장적시성(Time To Market)을 위한 MVP(Mininum Viable Product) 제품의 개발이 중요해지고 있다. MVP는 동작 가능한 최소 규모의 소프트웨어로 고객의 피드백을 통해 점진적으로 발전해나가는 소프트웨어 형태이다.

1 애자일 방법론의 이해

1.1 애자일 방법론 정의

애자일 방법론은 스스로 변화하고 주위의 변화에 대응하는 능력을 의미하며 전통적인 폭포수 방법론과 달리 급변하는 비즈니스 환경에서 다양한 변화를 수용하고 대응할 수 있도록 점검과 조정 등의 과정을 반복 프로세스로 진행하는 여러 방법론을 통칭한다.

애자일 방법론은 1990년대부터 풍미했던 폭포수 방법론의 정형화된 개발단계인 분석, 설계, 개발, 테스트가 아닌 유연한 프로세스로 단납기, 저비용, 복잡성, 개발성과 경영환경 및 시장의 변동에 따른 요구사항 등을 반영할 수 있는 최적의 방법론으로 평가받고 있다.

1.2 애자일 방법론 특징

애자일 방법론은 반복 프로세스, 변화 수용, 점검과 조정이라는 특징을 기반으로 전통적 방법론과 다음과 같은 비교점을 도출할 수 있다.

항목	전통적 방법론	애자일 방법론
계획	다음 단계까지 상세 계획 수립	다음 반복주기만 상세 계획 수립
요구사항	요구사항 정의 단계에서 모든 요구사항을 확정할 것을 강조	요구사항에 대한 베이스라인 설정을 강조
아키텍처	모델과 기능을 상세화하는 과정을 통해 애플리케이션 및 데이터 아키텍처를 조기에 정의하고자 함	실제 개발된 기능 구현을 통해 빠른 시간 내에 아키텍처의 실현 가능성을 증명해 보이고자 함
테스트	특정 기능의 구현 후 단위 - 통합 - 시스템으로 확장해나가는 방식	잦은 개발 - 테스트 주기를 통한 조기 기능 검증

애자일 방법론은 매번 반복주기마다 고객의 참여를 통한 피드백FeedBack 수용으로 점진적으로 발전해나가는 형태를 취한다.

애자일 방법론의 창시자 켄트 백Kent Beck은 애자일 소프트웨어 개발 선언문Agile Manifesto에서 다음과 같이 선언했다.

> 우리는 이것을 실천하고 다른 이들이 이것을 실천하도록 도움으로써 개선된 소프트웨어 개발 방법을 공개한다. 이 연구를 통해 우리는 다음과 같은 선언문을 통해 가치를 실현한다.
>
> (1) 개인과의 상호작용이 프로세스와 툴보다 우선이다.
>
> (2) 작동하는 소프트웨어가 포괄적인 문서보다 우선이다.
>
> (3) 고객 협력이 계약 협상보다 우선이다.
>
> (4) 변화에 대한 반응이 계획을 따르는 것보다 우선이다.
>
> ※ 일반적으로는 (1)~(4) 선언문 중 오른쪽 항목에 가치를 부여하지만 우리는 왼쪽 항목에 더 많은 가치를 부여한다.

애자일 방법론에는 유연한 프로세스를 기반으로 다양한 유형의 기법이 존재한다. 다음 항에서는 애자일 소프트웨어 개발 방법론의 유형에 대해 알아본다.

1.3 애자일 방법론 유형

애자일 방법론에는 다양한 기법이 존재한다.

각각의 유형이 특징적인 차이는 있지만 반복 프로세스를 통한 점진적 개발이라는 공통점을 가지고 있다. 여기서는 먼저 대표적인 애자일 방법론인 스크럼Scrum에 대해 알아본다.

1.3.1 애자일 방법론: 스크럼 Scrum

종류	특징	비고
XP	- 테스팅 강조, 4가지 가치와 12개 실천항목, 1~3주 iteration	가장 주목받음 개발 관점
SCRUM	- 프로젝트를 스프린트(30일 단위 iteration)로 분리, 팀은 매일 스크럼(15분 정도) 미팅으로 계획수립 - 팀 구성원이 어떻게 활동해야 하는가에 초점 - 통합 및 인수 테스트가 상세하지 않음	Iteration 계획과 Tracking에 중점
DSDM	- 기능모델, 설계와 구현, 수행 3단계 사이클(2~6주)로 구성	영국만 사용
FDD	- 짧은 iteration(2주), 5단계 프로세스 (전체모델 개발, 특성리스트 생성, 계획, 설계, 구축)	설계, 구축 프로세스 반복
Crystal	- 프로젝트 상황에 따라 알맞은 방법론을 적용할 수 있도록 다양한 방법론 제시 - Tailoring하는 원칙 제공	프로젝트 중요도와 크기에 따른 메소드 선택 방법 제시

1.3.2 개념

켄 슈와버Ken Schwaber는 스크럼을 방법론이 아니라 프레임워크라고 말한다. 스크럼은 대형화·복잡화되고 있는 프로젝트를 관리하기 위한 단순한 틀(프레임워크)로, 소프트웨어 분야뿐만 아니라 다양한 분야에서 적용·응용되고 있다.

스크럼은 7~10명의 이른바 피자 두 판 이내의 조직으로 구성된다. 스크럼 안에는 PMProduct Manager과 스크럼 마스터Scrum Master, 스크럼 팀Scrum Team이 있으며 1~4주 간격의 스프린트 사이클Sprint Cycle을 가진다.

전체 개발할 목록Back Log과 스프린트에 개발할 목록Sprint Back Log을 가지고 있으며, 스크럼 팀에서는 매일 스크럼 팀 미팅을 진행하고, 스프린트의 종료 시기에는 고객과는 쇼케이스ShowCase라 불리는 데모Demo를, 스크럼 팀 내에서는 회고Retrospect를 진행한다.

1.3.3 스크럼과 XP의 결합

소프트웨어 분야에서는 스크럼과 XP가 결합된 형태로 적용되는 경우가 많다. 스크럼은 관리 및 조직적 실천법에 집중하는 반면 XP는 프로그래밍의 실천법에 집중하기 때문에 서로 다른 영역을 상호 보완하는 역할을 수행한다. XP의 주요 프랙티스Practice에는 짝 프로그래밍Pair Programming과 테스트 주도 개발TDD: Test Driven Development이 있다. 이외에도 데브옵스DevOps의 CI/CD Continuous Integration / Continuous Delivery가 적용된 지속적 통합과 반영으로 효율적인 소프트웨어 개발을 가능케 하고 있다.

스크럼이 성공을 거두기 위해서는 프랙티스와 도구 외에도 참여자의 의식이 중요하다. 서로 협조하고 대화하겠다는 열린 마음이 전제되지 않는다면 피자 두 판 이내 규모의 스크럼 조직은 스크럼보다는 폭포수WaterFall 방식의 소프트웨어 개발이 더 어울릴지도 모른다.

1.4 애자일 프로세스 향후 전망

애자일 프로세스에 대해 개발 분야에만 적용될 수 있는 요소뿐만 아니라 비즈니스 전방위에서 조직적인 측면의 접근이 이뤄지고 있다. 많은 관료형의 기업들이 조직구성에 애자일을 도입해 점조직의 목적지향형 조직으로 발전하고 있다. 이는 소프트웨어뿐만 아니라 비즈니스 역시 시장적시성Time To Market과 대내외의 변화에 민첩Agility하게 적응하기 위한 방법이기 때문이다.

2 대표적인 애자일 방법론 XP

2.1 XP의 개요

XP eXtreme Programming는 최근 개발 방법론 중에서 가장 대표적인 애자일 소프트웨어 개발 방법의 하나로서, 의사소통·단순성·피드백·용기 등의 원칙을 기반으로 하며, 개발 도중에도 사용자의 요구사항 변경에 유연히 대처할 수 있고, 라이프사이클 후반부라도 요구사항 변경에 적극적이고 긍정적인 대처를 권고하는 역발상의 소프트웨어 개발 방법이다.

XP의 궁극적인 목표는 고객이 원하는 소프트웨어를 고객이 원하는 시기에 제공하고, 프로젝트 끝 무렵에 나올 수 있는 요구사항 변경에도 적극 대처하며, 개발자가 고객 및 동료 개발자와 원활하게 의사소통과 협업을 할 수 있게 하는 것이다. 또한 소프트웨어 개발 첫날부터 단위 테스트를 통해 피드백을 받고, 개발 중인 시스템을 최대한 빨리 고객에게 보여주어 고객이 원하는 변경 사항을 조기에 도출할 수 있게 한다. 최종적으로 현재의 소프트웨어 개발 과정에서 자주 발생되고 있는 문제점을 극복할 수 있는 대안으로 급변하는 환경에서 소프트웨어를 빨리 개발할 필요 목적으로 설계한다.

기존의 개발 방법론이 개발의 상위레벨을 담당하는 설계자의 역할에 초점을 맞추었던 것과 달리, XP는 개발 프로세스 혁신에서 가장 큰 역할을 해야 하는 것은 바로 개발자라고 주장한다. 그리고 UML 등을 이용해 코드를 설명하는 문서 작업보다는 이해하기 쉽게 작성되고 적절한 코멘트를 통해 코드 그 자체가 가장 훌륭한 '자동 도큐먼트document'라는 개념을 도입했다.

XP가 추구하는 핵심 가치는 다음 표와 같다.

XP의 핵심가치
- 의사소통
- 단순성
- 피드백
- 용기

핵심가치	설명
의사소통 (communication)	- 이해당사자들끼리 정확하고 빠른 의사 교환이 필요 • 잘못된 의사소통은 우연히 일어나지 않음
단순성 (simplicity)	- 최대한 단순하게 일을 수행하고 시스템 또한 단순해야 함 • '의사소통' 가치와 맞물려서 간결한 디자인과 프로그램이 불필요한 의사소통을 최소화해서 전체적인 효율성을 높임 • 시스템이 간결할수록 그와 관련된 대화 자체도 더욱 이해하기 쉽기 때문임
피드백 (feedback)	- 일과 시스템의 진행 정도를 즉시 확인할 수 있어야 함 • 시스템으로부터 피드백을 받는 것을 의미하며 항상 실행 가능한 상태를 유지하는 것을 의미함 • 단위 시험을 통해서 시스템의 상태를 피드백 받고, 개개 모듈의 변화가 전체에 어떤 영향을 미치는지 즉각적으로 알 수 있게 해줌
용기 (courage)	- 프로그램의 근본적인 문제를 알게 되었을 때와 같이 필요한 경우에 용기를 가지고 설계를 변경

XP 핵심가치를 실현하기 위한 열두 가지 프랙티스와 이에 대한 상세 설명은 다음과 같다.

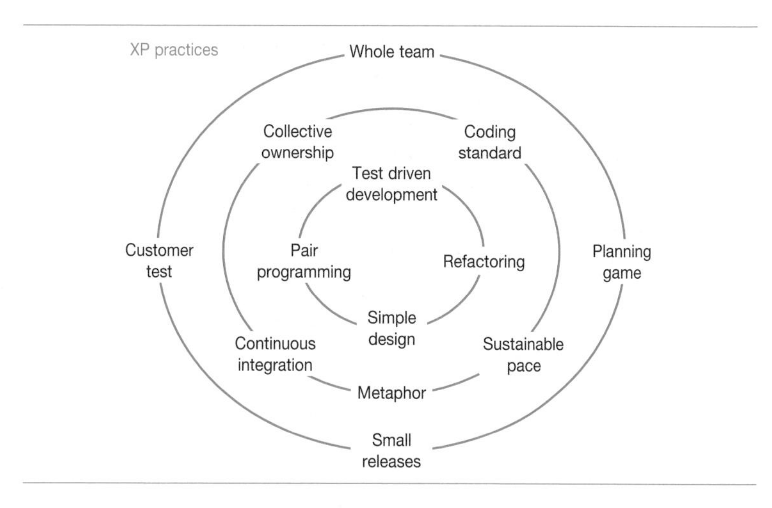

구분	활동	설명
개발	Pair programming	- 모든 프로그래밍은 컴퓨터 한 대에 프로그래머 두 명이 공동 작업
	Collective ownership	- 팀의 모든 프로그래머가 소스코드에 대해서 공동 책임을 지는 것으로 언제 어디서 누구든지 소스코드를 수정할 수 있음
	Continuous integration	- 컴포넌트 단위로 혹은 모듈 단위로 나누어 개발된 소스코드는 하나의 작업이 끝날 때마다 지속적으로 통합되고 동시에 테스트됨
관리	Planning game	- 프로젝트 전체의 계획과 주기 계획으로 나누어지며, 각각의 계획은 비즈니스적인 측면과 기술적인 측면을 고려해 만들어지고 실행과 측정 피드백을 통한 업데이트가 지속적으로 수행되는 것을 기본으로 함
	Small release	- 실행 가능한 모듈을 운영 환경에 가능한 한 빨리 배포하는 것을 목표로, 소프트웨어가 어떻게 돌아가는지 고객이 최대한 짧은 기간에 볼 수 있게 매우 짧은 주기로 업데이트한 모듈을 배포
	Metaphor	- 전체 개발 프로세스에 걸쳐서 고객을 포함한 모든 사람을 위해 시스템이 어떻게 돌아가는지 전체 그림을 표현하는 것으로, 이해하기 쉬운 스토리로 이루어짐
구현	Simple design	- 현재 당장 필요하지 않은 디자인, 즉 내일을 고려한 디자인을 최대한 배제함으로써 어떤 순간에도 가능한 한 가장 간략한 디자인 상태를 유지
	Test driven development	- 프로그래머는 항상 단위 테스트를 작성하는데, 실제 코드를 작성하기 전에 먼저 작성함으로써 자신이 무엇을 해야 하는지 스스로 깨우칠 수 있음
	Refactoring	- 코드의 중복과 복잡성을 제거하면서 시스템의 유연성·간결성·의사소통의 효율을 위해서 지속적인 리팩토링을 함
환경	40-hours work	- 일주일에 40시간 이상 일하지 않음 - 실수하지 않는 최적의 상태로 만들어주어야 함
	On-site customer	- 실제 소프트웨어를 사용할 고객이 항상 프로그래머와 같은 위치에 있어야 함. 그렇게 함으로써 언제든지 프로그래머의 질문에 실시간으로 대답해줄 수 있어야 함
기타	Coding standard	- 코드를 통한 효과적인 의사소통을 위해서 코드 표준을 만듦

XP 프로젝트는 크게 세 단계로 나누며 다음 도표로 설명할 수 있다.

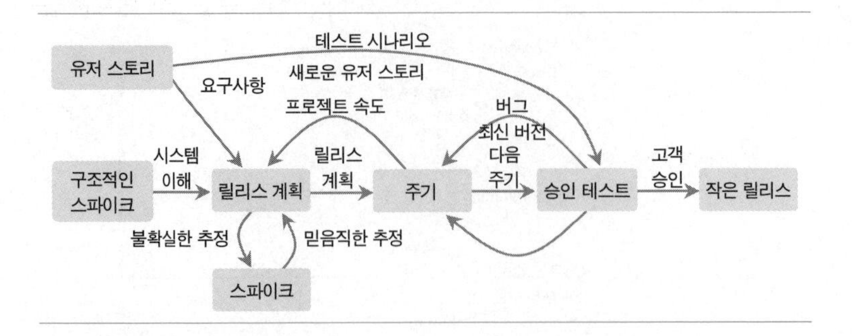

- 1단계에서는 릴리스 계획 및 스토리를 탐색하고 계획하여 작성한다.
  - 탐색: 스토리 쓰기(고객) → 스토리 예측(개발자 측) → 스토리 쪼개기(고객) & 스파이크spike(개발자 측)
  - 계획: 우선순위 정하기(고객) → 개발속도 정의(개발자 측) → 범위 정하기
- 2단계에서는 다음과 같이 반복iteration을 계획한다.
  - 반복시기 동안 구현할 스토리 계획 → 스토리 분할 → 개발자 할당
- 3단계에서는 개발자에 의한 개발 및 관리를 한다.

프로젝트 추진 시에는 우선 비즈니스 문화를 살피며 XP의 적용 여부를 고려해야 한다. 고객이나 관리자가 큰 그림부터 시작하고자 할 때 팀 작업을 회사가 원하는 속도에 맞출 수 없거나 피드백 시간이 너무 오래 걸릴 경우에는 적합하지 않다. XP를 적용해 프로젝트를 시작한 경우에는 열두 가지 실천사항부터 먼저 적용해 단순화하고 명확화하는 과정에서 고객의 역할을 선별해 정의 부분 등에 지속적으로 수행한다.

2.2 XP의 프랙티스Practice

XP의 프랙티스 중 대표적으로 짝 프로그래밍과 테스트 주도 개발TDD을 들 수 있다. 짝 프로그래밍은 한 명이 아닌 두 사람의 개발자가 한 짝이 되어 하나의 프로그래밍을 진행하는 방식으로 코드품질을 향상시키고 팀의 집중력을 높이며 코드리뷰의 다른 대안으로 활용되고 있다. 테스트 주도 개발은 소스코드를 작성하기 전에 테스트코드를 먼저 작성하는 것으로 이후에 테

스트코드가 통과되는 소스코드를 작성한다. 이 과정에서 리팩토링을 통해 가독성과 함께 중복 제거를 수행해 효율적인 코드를 생산한다. 테스트 주도 개발은 어렵고 개발자가 최초에 이해하는 데에도 시간이 소요된다는 단점이 있지만, 일단 제대로 이해하고 나면 테스트 주도 개발을 고집하게 될 만큼 코드 하나하나에 집중할 수 있게 한다. 테스트 주도 개발을 위해서 주로 사용되는 도구는 Junit, HttpUnit, JWebUnit, Jetty, Cobertura 등이다.

2.3 XP의 한계점과 효과적인 적용 방안

XP 개발 방법론은 고객 관점에서만 접근해 다양한 이해관계자를 고려하지 못하는 한계가 지적되고 있고 프로젝트 후반부에 추가 요구사항 등이 등장해 프로젝트관리에 리스크 요소가 되기도 한다. 고객의 적극적인 참여로 인해 수정에 막대한 비용이 소요되는 등 오류 수정 비용이 증가한다.

3 데브옵스의 개념

데브옵스는 소프트웨어 개발조직과 운영조직 간의 상호 의존적 대응이며 조직이 소프트웨어 제품과 서비스를 빠른 시간에 개발 및 배포하는 것을 목적으로 하는 문화이자 철학 및 도구의 조합이다.

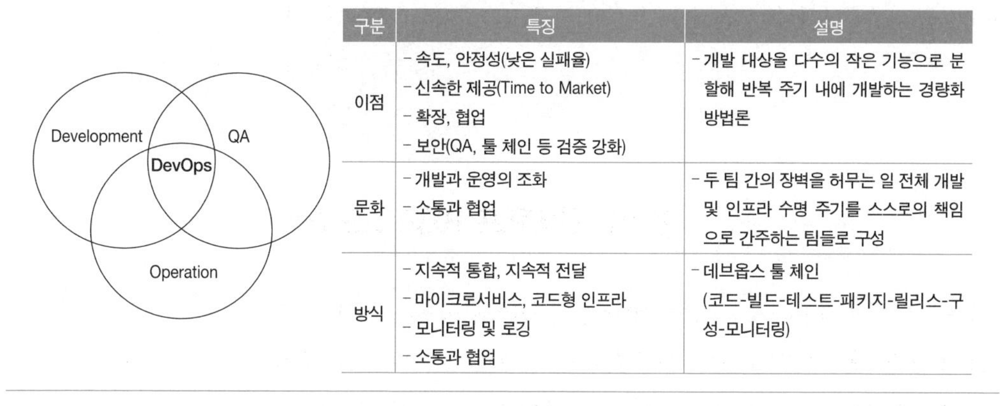

- 데브옵스는 애플리케이션과 서비스를 빠른 속도로 제공할 수 있도록 조직의 역량을 향상시키는 문화, 철학, 방식 및 도구의 조합

구분	특징	설명
이점	- 속도, 안정성(낮은 실패율) - 신속한 제공(Time to Market) - 확장, 협업 - 보안(QA, 툴 체인 등 검증 강화)	- 개발 대상을 다수의 작은 기능으로 분할해 반복 주기 내에 개발하는 경량화 방법론
문화	- 개발과 운영의 조화 - 소통과 협업	- 두 팀 간의 장벽을 허무는 일 전체 개발 및 인프라 수명 주기를 스스로의 책임으로 간주하는 팀들로 구성
방식	- 지속적 통합, 지속적 전달 - 마이크로서비스, 코드형 인프라 - 모니터링 및 로깅 - 소통과 협업	- 데브옵스 툴 체인 (코드-빌드-테스트-패키지-릴리스-구성-모니터링)

3.1 데브옵스와 애자일 방법론 개요

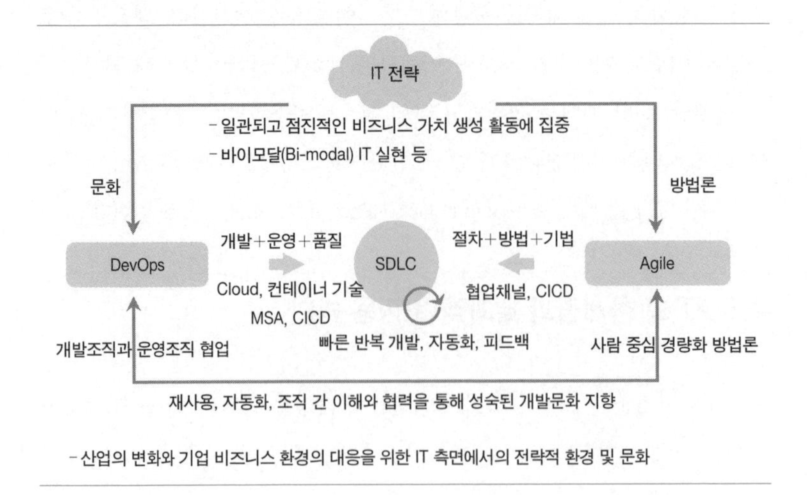

애자일이 고객과 개발 간의 관계라면 데브옵스는 개발과 운영 간의 관계이다. 최종적으로는 애자일과 데브옵스는 SDLC 간 IT 전략(시장성, Time To Market 등)과 맞추어 소프트웨어를 개발하는 데 중점을 둔다.

3.2 데브옵스와 애자일 비교

3.2.1 데브옵스와 애자일의 개념과 특징 측면에서의 비교

개념 측면에서의 비교

구분	DevOps	Agile
개념도	신속한 개발 개발(조직) 재사용화/자동화 협력 프로세스 운영(조직) 적용, 피드백	개발 사이클 요구분석 설계구현 테스트 빌드 배포 빠른 반복 짧은 주기 피드백 서비스 SW
정의	개발(Development)과 운영(Operation)의 합성어로 개발과 운영 간의 상호작용을 원활하게 하는 모든 것	개발 대상을 다수의 작은 기능으로 분할하여 반복 주기 내에 개발하는 경량화 방법론
배경	산업 환경, 비즈니스 환경의 빠른 변화에 대응	소프트웨어, 서비스 요구사항의 빠른 개발과 품질요구에 적응

특징 측면에서의 비교

구분	DevOps	Agile
지향점	개발문화, Cycle Time 최적화, 이해관계자들 간의 협업과 자동화	방법론, 신속한 개발과 빠른 대응을 위한 실질적 구현 방법론
이해관계자	개발부서, 운영부서	개발 팀 간, 팀 내 멤버 간 협업
적용 범위	기업, 전사, 조직 전반	개발 프로젝트
프로세스	지속적인 통합과 신속한 개발을 위한 개발과 운영의 협력	짧은 개발 사이클, 빌드, 배포, 반복주기
협업체계	운영 측면에서 개발 결과의 빠른 적용으로 병목 해결	빈번한 배포로 Ops에서는 병목현상이 일어남

3.2.2 데브옵스와 애자일의 방법론 측면에서의 비교

프로세스 측면에서의 비교

구분	DevOps	Agile
프로세스	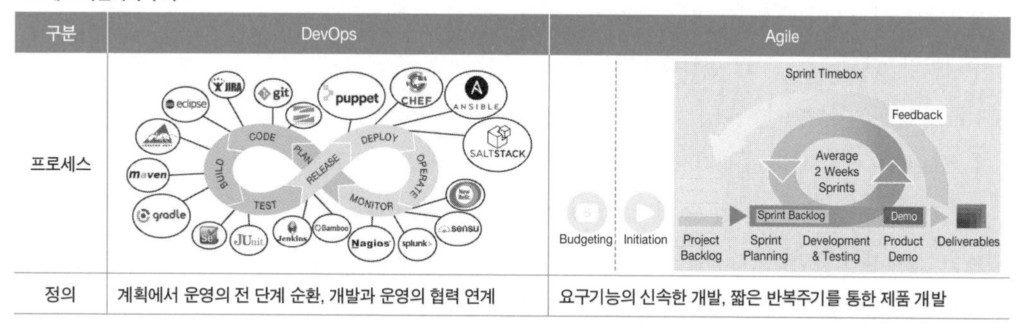	
정의	계획에서 운영의 전 단계 순환, 개발과 운영의 협력 연계	요구기능의 신속한 개발, 짧은 반복주기를 통한 제품 개발

구성 측면에서의 비교

구분	DevOps	Agile
프로세스 구성	- 개발 측면: 계획 → 코딩 → 빌드 → 테스트 - 운영 측면: 릴리스 → 배포 → 운영 → 모니터링	요구사항(Backlog) → 반복주기(Sprint) → 결과(Product) →피드백
구성원	조직 중심, 고객, 개발, 운영, 품질 관련 이해관계자 등	역할 중심, 고객, Product Owner와 Developer, QA 등
기법/종류	프로비저닝 툴체인(설정-빌드-배포), 오케스트레이션(조합)	- XP(User Story, Spike, Iteration, Small release) - SCRUM(Backlog, Sprint, Scrum Master, Iteration)
도구	- 협업채널: Jira, Confluence - 인프라: Cloud SW Dev. Platform, 컨테이너 기술(Docker), CICD(Jenkins), MSA(마이크로서비스 아키텍처) - 품질: Code Inspection, Sonar Cube 등	

3.3 CI/CD

3.3.1 CI Continuous Integration 개요

CI는 소스관리/빌드/배포 활동을 지원하는 지속적인 통합을 의미하며 1993년 매슈 피트먼Matthew Pittman이 저술한 "Lessons Learned in Managing

Object-Oriented Development"라는 논문에서 'Scheduled Integration'이라는 용어로 최초로 사용되었다. 마틴 파울러Martin Fowler는 자동화된 빌드에 대해 다음과 같이 4가지로 기본 원칙을 설명한다. 첫 번째는 형상관리 항목에 대한 선정과 형상관리 구성방식 결정이며 두 번째는 단위/통합테스트 방식, 세 번째는 비기능 속성(품질속성) 관리, 마지막으로 빌드/배포의 자동화 적용을 말한다.

CI를 지원하는 도구에는 ClearCase, VSS, Harvest, SVN 등이 있다. 도구는 형상항목으로 소스뿐만 아니라, 설정 파일 등도 관리한다.

CI를 구성할 때는 앞에서 언급한 도구를 이용해 구성을 하지만 테스트 요소를 누락시키지 말아야 한다. 빌드/배포 과정에서 자동화된 테스트 과정은 필수적이다. 단위테스트부터 통합테스트, 배포 이후의 회귀 테스트까지 CI 파이프라인에 포함되어야 한다.

소프트웨어 개발 시 지속적인 통합 측면에서도 활용되지만 소프트웨어 품질관리체계 구축에도 응용될 수 있다. SDLCSoftware Development Life Cycle에서 데브옵스, 애자일 측면과 연계되는 부분이기도 하다. 예를 들면 품질관리도구인 SonarQube를 연계할 경우 품질지표를 활용한 지속적인 품질관리가 가능해진다.

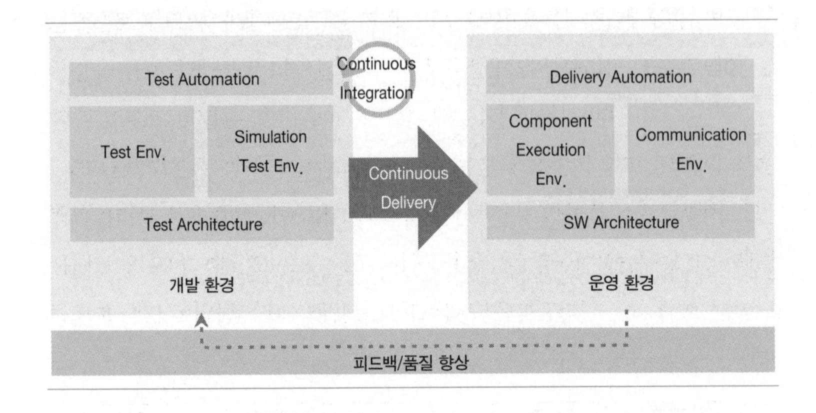

3.3.2 CD Continuous Delivery 개요

급격한 비즈니스 환경의 변화는 소프트웨어에도 짧은 배포 주기와 배포 시간, 장애에 대비한 쉬운 백업과 복구를 요구해온다. CD는 지속적인 전달/인도의 개념을 통해 급격한 환경 변화에 대응하고 있다.

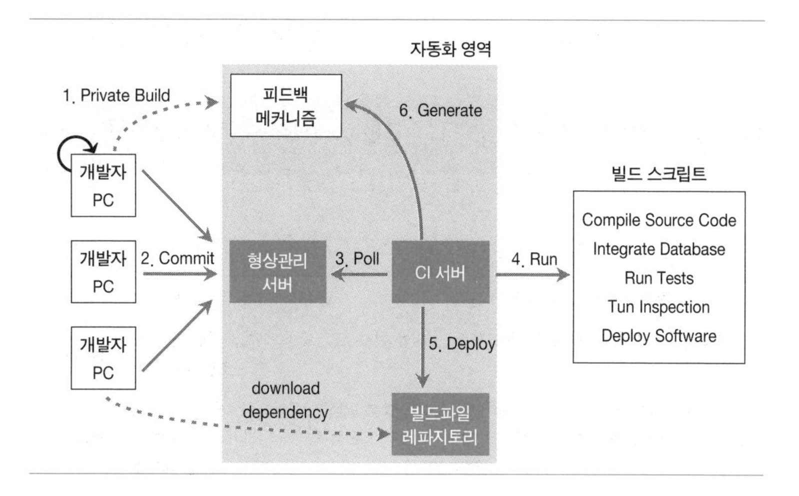

형상관리, CI 서버, 빌드파일을 이용해 배포Deploy하는 개념으로 앞에서 언급된 CI와 밀접한 연관이 있다. 시장에서 CI와 CD를 별개로 생각하지 않고 CI/CD로 통칭하는 이유이기도 하다.

개발자의 PC로부터 반영Commit된 소스를 자동 빌드, 테스트, 배포하는 각각의 단계를 파이프라인Pipeline이라고 부른다.

CI/CD는 데브옵스 측면에서 개발과 운영의 효율적인 통합과 반영을 달성하는 동시에 애자일 측면에서 고객과 개발의 요구사항을 반영하고 신속한 피드백을 통해 소프트웨어의 시장적시성을 가능하게 하여 변화하는 비즈니스 환경에 대응하게 하는 데 그 중요성이 있다.

4 칸반의 개요

4.1 칸반의 정의

칸반이란 WIP Work In Progress를 핵심으로 칸반보드라 불리는 프로세스의 단계별로 시각화되고 있는 보드에서 일을 연속적인 흐름으로 처리하는 방식이다.

4.2 칸반의 개념도

과제목록	우선과제	개발		배포	라이브
		진행 중	완료		
A	B	B	C	D	E
B	C				
C	D				
D	E				
E					
●●●					

스크럼이 스프린트에 이용할 수 있는 작업 시간을 제한함으로써 생산성을 제어하는 반면, 칸반은 동시에 처리할 수 있는 이슈의 수를 제한하면서 생산성과 업무속도Velocity를 제어한다

4.3 칸반의 장단점과 활용

칸반의 장점 중 하나는 현재 어떤 일이 누구에 의해서 얼마정도 진행되고 있는지, 다음 작업의 우선순위는 무엇인지, 병목구간이 있다면 어디인지 한눈에 파악하기 쉽다는 점이다.

프로젝트 관리자 입장에서는 관리의 어려움과 리스크를 줄일 수 있고 개발자 입장에서는 본인의 과업이 명확히 표시되어 있어 이슈와 문제에 대해서도 다른 이해관계자들과 소통이 용이해진다.

Atlassian의 JIRA와 같이 칸반을 시각화하고 관리하기 위한 도구들이 있으나 팀의 특성에 따라 관리 방법이 다양해 일원적으로 도구만을 사용해 관리하기는 어려운 점이 있다. 최근 등장하는 툴들은 이러한 다양성을 고려해 오픈소스 형태로 추가 기능을 현장에서 자체적으로 구현해 사용하기도 한다.

기출문제

98회 응용 소프트웨어 개발 라이프사이클에 관한 나선형(Spiral) 모델과 애자일(Agile) 방법에 대하여, 유사점과 차이점을 중심으로 비교하여 설명하시오. (25점)

99회 관리 폭포수형 개발모델(Waterfall development model)과 애자일 개발모델(Agile development model)의 차이를 테스팅 프로세스(Testing process)의 관점에서 비교하여 설명하시오. (10점)

101회 관리 모바일 앱 개발의 특성과 이슈에 대하여 설명하고, 애자일(Agile)을 활용하여 모바일 개발환경에 적합한 개발 방법을 제시하시오. (25점)

111회 관리 데브옵스(Devops)와 애자일(Agile) 방법론을 비교하여 설명하시오. (25점).

113회 관리 애자일(Agile) 개발 방법론을 정의하고, 그 특징을 CBD(Component Based Development) 방법론과 비교하여 설명하시오. (25점)

116회 응용 수십 명이 참여하는 대규모 IT 프로젝트에 애자일(Agile)을 적용하기 위해서는 효과적인 방안 수립이 필요하다. 아래 사항에 대하여 설명하시오. (25점)

가. 대규모 IT 프로젝트에서 발생하는 주요 문제점

나. 대규모 IT 프로젝트의 애자일 적용 전략

다. 대규모 IT 프로젝트의 애자일 적용 절차(로드맵)

Software

Engineering

E
요구공학

E-1. 요구공학

E-1

요구공학

요구공학은 요구사항 개발과 요구사항 관리로 이루어진 체계적인 접근 방법으로, 요구사항 개발은 비즈니스 목표에 부합하도록 요구사항을 이해하고 정의해 문서화하는 과정이며, 요구사항 관리는 요구사항에 대한 협상, 변경관리, 검증 및 확인을 수행하는 활동이다.

1 요구사항의 중요성

- 요구사항은 시스템 설계의 베이스라인이다.
- 요구사항은 구현의 정확성을 판단하는 기준이다.
- 요구사항은 시험 시 테스트 케이스test case를 (자동으로) 생성하는 기반이다.

프로젝트 실패 원인

단계	프로젝트 실패 원인	비율
요구분석 (46.3%)	사용자 입력의 부족	12.8%
	불완전한 요구사항	15.3%
	요구사항 변경	18.2%
개발 (27.9%)	분석, 설계의 잘못된 이해	12.3%
	프로그래머의 실수	15.6%
테스트 (25.8%)	잘못된 입력	13.4%
	테스터의 실수	12.4%

요구사항과 개발 이해당사자 간 관계

관련자	요구사항과 관련된 활동
고객 / 사용자	요구사항 검증
관리자	비용 및 일정 결정
시스템 엔지니어	소프트웨어 작업 할당
테스터	테스팅을 위한 기본 지침 제공
소프트웨어 엔지니어	상위단계 설계를 위한 가이드
기타 모든 관련자	프로젝트 수행을 위한 가이드

2 요구사항 종류

요구사항은 사용자가 문제를 해결하거나 목표를 달성하는 데 필요한 조건 또는 기능이라고 간단히 정의할 수 있다. 구체적으로, 계약서·기준문서·사양서 등 공식적인 문서를 기반으로 개발된 시스템 또는 시스템 구성 요소가 포함되거나 충족시켜야 할 조건 또는 기능이라고도 정의할 수 있다.

요구사항 종류
• 기능 요구사항
• 비기능 요구사항

요구사항은 해당 내용에 따라 기능과 비기능 요구사항으로 구분되며, 비기능 요구사항은 성능, 가용성, 보안 등 시스템 요구사항과 인터페이스 및 제약 조건 등에 대한 요구사항으로 분류할 수 있다.

분류	요구사항 유형	내용
기능	기능 요구사항	- 시스템에서 필요한 기능 및 작동·행위를 직접적으로 기술한 요구사항 • 비즈니스 요구사항, 사용자 요구사항 포함 • 비즈니스 규칙 포함
비기능	비기능 요구사항	- 성능, 가용성, 보안, 유지보수성, 데이터 정합성 등 비기능적 요구사항 • 시스템 요구사항 포함
	인터페이스 요구사항	- 시스템과 외부 시스템의 연결 • 컴포넌트, 하드웨어 장비, 사용자 인터페이스 포함
	가정 및 제약 조건	- 설계 및 구현상의 제약 사항이나 가정 및 전제 조건

3 요구공학 개요

요구공학은 요구사항의 도출·분석·명세·검증·변경관리 등에 대한 제반 활동과 원칙에 대한 체계적이고 총괄적인 접근 방법이며, 요구사항 문서를 생성·검증·관리하기 위해 수행하는 구조화된 활동의 집합을 포함한다. 따라서 요구공학은 요구사항을 정의하고 문서화하는 데 필요한 요구사항 추출, 분석, 기술, 검증, 유지보수 및 관리를 포함한 제반 공정에 대한 체계적인 공학적 접근 방법을 정의한다.

이러한 요구공학은 이해관계자 사이에 효과적인 통신수단을 제공하고 요구사항에 대한 공통적인 이해를 설정하며, 요구사항 손실 방지 및 구조화된 요구사항으로 변경추적을 가능하게 하는 등 불필요한 품질 비용을 절감하고 요구사항 관리 수준을 향상시키려는 목적이 있다.

요구공학은 크게 요구사항 개발과 관리로 구분하는데, 요구사항 개발은 기능 요구사항과 비즈니스 목표를 달성할 수 있는 제품특성을 식별하고 요구사항의 도출·분석·명세화·검증을 포함한다. 요구사항 관리는 고객과 요구사항을 합의하고 이를 유지 및 변경관리하는 활동을 말하고 요구사항 협상 및 베이스라인baseline 확인을 수행한다.

요구사항 개발
- input: 사용자 요구사항, 문제 도메인 지식
- output: 검증된 요구사항 명세서

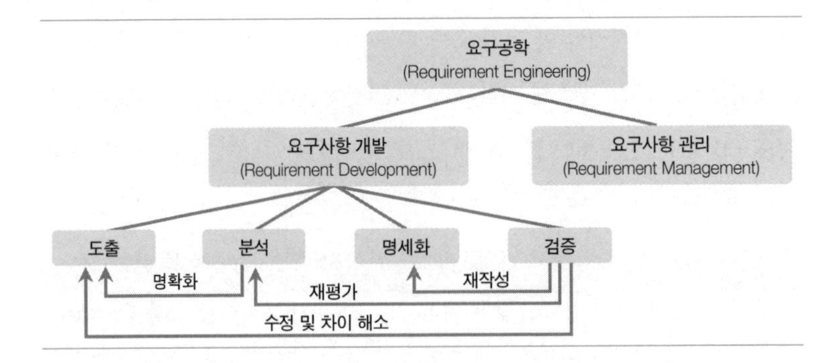

CMMI와 SWBOK의 요구사항은 다음 표에 정리된 바와 같으며 CMMI Level에 따라서 요구사항 개발은 Level 3, 요구사항 관리는 Level 2 프로세스 영역에 해당한다.

CMMI (Capability Maturity Model Integration)	SWBOK (Software Book of Knowledge)
– Requirement Development(Level 3) • Elicitation • Analysis • Specification • Validation – Requirement Management(Level 2) • Negotiation • Baseline • Change Management • Verification & Validation	– Requirement Engineering Process • Elicitation • Analysis • Specification • Validation • Change Management

4 요구사항 개발

요구사항 개발 절차
- 요구사항 도출
- 요구사항 분석
- 요구사항 명세화
- 요구사항 검증 및 확인

요구사항 개발에 포함된 요구사항 도출·분석·명세화·검증 프로세스의 상세 내용과 주요 기법 및 절차 등을 살펴보면 다음과 같다.

요구공학 프로세스의 프레임워크

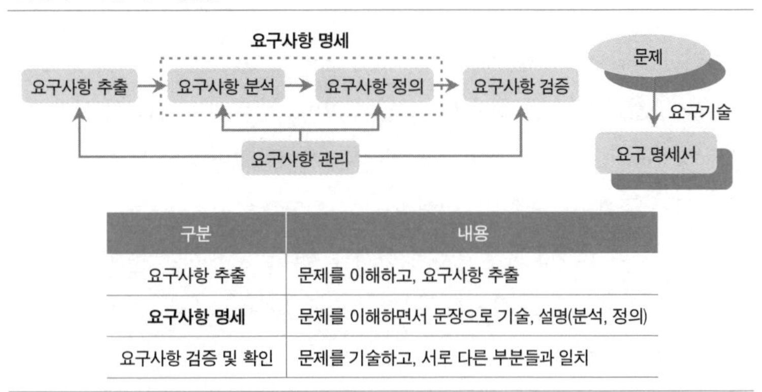

구분	내용
요구사항 추출	문제를 이해하고, 요구사항 추출
요구사항 명세	문제를 이해하면서 문장으로 기술, 설명(분석, 정의)
요구사항 검증 및 확인	문제를 기술하고, 서로 다른 부분들과 일치

첫째, 요구사항 도출은 고객을 이해하고 그들이 무엇을 필요로 하는지 찾아내는 활동으로 고객이 제시하는 추상적 요구에 대해 관련 정보를 식별하고 수집해 구체적인 요구사항으로 표현하는 활동이다. 요구사항 도출을 위한 주요 기법으로는 다음 표와 같이 인터뷰, 프로토타입, 시나리오 등이 있다.

요구사항 추출(Elicitaton)

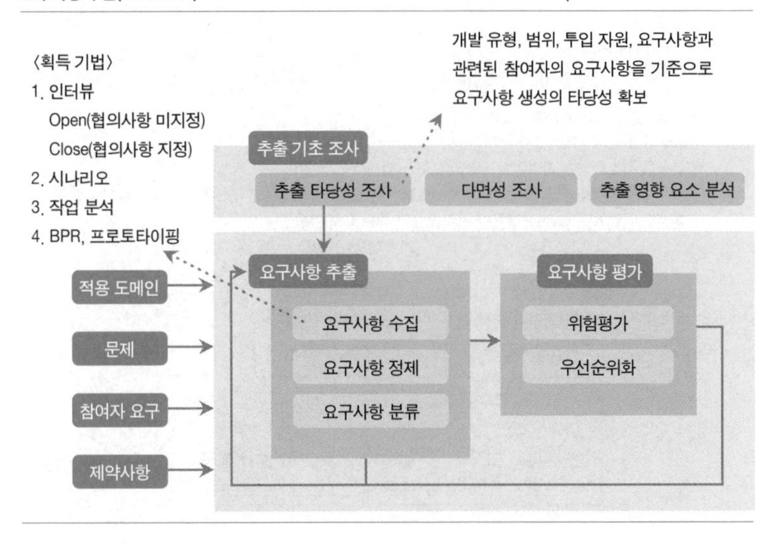

기법	주요 내용
인터뷰	가장 전통적인 방식으로 분석가와 고객 간 인터뷰 내용을 바탕으로 도출
시나리오	유스케이스가 대표적인 기법이며 요구사항에 대한 스토리 작성
프로토타입	프로토타입(prototype)을 생성해 고객의 피드백(feedback)으로 요구사항 도출
관찰	현행 업무 및 현행 시스템 이용현황을 관찰 및 분석
기타 기법	벤치마킹(benchmarking), 브레인스토밍(brain storming), 역할극(role play) 등 다양한 기법 활용

이러한 기법들에도 불구하고 요구사항 도출이 어려운 이유는 크게 범위·이해·지속성의 문제 세 가지로 정리할 수 있다. 범위의 문제는 업무 범위를 잘못 정의하거나 고객이 필요로 하지 않은 상세한 기술까지 도출해 혼란스럽게 하는 문제를 의미하며, 이해의 문제는 고객 자신이 무엇을 원하는지 확실히 모르며 컴퓨팅 환경 용량과 한계를 제대로 이해하지 못하는 문제를 의미한다. 지속성의 문제는 요구사항이 계속 변하는 문제로, 가장 흔하게 접할 수 있는 것이다.

둘째, 요구사항 분석은 추상적인 상위 수준의 요구사항을 상세하고 세부적인 요구사항으로 분해하는 활동이다. 요구사항 간의 충돌·중복·누락 등에 대한 분석을 통해 완전성과 일관성을 띠고 이해당사자 사이에 동의된 요구사항을 구성하는 활동이다. 이러한 요구사항을 분석하는 활동은 다음 표와 같이 요구사항을 분류하고 모델링해 우선순위를 정하고 선정하는 것이다.

요구사항 분석 활동

〈분석 기법〉
1. 구조적 분석(DFD, Data dictionary, mini Spec 등)
2. Use Case 기반 분석(UML, 모델링 등)

〈요구사항 분석(Analysis)〉
- 요구사항 분석 기준
• 분석은 시스템을 계층적이고 구조적으로 표현함.
• 외부사용자와의 인터페이스 및 내부시스템 구성요소 간의 인터페이스를 정확히 분석함.
• 분석단계 이후의 설계와 구현단계에 필요한 정보를 제공함.

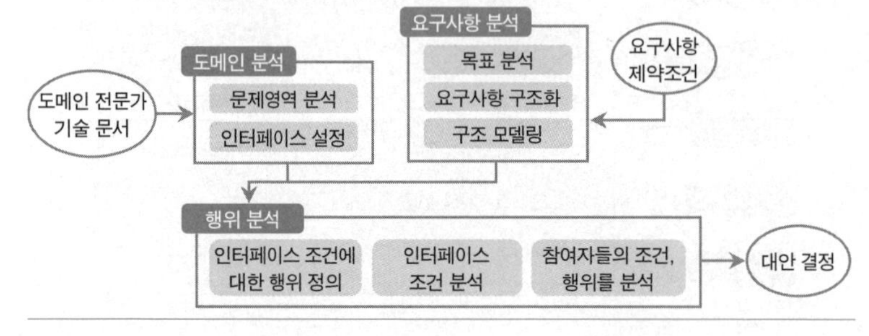

활동	주요 내용
요구사항 분류	요구사항을 분류하고 조직해 요구사항 간의 일관성, 누락된 것, 애매한 것을 조사(기능·비기능 분류, 확정적·가변적 요구사항 분류)
요구사항 모델링	요구사항에 대한 구조적 체계를 설정하고 정제
요구사항 우선순위	제한된 자원과 일정 내에서 요구사항을 수행하기 위해 요구사항의 중요도와 긴급성 등을 고려하여 우선순위 부여
요구사항 선정	실제 수행할 요구사항 선정

요구사항 분석을 위한 주요 기법으로 ERD Entity-Relation Diagram, OOA Object-Oriented Analysis, SA Structured Analysis 등의 주요 방법론이 있다.

셋째, 요구사항 명세화는 요구사항 분석을 통해 협의된 요구사항에 대해 모든 이해당사자가 이해할 수 있도록 문서화하는 활동이다.

구분		설명
요구사항 명세서 (Software Requirement Specification: SRS) 작성		시스템이 무엇(What)을 수행할 것인가를 기술 시스템이 이루어야 할 목표를 기술하지만 목표를 달성하기 위한 해결 방법은 기술하지 않음 명세서에 명시된 조건들은 고객과 개발자 사이에서 합의되어야 함
요구사항 명세서의 의미		고객과 개발자 간의 소프트웨어 생성 목적에 대한 동의기준 수립 개발 일정과 비용 산출의 근거 제공, 개발에 투입되는 노력을 절감 에러 검증과 확인을 위한 기본적인 자료 변경이 쉽고, 개선에 대한 근거를 제시
요구 사항 명세의 원리	명확성	각각의 요구사항 명세 내용은 하나의 의미만을 가짐
	완전성	기능, 성능, 속성, 인터페이스, 설계제약 등에 관한 모든 시스템 요구사항 포함
	검증 가능성	요구사항 충족 여부와 달성 정도의 확인이 가능하여야 함
	일관성	명세 내용 간의 상호 간 모순이 없어야 함
	수정 용이성	요구사항 변경 시 쉽게 수정할 수 있어야 함
	추적 가능성	각 요구사항 근거에 대한 추적과 상호참조가 가능하여야 함
	개발 후 이용성	시스템 개발 후 운영 및 유지보수에 효과적으로 이용 가능하여야 함

요구사항 명세서 주요 구성 항목
- 목적 및 범위
- 용어 정의
- 프로젝트 제약 사항
- 업무 로직
- 전제 조건 및 환경 등

요구사항 명세서에는 기능 및 비기능 요구사항이 정의되고, 제약 사항·가정·법규 등이 작성되어야 한다. 요구사항 명세 활동에는 반드시 요구사항 명세 기준이 정의되어야 하며, 이는 명세서에 포함될 내용·기법·표준·표현 방법 등의 정의를 의미한다. 이러한 요구사항 명세를 위한 방법으로는 가장 많이 쓰이는 방법인 텍스트, 시각적인 문서로 정리하는 그래픽이나 사진, 요구사항을 정확한 수학적인 형태로 표현하는 방법이 있다. 이렇게 작성한 요구사항 명세서는 시스템이 반드시 만족해야 하는 특성과 제약조건을 정확하게 정의한 문서가 된다.

마지막 요구사항 검증 및 확인은 요구사항의 정확성, 고객만족도, 표준 준수 여부 등을 확인해 요구사항에 대한 수정 및 개선 작업을 수행한다.

- 사용자 요구가 요구사항 명세서에 올바르게 기술되었는가에 대해 검토하는 활동

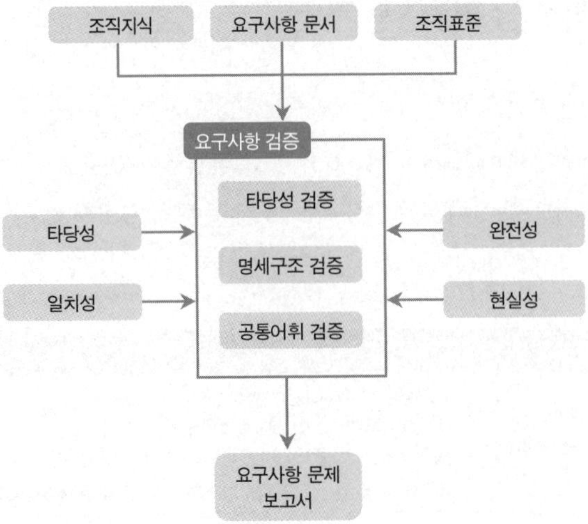

조직지식
요구사항 문서
조직표준
요구사항 검증
타당성 검증
명세구조 검증
공통어휘 검증
타당성
일치성
완전성
현실성
요구사항 문제 보고서

가장 대표적인 기법으로 검증verification 및 확인validation이 있다.

※ 요구사항의 승인 기준

문서화Documented, 명확성Clear, 간결성Concise, 이해성Understood, 시험성Testable, 사용성Usable, 추적성Traceable, 검증성Verifiable

5 요구사항 관리

요구사항 관리는 요구사항 협상, 요구사항 베이스라인, 요구사항 변경관리 및 요구사항 확인 수행으로 구분한다.

구분		설명
요구사항 관리 개요		- 모든 요구공학 프로세스 단계와 병행적으로 수행되면서 요구사항에 대한 변경을 제어 - 제품이 성공적으로 완성되었는지 아닌지를 합의하기 위한 기본으로 역할과 책임 부여
요구사항 관리 프로세스	요구사항 협상	가용한 자원과 수용 가능한 위험 수준에서 구현 가능한 기능을 협상하기 위한 기법
	요구사항 기준선	공식적으로 검토되고 합의된 요구사항 명세서[향후 개발의 기본(Baseline)]
	요구사항 변경관리	요구사항 기준선을 기반으로 모든 변경을 공식적으로 통제하기 위한 기법
	요구사항 확인	구축된 시스템이 이해관계자가 기대한 요구사항에 부합되는지 확인하기 위한 방법(Verification, Validation)
요구사항 관리 주요 관리 영역	요구사항 변화관리	- 지속적/휘발성 요구사항, 시스템 환경변화에 의한 변화성 요구사항 - 긴급성 요구사항, 잘못된 시스템 이해, 조직의 업무 절차에 관련된 호환성 요구사항 등
	요구사항 변경관리	- 변경통제: 정적 요구사항 변경(시스템 본질적 측면), 동적 요구사항 변경(특정 고객에 한정) - 변경영향분석: 비용, 일정, 관리계획, 위험도, 인력 추가 가능성, 기술적 측면 등
	요구사항 추적관리	- FRF(Forward, 순방향 추적), BTR(Backward, 역방향 추적) - 요구사항 추적성 부여(Tracking Number 외)
	요구사항 형상관리	형상버전 제어, 형상상태 제어

첫째, 요구사항 협상은 가용 자원과 수용 가능한 위험 수준에서 구현할 수 있는 요구사항에 대해 고객과 협상하고 승인을 획득하는 활동이다. 요구사항 영향평가, 요구사항과 요구사항 변경을 위한 문서화된 공식 문서, 협상 및 기록, 승인 공문 등이 주요 산출물이다.

베이스라인
고객 또는 이해관계자의 최종승인을 받은 공식적 산출물의 버전

둘째, 요구사항 베이스라인이란 이해당사자 간에 명시적으로 합의한 내용으로 과업 달성 여부를 확인하는 기준이 된다.

이러한 베이스라인은 요구사항 관리 측면에 변경을 인정하는 기준이며, 공식적으로 검토되고 합의된 요구사항 명세서라는 의미를 갖는다. 요구사항을 가능하면 조기에 명확하게 확정하고 이후 발생할 수 있는 변경 사항을 체계적으로 관리하기 위해 베이스라인을 설정하며, 가능하면 분석 단계에서 확정하는 것이 바람직하다. 고객 입장에서는 베이스라인을 설정하면 추가 요청이나 변경이 어려울 것으로 예상해 베이스라인 합의에 적극적이지 않은 경우가 많기 때문에 요구사항 베이스라인을 설정하기 어렵다.

요구사항 변경관리 핵심 산출물
요구사항 추적표

셋째, 요구사항 변경관리는 요구사항 베이스라인을 기반으로 모든 변경을 공식적으로 통제하기 위한 기법이다. 프로젝트 진행 과정에서 발생하는

요구사항의 변경에 일관성과 무결성을 제공하기 위해 변경 통제와 추적 등의 활동을 수행한다. 요구사항 변경관리 활동은 요구사항 변경 통제, 요구사항 추적 통제, 요구사항 형상 통제로 구성된다.

종류	설명
요구사항 변경 통제	요구사항 변경에 대해 비용·일정 등의 영향력을 분석하여 통제
요구사항 추적 통제	요구사항 변경에 따라 다른 형상에 영향을 미치는 요구사항을 식별하고, 영향을 받는 요구사항을 추적하여 관리
요구사항 형상 통제	형상관리 기반으로 요구사항의 버전을 관리

요구사항 변경 사항에 대한 의사결정을 하는 협의체로 변경통제위원회 CCB: Change Control Board 또는 Configuration Control Board가 있으며, 고객, 프로젝트 관리자, 상위 관리자 등 여러 계층의 구성원이 변경영향분석, 승인 및 기각 의사결정, 우선순위 부여 등의 역할을 수행한다.

마지막으로 요구사항 확인 수행은 구축된 시스템이 이해관계자가 기대한 요구사항에 부합하는지 확인하기 위한 방법이다. 프로젝트 계획과 작업 산출물, 요구사항 사이에 불일치한 사항을 식별하고, 확인 결과에 대한 시정 활동을 하고, 그 결과를 문서화하는 활동을 포함한다.

기출문제

81회 응용 소프트웨어 개발 시 사용자의 요구사항은 매우 중요하다. 소프트웨어 요구공학(정의, 기법, 고려사항)에 대하여 기술하시오. (25점)

107회 관리 요구사항 도출의 필요성과 도출기법 5가지를 설명하시오. (25점)

111회 응용 발주기관의 IT 담당부서 책임자로써, 프로젝트 검수 단계에 최종 산출물이 현업부서의 요구사항에 맞게 구현되었는지를 보장하기 위한 방안을 제시하시오. (25점)

114회 관리 소프트웨어 기능안전(Functional Safety)에 대한 사항이다. 다음 질문에 답하시오. (25점)
가. 소프트웨어 안전과 소프트웨어 보안의 차이점
나. IEC 61508에서 정의한 안전기능 요구사항 도출과정
다. IEC 61508과 의료기기, 항공기, 자동차 분야의 기능안전 표준들 간 비교

F

소프트웨어 아키텍처

F-1. 소프트웨어 아키텍처

F-1

소프트웨어 아키텍처

소프트웨어 아키텍처는 전체 시스템을 구축하는 데 필요한 요소들의 근거를 만들기 위해 생성된다. 시스템을 구성하는 요소와 요소 간의 관계로 구성되며 각각의 특징을 포함한다. 결정 사항은 전체 시스템에 일관되게 적용되어야 하고 소프트웨어 아키텍처의 변경은 명확한 근거에 따라 신중하게 진행해야 한다.

1 소프트웨어 아키텍처의 이해

1.1 소프트웨어 아키텍처의 개요

소프트웨어 아키텍처는 소프트웨어를 구성하는 구성요소와 구성요소 간의 관계를 정의한 소프트웨어의 청사진이다.

소프트웨어 아키텍처

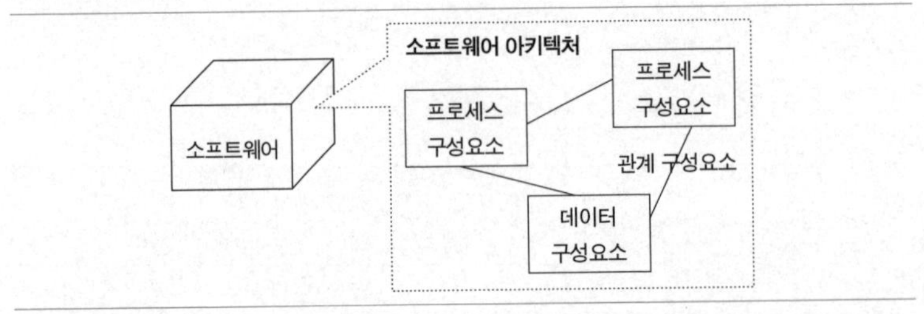

아키텍처의 구성요소는 프로세스 구성요소, 데이터 구성요소, 관계 구성

요소 세 가지로 구분된다. 소프트웨어 아키텍처를 통해서 소프트웨어의 구성관계와 동작흐름을 이해할 수 있고 소프트웨어의 품질목표를 달성하기 위한 설계 원칙들을 제공한다.

소프트웨어 아키텍처 목적

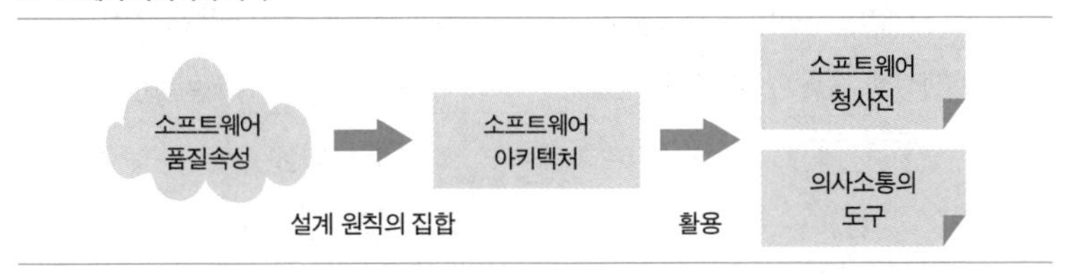

소프트웨어 아키텍처가 달성해야 할 궁극적인 목표는 소프트웨어에서 요구되는 품질속성의 목표를 달성하기 위한 설계 원칙을 제공해 전체적인 소프트웨어의 뼈대를 만드는 것이다. 소프트웨어 청사진 역할을 하며 소프트웨어에 관련된 다양한 이해관계자들과의 의사소통 도구로 활용한다. 소프트웨어에서 다루는 품질속성은 소프트웨어 품질 평가 메트릭Metric을 정의한 ISO 9126 국제표준에 잘 명기되어 있다. ISO 9126-1 주 특성(기능성, 신뢰성, 사용성, 효율성, 유지보수성, 이식성) 6개와 각각의 주 특성별 부 특성들을 통해서 확인할 수 있다.

1.2 소프트웨어 아키텍트

아키텍트는 소프트웨어의 전체적인 설계방향과 아키텍처 구성을 정의하고 방향을 제시하는 역할자이다. 소프트웨어 규모가 대형화하고 복잡도가 증가하며, 소프트웨어 관련 기술들이 많아지고 기술의 발전 또한 과거에 비해 빨라지면서 특정한 역할자가 소프트웨어 아키텍처와 관련된 모든 영역을 제어할 수 없게 되었다. 소프트웨어 간의 관계, 소프트웨어 내부의 구성관계, 화면을 제어하기 위한 기술들 등 기술의 폭이 넓어졌고 빠르게 발전하고 있기 때문이다. 아키텍트의 역할 또한 이에 맞추어 세분화되고 전문성을 요구하게 된다.

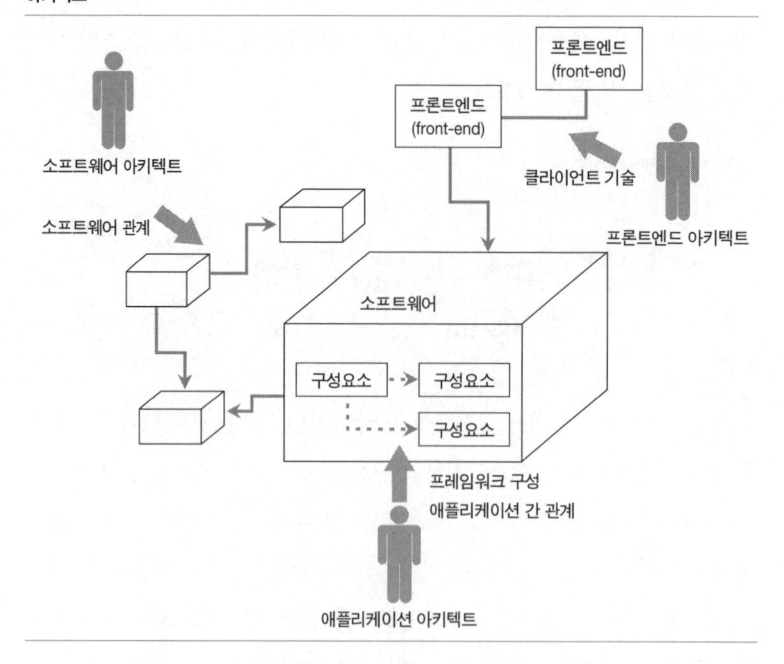

소프트웨어와 소프트웨어 간, 외부 시스템과의 연계 등을 중심으로 아키텍처를 설계하는 역할자, 소프트웨어의 내부 구현을 위한 프레임워크의 분석과 선정, 애플리케이션 간의 관계를 분석하고 아키텍처를 설계하는 역할자, 프론트엔드 기술 구조를 이해하고 적합한 솔루션을 선정하고 아키텍처를 설계하는 역할자 등이 필요하다. 기술의 형태가 점점 진화하고 자동화되어 새로운 솔루션을 만들기 위한 노력보다는 하루가 다르게 생산되는 오픈 소스와 솔루션들의 특징을 빠르게 이해하고 습득해 아키텍처 설계에 활용하는 역할이 더욱 요구되고 있다.

2 소프트웨어 아키텍처 표준

2.1 IEEE 1471

IEEE 1471 국제표준은 소프트웨어 아키텍처의 표현과 관련된 구성요소와 구성요소 간의 관계를 규정한 국제 표준이다.

IEEE 1471 개요

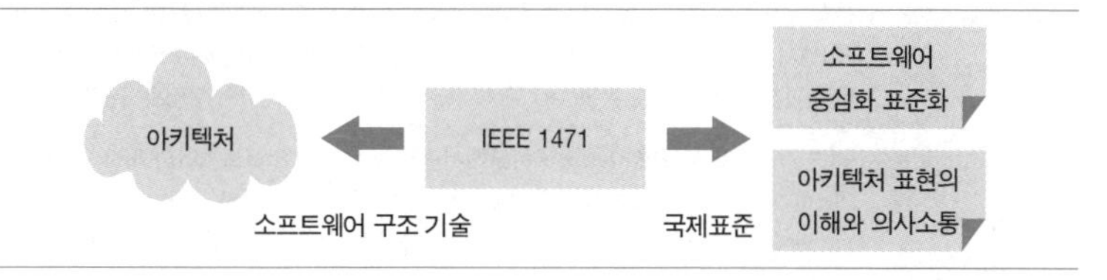

IEEE 1471에서는 소프트웨어 구조에 대한 기술記述과 관련된 여러 요소들과 이들 간의 관계를 정의하고 있고 아키텍처 표현의 이해와 의사소통에 활용할 수 있도록 포괄적인 내용을 다룬다.

IEEE 1471

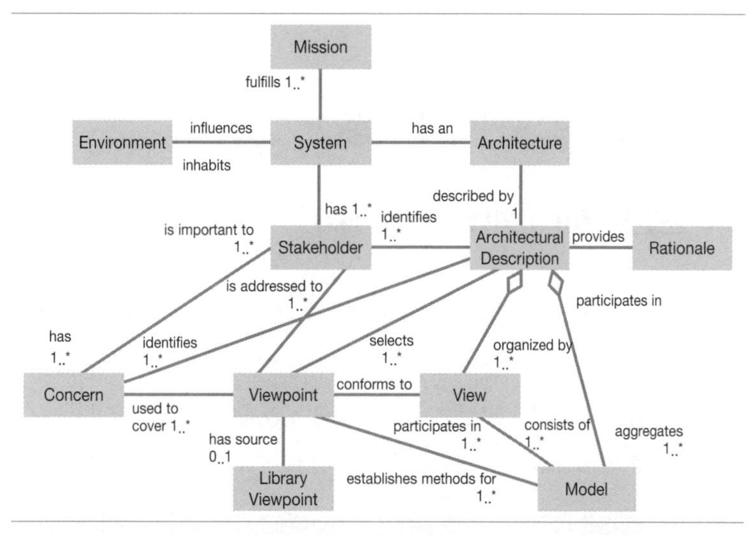

IEEE 1471 구성요소		설명
Mission	시스템의 목적	시스템이 수행되어야 하는 목적
Environment	시스템 구동 환경	시스템은 어떤 환경(시스템 개발, 동작, 연동, 정치적인 측면 등) 안에서 구동
System	시스템	개인적인 응용프로그램, 시스템, 서브시스템, 시스템의 시스템 등
Stakeholder	시스템 관련 이해관계자	시스템과 관련된 모든 이해관계자(조직, 시스템 기획자, 설계자, 개발자, 운영자, 사용자 등)
Concern	시스템에 대한 관심 사항	Stakeholder의 관심 사항(보안, 신뢰성, 성능 등)
Viewpoint	View의 명세 정의	View, 즉 아키텍처를 바라보는 관점을 명세화하는 언어와 방법을 정의 View를 구성하기 위한 패턴, 양식, 사례 모음(기능, 정보, 동시), 개발, (배치, 작동) Viewpoint로 그룹화할 수 있음

IEEE 1471 구성요소		설명
View	아키텍처를 보는 관점	시스템은 그것을 구성하는 아키텍처가 있고 이러한 아키텍처를 바라보는 여러 관점(4+1 View 등), 한 개 또는 그 이상의 모델로 구성
Model	Life cycle Model	시스템 사용 요구사항에서 사용 종료까지 소프트웨어의 개발, 운영, 유지에 포함된 프로세스, 수행활동, 수행 작업 등을 포함 데이터, 기능, 기술, 인력 및 이들 사이의 관계와 상호작용에 대한 비즈니스적 관점을 도식화
Library Viewpoint	기술적인 Viewpoint	아키텍처 기술 자체만 바라보는 Viewpoint
Architectures	아키텍처	아키텍처를 구성하는 구성요소와 구성요소들의 관계
Architectural Description	아키텍처 명세서	아키텍처 관련 명세와 설명
Rationale	아키텍처 근거	아키텍처의 근거

3 소프트웨어 아키텍처 적용

3.1 소프트웨어 아키텍처 설계 절차

소프트웨어 아키텍처의 설계는 소프트웨어에 대한 요구사항 분석에서부터 시작해, 품질요소를 식별하고 우선순위를 결정하는 아키텍처 분석, 분석된 아키텍처 측면의 요건을 달성하기 위한 전술을 도출하고 이를 평가하는 아키텍처 검증 단계의 순으로 진행된다.

구분	절차	설명
요구사항 분석	소프트웨어 요구사항	- 요구사항 식별, 분류, 분석, 명세 - 기능 및 비기능 요건 분류 및 명세
	제약사항	- 기능, 비기능 및 기타 제약사항 도출
아키텍처 분석	품질속성 식별	- ISO 9126 품질 메트릭(주특성, 부특성) 등 참고
	우선순위 결정	- 유틸리티 트리(Utility Tree) 작성 - 품질 시나리오 작성
	전술개발	- 품질속성별 접근 방법 개발
아키텍처 설계	아키텍처 뷰(VIEW) 정의	- 관점별 뷰 정의 및 개발 - UML 4+1 View, Siemens 4 View 등 참고
	아키텍처 스타일(Style) 선택	- 스타일 검토 - Pipe and Filter, Call and Return, Layered 등 참고
	후보 아키텍처 도출	- 아키텍처 뷰별 후보 아키텍처 도출
아키텍처 평가	아키텍처 적합성 평가	- 아키텍처 적용에 따른 품질속성별 Trade-off 분석 - ATAM(Architecture Trade-off Analysis Method)

요구분석 단계에서는 소프트웨어의 요구사항과 환경적 제약사항을 도출하고 분류한다. 소프트웨어적인 요구사항은 기능과 비기능적인 요구사항으로 구분될 수 있으며 요구사항 관련 문서나 기준 시스템 매뉴얼, 담당자 인터뷰 등 다양한 채널과 방법을 통한 수집 및 분석 활동 등이 이에 포함된다. 제약사항은 시스템이 가져야 할 기능적·비기능적 제약에서부터 외부환경, 법적인 이슈 등이 포함될 수 있다.

아키텍처 분석 단계는 ISO 9126에 정의된 품질속성을 이용하여 소프트웨어의 품질속성을 식별해 우선순위를 결정하고 품질속성 목표달성을 위한 전술을 개발하는 단계이다. 우선순위 결정에서 유틸리티 트리를 이용해 품질목표의 중요도에 따른 가중치를 부여하여 객관적으로 우선순위를 분류하고 도출할 수 있다.

아키텍처 설계 단계에서는 아키텍처를 표현할 수 있는 여러 형태의 뷰를 이용해 만들고자 하는 아키텍처를 표현하고 아키텍처 스타일을 활용해 품질목표 달성을 위한 최적의 아키텍처 접근 방법을 후보 아키텍처로 도출한다.

아키텍처 평가 단계에서는 도출된 후보 아키텍처들의 품질속성별 트레이드오프Trade off 관계를 분석해 적합한 아키텍처를 선택한다.

3.2 품질속성 시나리오 Quality Attribute Scenario

품질속성 시나리오는 시스템의 비기능 요구사항을 분석에 품질목표를 달성하기 위한 최적의 아키텍처를 선정하기 위한 품질 측면의 시나리오다.

품질속성 시나리오 개요

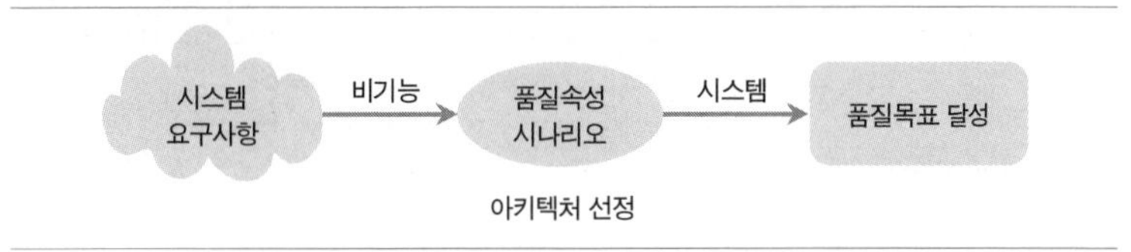

비기능 요구사항은 성능과 가용성 등 시스템 요구사항을 만족시키기 위해 민감점Sensitivity, 트레이드오프, 위험Risk, 비위험Non-Risk 등을 분석하는 활동이다. 품질속성 시나리오 작성은 다음과 같이 수행한다.

소스는 자극을 만드는 주체이다. 시스템 내/외부, 사람, 컴퓨터시스템, 기타 장치 등이 될 수 있다. 자극은 기대치 않은 메시지나 시스템에 발생되는 트랜잭션 등이 된다. 환경은 자극이 발생하는 상황으로 정상동작, 저하모드 등의 환경적인 제약이다. 자극을 받는 대상은 컴포넌트, 시스템프로세스, 통신채널, 자료저장소, 프로세스 등이 될 수 있다. 응답은 자극이 도달했을 때의 이벤트 탐지 등이고 응답측정은 정량적 데이터(비용/응답시간 등) 응답에 관련된 측정값이다.

품질속성 시나리오

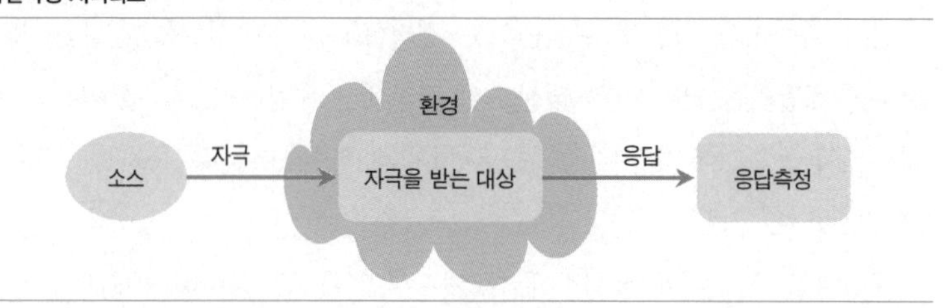

품질속성 시나리오 예

Scenario #: A12	Scenario: Detect and recover from HW failure of main switch			
Attribute(s)	Availability			
Environment	Normal operations			
Stimulus	One of the CPUs fails			
Response	0.999999 availability of switch			
Architectural decisions	Sensitivity	Tradeoff	Risk	Nonrisk
Backup CPU(s)	S2		R8	
No backup data channel	S3	T3	R9	
Watchdog	S4			
Heartbeat	S5			N13
Failover routing	S6			N14
Reasoning	Ensures no common mode failure by using different hardware and operation system (see Risk 8) Worst-case rollover is accomplished in 4 seconds as computing state takes that long at worst Guaranteed to detect failure within 2 seconds based on rates of heartbeat and watchdog Watchdog is simple and has proved reliable Availability requirement might be at risk due to lack of backup data channel … (see Risk p)			
Architecture diagram	Primary CPU (OS1) heartbeat (1sec.) Backup CPU with Watchdog (OS2) Switch CPU (OS1)			

자료: 베스·클레멘츠·캐즈먼(2015).

3.3 소프트웨어 아키텍처 드라이버 Software Architecture Driver

아키텍처 요구사항 항목들 중 아키텍처 설계에 직접적으로 영향을 미치는 요건들을 아키텍처 드라이버라고 한다. 시스템에 영향을 미치는 요인들은 아키텍처 설계원칙 수립이나 아키텍처 정의를 위한 근거가 된다.

아키텍처 드라이버

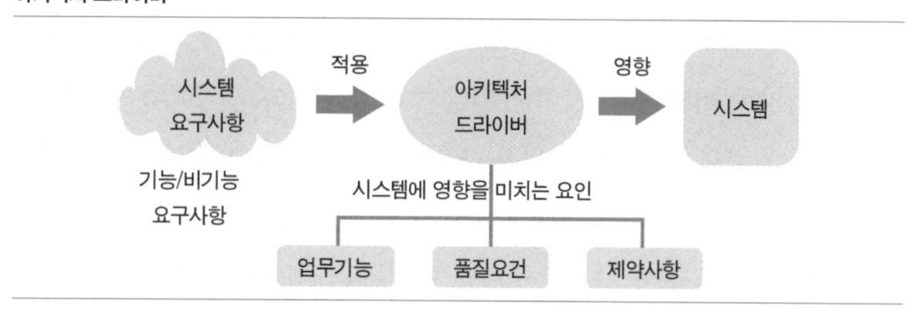

시스템 요구사항은 소프트웨어의 기능 측면에서의 요구사항과 비기능, 즉 품질 측면에서의 요구사항으로 나뉠 수 있다. 요구사항들 중 시스템에 직접적으로 영향을 미치는 요인인 업무기능, 성능, 보안 등 품질요건들, 시스템 사용제한이나 내/외부 네트워크 제약 등 시스템적 제약사항으로 시스템에 영향을 미칠 만한 요인들을 아키텍처 드라이버라고 한다. 아키텍처 드라이버는 어떻게 정의하고 정리되는지 학생 수강신청 사용 사례를 통해 알아보자.

아키텍처 드라이버 사례

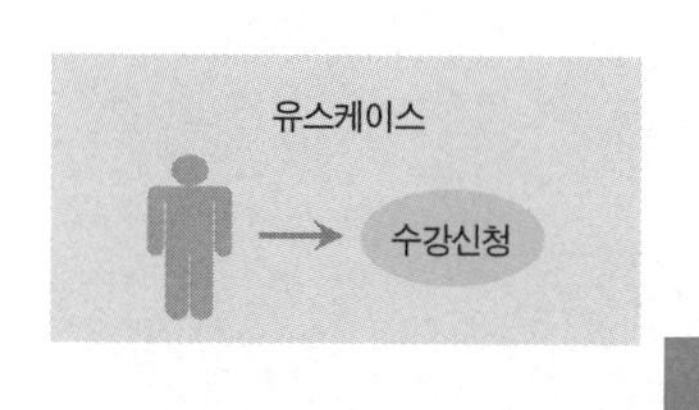

ID	유스케이스(UC01)
이름	학생
설명	수강신청을 하다
선행조건	학생인증
절차	수강목록 조회 후 수강신청

품질속성

품질속성	속성상세화	ID	시나리오	우선순위	
				중요성	난이도
QA1 성능	학생	QAS1-1	최대부하 상태에서 0.1초 내 응답 완료 20초 이내 정보 제공	H	M

제약사항

ID	제약사항
CR1	리눅스(커널 5.x)이상에서 운용
CR1	수강요청을 큐잉(Queuing)하는 미들웨어 사용

아키텍처 드라이버

아케텍처 드리아버 ID	요구ID	선정 이유
AD1	QAS1-1	우선순위(H, M)
AD2	CR1	시스템에 직접 관련된 제약사항
AD3	CR2	시스템에 직접 관련된 제약사항

학생이 수강신청을 하는 사용 사례로 유스케이스를 정의하고 이와 관련된 품질속성과 제약사항을 도출해 시스템에 영향을 미칠 만한 아키텍처 드라이버를 식별한다.

3.4 소프트웨어 아키텍처 뷰 Software Architecture View

소프트웨어 아키텍처 뷰는 아키텍처를 바라보는 관점이다. 소프트웨어와 관련된 다양한 이해관계자들이 동일한 수준의 이해와 아키텍처 구조에 대한 명확한 공감대를 형성하기 위한 다양한 관점으로 표현되어야 한다. 아키텍처를 바라보는 사용자와, 아키텍처가 구성되어 시스템 그리고 소프트웨어가 실행되는 환경 등 아키텍처 뷰는 관점과 목적에 따라 다른 형태로 적절하게 표현되어야 한다. 일반적으로 많이 알려지고 활용되는 아키텍처 뷰는 4+1 뷰, 지멘스Siemens 4 뷰, SEI가 정의한 뷰이다. 이러한 뷰들 중 많이 사용되는 4+1 뷰에 대해서 알아본다. 4+1 뷰는 하나의 사용자 관점 뷰인 유스케이스 뷰와 4개의 시스템 관점 뷰인 논리 뷰, 구현 뷰, 프로세스 뷰, 배치 뷰로 구성되어 있다.

4+1 view

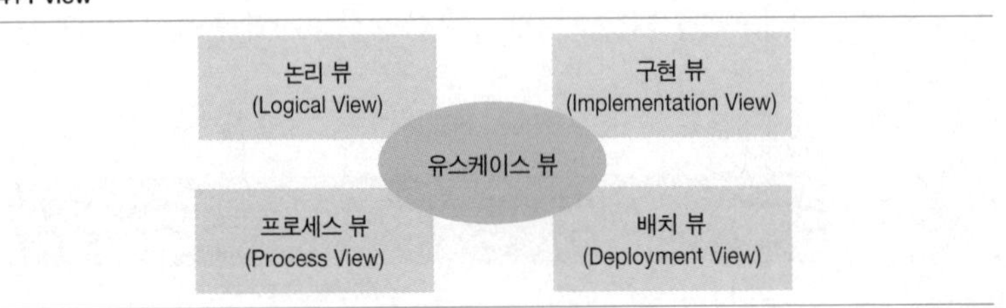

유스케이스 뷰는 사용 사례Usecase를 표현하기 위한 뷰로 사용자와 사례 간의 관계를 정의한다. 유스케이스 다이어그램으로 표현해 사용자들의 사용 사례의 정상적인 흐름과 예외적인 흐름을 논리적으로 시각화한다.

논리 뷰는 시스템 내에서 소프트웨어의 구성 요소들 간의 관계를 정의한다. 클래스 다이어그램을 이용해 클래스, 객체 간의 관계를 표현한다. 객체 간의 통신은 메시지를 이용해 표현하고, 구성 요소 간의 클래스·객체 다이어그램 같은 정적인 구조 관계와, 상태·순차·협동 다이어그램처럼 객체 간의 메시지 흐름을 표현하는 동적 다이어그램을 표현한다.

프로세스 뷰는 시스템 자원 활용과 병렬처리, 동기화 처리와 관련된 비기능 요소들을 표현한다. 스레드Thread와 프로세스Process의 동작과 같은 표현이 이에 해당한다. 컴포넌트들 간의 관계, 모듈 간의 관계 등이 이에 해당하고 클래스나 객체 다이어그램 등으로 표현된다.

구현 뷰는 논리 뷰와 프로세스 뷰에서 정의된 소프트웨어 구성요소들의 의존성을 표현한다.

배치 뷰는 물리적인 시스템에 컴포넌트를 배치하는 구조를 표현한다. 하드웨어의 배치와 같은 표현이 이에 해당하고 배치 다이어그램을 표현한다.

3.5 소프트웨어 아키텍처 스타일 Software Architecture Style

아키텍처 스타일은 시스템의 비기능적 요건들과 시스템이 가지는 제약조건을 해결하기 위한 아키텍처 관점에서의 접근 방법이다.

아키텍처 스타일

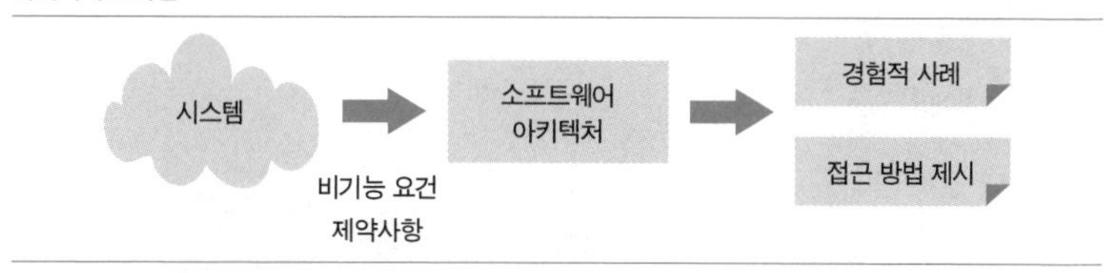

아키텍처 스타일은 코드 수준의 해결안이 아닌 아키텍처 수준의 접근 방법이다. 비슷한 유형의 문제들을 가지는 여러 시스템들의 유형별 접근 사례를 기반으로 논리적인 접근 방법을 제시한다. 아키텍처 스타일은 아키텍처의 구성방식과 구성요소들 간의 상호작용 원리를 담고 있다. 대표적인 아키텍처 스타일로는 호출과 리턴Call and Return, 데이터 중심Data Centered, 데이터 흐름Data Flow, 이벤트 기반Event Based 등이 있다.

스타일(Style)	스타일 상세	설명
호출 & 응답 (Call & Return)	레이어드 (Layered)	- 레이어를 구분하여 역할을 분리 - 인접한 레이어 간 상호 인터페이스
	주 프로그램과 서브루틴 (Main Program and Subroutine)	- 주 프로그램과 서브루틴은 프로시저 호출을 이용한 데이터 공유
	객체지향 (Object Oriented)	- 객체 간 상호 메시지 교환 - 객체는 맴버와 메소드로 구성

데이터 중심 (Data Centered)	리포지토리 (Repository)	- 수동형 저장소에 데이터를 저장 - 중앙 집중 관리, 데이터베이스에 활용
	블랙보드 (Blackboard)	- 능동형 데이터저장소 - 데이터 변경 사실을 클라이언트에 통보
데이터 흐름 (Data Flow)	파이프 & 필터 (Pipe & Filter)	- 파이프를 통해 받은 데이터를 필터가 활용하고 그 결과를 다시 파이프로 전송 - 데이터 스트림 처리에 활용
이벤트 기반 (Event Based)	묵시적 호출 (Implicit Invocation)	- 이벤트 제공자는 다른 컴포넌트의 영향을 알지 못함
	명시적 호출 (Explicit Invocation)	- 이벤트 발생 시 명시적으로 컴포넌트를 호출

자료: Shaw·Garlan(1996).

4 소프트웨어 아키텍처 평가

아키텍처가 품질속성에 미치는 정도를 측정해 적합성suitability을 판단하는 과정이다.

아키텍처 평가 개요

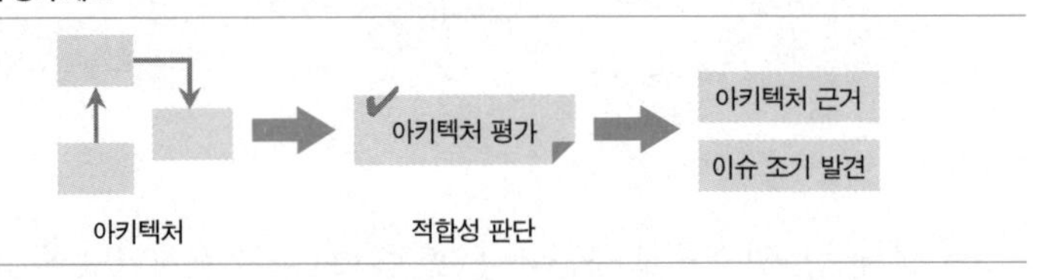

아키텍처 평가를 통해서 아키텍처의 논리적 근거의 마련과 비용, 성능의 이슈를 조기에 발견할 수 있다. 평가 시기는 이른Early 평가방식과 늦은Late 평가방식이 있다. 이른 평가방식은 아키텍처 완성되기 전에 평가하고 늦은 평가방식은 아키텍처 구축 이후에 수행한다. 평가 유형으로는 시나리오 기반, 시뮬레이션 기반, 수학적 모델 기반, 경험 기반 유형이 있다. 시나리오 기반은 사전에 정의된 품질속성에 대한 평가이다. 시뮬레이션Simulation 기반은 BMT Bench Mark Test 와 같이 일부 구현된 것을 기반으로 평가하는 방식이다. 수학적 모델 기반은 기준 모델을 기초로 차이점을 정량적으로 수치화해 평가한다. 경험 기반 평가 유형은 정형화된 평가모델이 없을 경우 경험적으로 평가를 수행한다. 아키텍처를 평가하기 위한 방법으로는 ATAM Architecture Tradeoff Analysis Method, SAAM Software Architecture Analysis Method, CBAM

Cost Benefit Analysis Method, ARIDActive Review for Intermediate Design가 있다.

아키텍처 평가

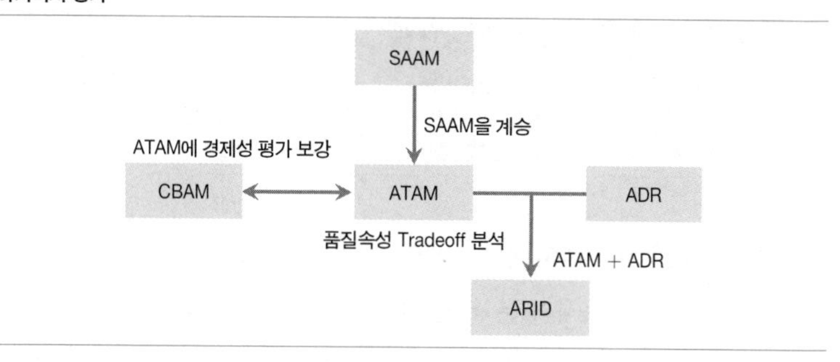

- SAAM: 아키텍처의 변경 가능성 측면에서 평가하는 데 집중
- CBAM: 경제성 평가를 보강, 아키텍처의 비용 대비 효과 평가
- ATAM: 아키텍처적인 판단이 품질속성에 미치는 상관관계를 분석
- ADR: 평가자의 실습문제 풀이를 기반으로 평가, 질문과 체크리스트 활용
- ARID: 초기 설계 결과물로 평가하는 경량급 평가기법, 아키텍처 설계의 적절성 평가에 집중

ATAM는 아키텍처적인 판단이 품질속성에 미치는 상관관계를 분석하고 평가하는 아키텍처 평가 활동이다. ATAM은 Setup, Evaluation, Follow up 순으로, 확대해보면 총 4개의 세부단계Phase로 진행된다.

아키텍처 평가 단계(ATAM)

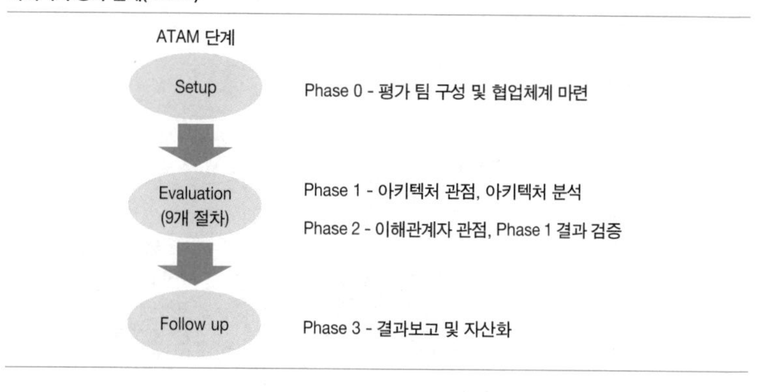

아키텍처를 분석하고 평가하는 Evaluation 단계는 총 9개의 절차로 구성되어 있고 세부적인 평가 절차는 다음과 같다.

아키텍처 평가 절차(ATAM)

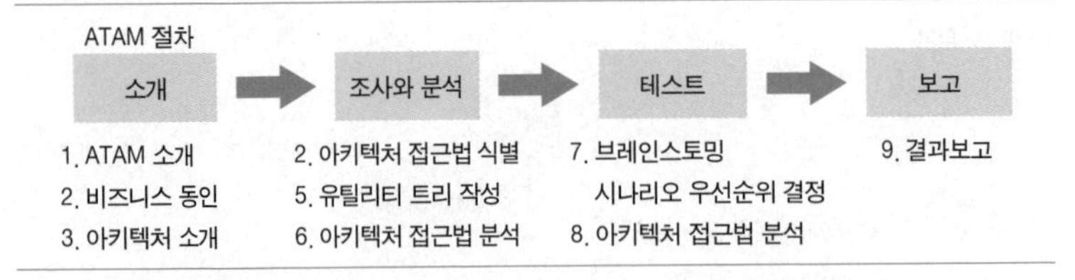

소개 절차에서 아키텍처 평가방법인 ATAM과 비즈니스 동인 그리고 아키텍처를 소개한다. 조사와 분석 절차에서는 아키텍처 접근법을 식별, 품질속성에 대한 우선순위를 분석하는 유틸리티 트리를 작성해 위험, 비위험, 민감점Sensitivity Point, 균형관계Tradeoff Point 등 아키텍처 접근법을 분석한다. 테스트 절차에서 브레인스토밍을 통해 시나리오의 우선순위를 결정해서 우선순위에 준하여 아키텍처 접근법을 분석한다.

5 소프트웨어 아키텍처 정의서

소프트웨어 아키텍처 정의서는 소프트웨어의 구성과 구성관계를 정의한 문서이다. 소프트웨어 아키텍처 정의서에는 시스템이 가진 목표, 비즈니스 및 시스템 요구사항, 이해관계자들의 요구와 제약조건들을 참조해 시스템 구축을 위한 아키텍처 원칙, 제약사항, 품질속성, 아키텍처 뷰 및 아키텍처 구성이 정의된다.

아키텍처 정의서 개요

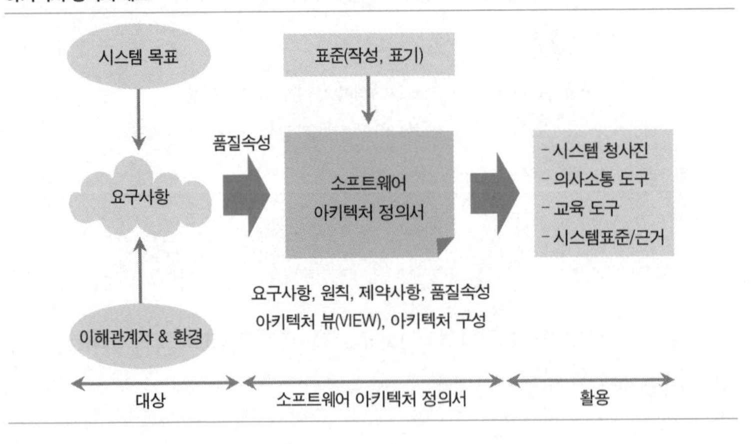

소프트웨어 아키텍처가 고려하고 표현해야 할 요소들에 대해서는 소프트웨어 아키텍처 국제표준인 IEEE 1471에 잘 표현되어 있다. 소프트웨어 아키텍처 정의서는 시스템의 청사진 역할뿐만 아니라 모든 이해관계자들과의 의사소통 도구로서 활용하고 개발자나 운영자를 위한 교육 도구로서도 활용할 수 있다. 아키텍처 정의서는 시스템의 표준이고 기술구성요소 근거가 된다. 아키텍처 정의서가 가져야 할 정보 항목들에 대해서는 기관이나 회사마다 다소 차이가 있을 수 있으나 일반적인 정보 항목과 표현 형태는 IEEE 1471, UML의 4+1 VIEW 에서 제시하는 요소와 표현 형태의 분류를 크게 벗어나지 않는다. 일반적인 소프트웨어 아키텍처 정의서의 작성 내용을 간소화된 사례를 통해서 알아보도록 하자.

아키텍처 정의서

목차

I. Introduction
  1. 문서 개요
  2. 작성방법
II. Project Overview
  1. 시스템 개요
  2. 이해관계자
III. Architecture Overview
  1. 아키텍처 요구사항
  2. 아키텍처 품질속성
  3. 아키텍처 동인 및 원칙
  4. 아키텍처 참조모델
IV. Quality Attributes
  1. 품질속성 시나리오
  2. 아키텍처 결정사항
V. Constraints
  1. 하드웨어 제약사항
  2. 소프트웨어 제약사항
  3. 네트워크 제약사항
VI. Context
  1. Use Case
  2. System Context
VII. Architecture View
  1. Module View
  2. Allocation View
  3. Code View
VIII. Architecture Description

6 서비스 지향 아키텍처

6.1 SOA Service Oriented Architecture의 개념

비즈니스 프로세스를 독립된 서비스로 구성해 서비스 모델을 공유하고 서비스의 재사용을 지향하는 아키텍처 스타일이다.

서비스 개요

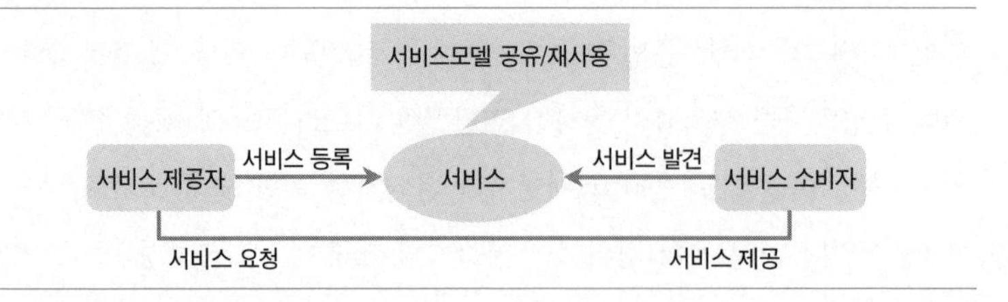

서비스 제공자는 공유 및 재사용 가능한 서비스를 공개하고 서비스 소비자는 필요한 서비스를 발견해 서비스 제공자가 제공하는 서비스를 사용하는 원리다. SOA는 프로세스 중심적이고 플랫폼 독립적인 기술이 적용된다. 프로세스 간 협업과 재사용이 가능하고 느슨한 결합의 형태로 구성된다.

6.2 SOA의 아키텍처 및 주요 기술

서비스를 공유하고 재사용하기 위한 아키텍처의 구성요소로는 서비스 제공자, 서비스 중개자, 서비스 소비자가 있고 기반기술은 WSDL, UDDI, XML, SOAP, WSDL과 같은 기술요소로 구성된다.

SOA 구성요소

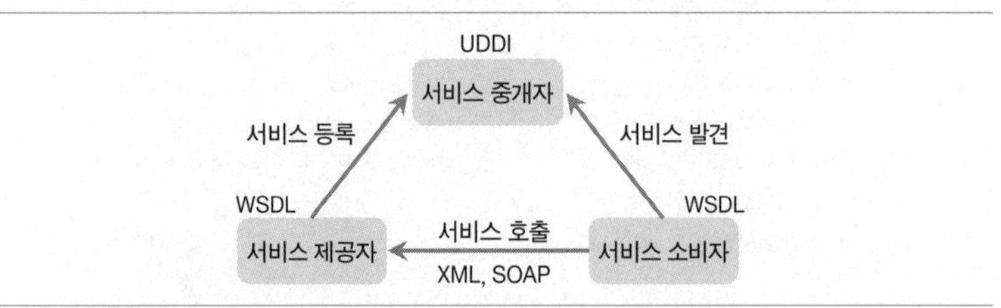

구분	주요 특성	설명
명세서	WSDL	웹 서비스의 기능 및 스펙(Spec)을 기술한 XML기반의 명세서
레지스트리	UDDI	웹 서비스에 대한 정보를 등록, 검색 가능한 저장소
프로토콜	SOAP	웹 서비스의 메시지교환을 위한 프로토콜
메시지포멧	XML	웹 서비스 메시지 포맷
미들웨어	ESB	웹 서비스 간 통합을 가능하게 하는 미들웨어

서비스 제공자는 웹 서비스 명세서인 WSDL을 UDDI에 등록하고 서비스 소비자는 UDDI에서 사용하고자 하는 서비스의 WSDL을 발견한다. WSDL

을 이용해 웹 서비스에 연결하기 위한 스텁Stub 프로그램을 작성한다. 이렇게 작성된 웹 서비스 프로그램은 SOAP 프로토콜을 이용해 XML 메시지형식으로 서비스 제공자가 제공하는 서비스를 호출하고 응답을 받는다.

- WSDL: Web Services Description Language
- UDDI: Universal Description, Discovery and Integration
- SOAP: Simple Object Access Protocol
- XML: eXtensible Markup Language
- ESB: Enterprise Service Bus

7 마이크로서비스 아키텍처

7.1 마이크로서비스 아키텍처Micro Service Architecture의 개념

마이크로서비스 아키텍처란 독립된 기능을 수행하는 최소 단위의 서비스 단위를 작은 팀이 자율적으로 서비스를 운영할 수 있는 서비스 지향 아키텍처이다.

마이크로서비스 개요

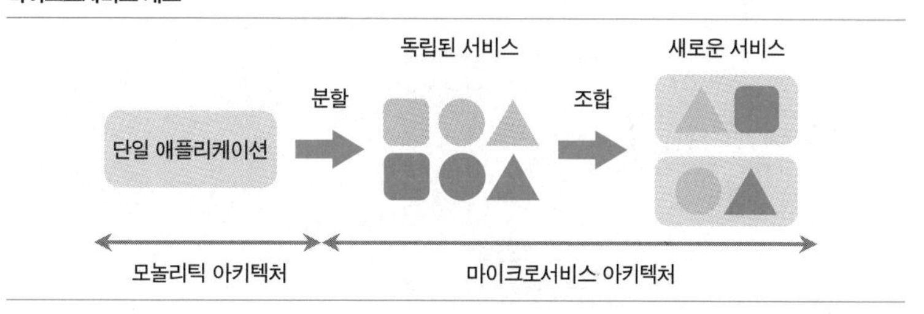

모놀리틱 아키텍처는 단일 애플리케이션 형태로 모든 기능과 로직이 하나의 애플리케이션에 통합되어 서비스된다. 이와 반대로 마이크로서비스는 독립적으로 실행될 수 있는 작은 서비스들로 최대한 분할해 독립적으로 개발·배포될 수 있는 서비스이다. 빠른 비즈니스 환경변화에 맞추어 기업의 서비스는 진화하고 민첩하게 대응할 수 있어야 한다.

마이크로서비스 배경

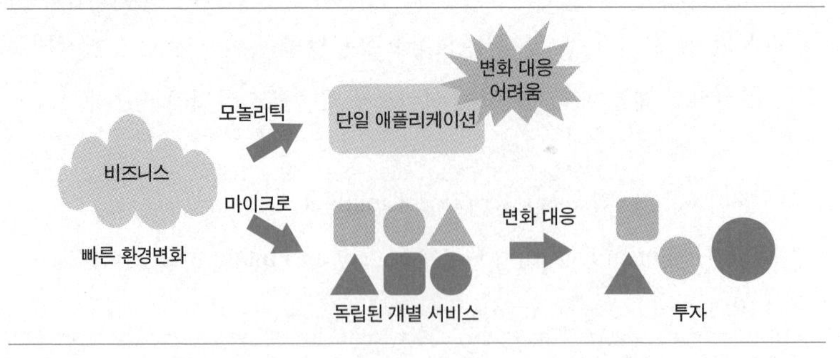

단일 애플리케이션으로 구성된 모놀리틱 환경에서는 변화에 대한 변경 적용에 대해 각 기능 요소들 간의 영향도로 인해 대응이 어렵다. 이에 반해 작은 서비스들로 분할된 마이크로서비스는 비즈니스 변화와 요건에 맞추어 즉시 대응할 수 있고 불필요한 서비스의 폐기와 전망 있는 서비스에 대한 확대 투자가 쉽게 적용될 수 있는 아키텍처적인 이점을 지니고 있다.

7.2 마이크로서비스 아키텍처의 구성과 특성

마이크로서비스 아키텍처의 구성은 마이크로서비스와 마이크로서비스의 원활한 실행을 위한 요소들로 구성되어 있다.

마이크로서비스 아키텍처

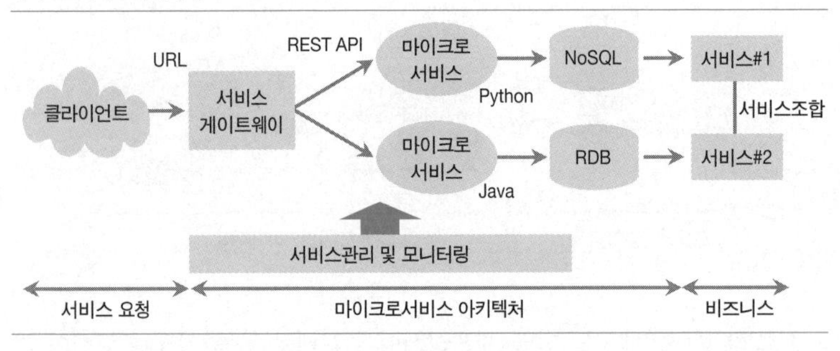

클라이언트의 요청을 분석해 부하분산Load-Balancing 및 서비스 라우팅Service Routing을 수행하는 서비스 게이트웨이Service Gateway와 서비스 로직Logic이 구현된 마이크로서비스와 데이터저장소, 그리고 마이크로서비스의 등록·수정·폐기 등을 관리하고 상태를 모니터링하기 위한 서비스들로 구성되어 있다. 마이크로서비스 아키텍처에서 서비스는 독립적으로 실행이 가능하고

이들 서비스들을 조합해 새로운 서비스를 만들 수 있다.

구분	주요 특성	설명
서비스 게이트웨이	부하분산	클라이언트 요청에 대해서 부하분산 처리
	서비스 라우팅	요청한 서비스로 라우팅
마이크로 서비스	독립된 서비스	서비스 독립적으로 실행이 가능
	REST API	서비스 간 호출 인터페이스 기술
	데이터저장소	마이크로서비스에서 사용하는 데이터저장소
서비스관리 및 모니터링	서비스관리	마이크로서비스의 라이프사이클(Lifecycle) 관리
	모니터링	개별 마이크로서비스 상태관리

마이크로서비스 아키텍처가 장점만 있는 것은 아니다. 마이크로서비스의 크기에 대한 서로 다른 기준과 기존 시스템과의 공존 문제, 분산시스템의 복잡성과 서비스 테스트 등의 어려움 등이 있다. 마이크로서비스는 최적화된 팀 규모에서 독립적으로 운영이 가능하고 아키텍처 선택의 자율성이 보장된다면 비즈니스의 빠른 변화에 대응할 수 있는 적용 가능한 하나의 좋은 아키텍처 스타일이다.

참고자료

베스(Len Bass)·클레멘츠(Paul Clements)·캐즈먼(Rick Kazman). 2015. 『소프트웨어 아키텍처 이론과 실제』. 전병선 옮김. 에이콘.

Shaw, Mary and David Garlan. 1996. *Software Architecture*. Prentice Hall

기출문제

105회 관리 귀하는 차세대시스템 구축팀의 아키텍트(Architect)로서 상세화 단계(Elaboration Phase)에서 작성해야하는 SAD(Software Architeture Document) 문서의 목차를 작성하시오. (25점)

98회 응용 IEEE 1471에 대하여 설명하시오. (10점)

87회 응용 소프트웨어 아키텍처의 중요성 및 품질속성을 시스템, 비즈니스, 아키텍처 관점으로 구분하여 설명하시오. (25점)

104회 관리 소프트웨어 아키텍처 드라이버(Architecture Driver)에 대해 설명하시오. (10점)

92회 관리 아래와 같은 간단한 응용에 대한 소프트웨어 아키텍처를 작성하고자 한다. 다음 질문에 답하시오. (25점)

(1) C&C 뷰(Component & Connector, 프로세스 뷰)를 작성할 때 가장 적당한 아

키텍처 스타일을 제시하고 필요한 컴포넌트와 커넥터를 제시하시오.
(2) 위에서 제시한 아키텍처 스타일에 따라 아키텍처를 작성하시오.
(3) 위 응용에 대한 모듈 뷰(논리 뷰) 작성을 위한 컴포넌트를 제시하고 아키텍처를 작성하시오.

80회 응용 소프트웨어 아키텍처 평가모델인 ATAM(Architecture Tradeoff Analysis method)과 CBAM(Cost Benefit Analysis Method)에 대해 프로세스를 중심으로 논하시오. (25점)

G
프레임워크 / 디자인 패턴

G-1. 프레임워크
G-2. 디자인 패턴

G-1

프레임워크

프레임워크는 구조적으로 고정 부분을 재사용할 수 있도록 하고, 사용자의 코드 구현에 의해 모듈별 특정 기능의 선택적 구현이 가능하다. 소프트웨어의 개발에 필수적이고 표준적인 설계와 구현의 재사용을 목적으로 클래스를 제공하는 모듈이라고 할 수 있다. 소프트웨어 프레임워크는 지원 프로그램, 컴파일러, 코드 라이브러리, 도구 세트, API 등 기타 컴포넌트를 포함한다.

1 프레임워크의 이해

1.1 프레임워크 Framework 의 개념

소프트웨어 개발에 필요한 라이브러리나 플러그인 형태의 기능들을 포함하고 소프트웨어의 기본 구조를 코드 수준으로 만들어 구조화된 코드이다.

프레임워크의 개요

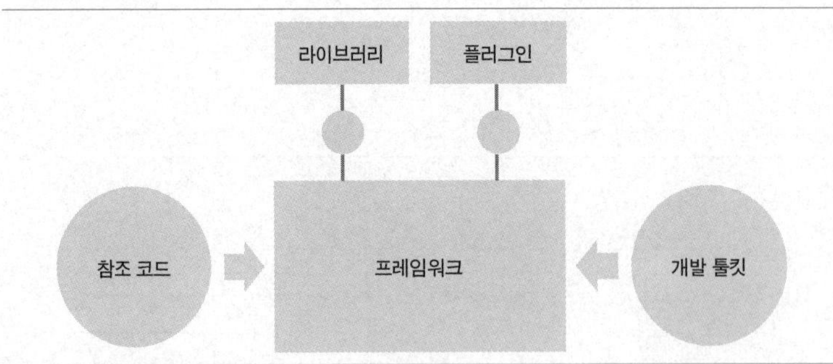

프레임워크는 사용 가능한 라이브러리를 포함하거나 쉽게 적용 가능하도록 지원하며 특화된 기능들은 플러그인 형태로 결합이 가능하도록 지원한다. 프레임워크는 소프트웨어 개발 시 고민했던 많은 문제에 대한 패턴화된 접근 방법을 사용 가능한 수준으로 코드화해 포함하고 있다.

1.2 프레임워크와 아키텍처, 디자인 패턴의 관계

프레임워크는 아키텍처를 코드 수준으로 구현할 수 있게 지원하며 디자인 패턴 사례를 적용하기 쉽게 구조화한다.

프레임워크와 아키텍처, 디자인 패턴 간 관계

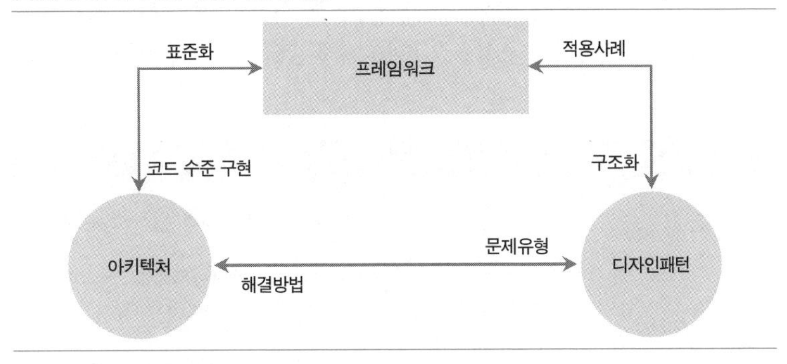

산업계에서 표준처럼 사용하는 개발 프레임워크로는 오픈소스 기반의 스프링프레임워크가 있고 정부차원에서는 전자정부 프레임워크를 표준으로 사용하고 있다.

2 스프링프레임워크

스프링프레임워크 Springframework는 산업계 표준처럼 사용하는 개발 프레임워크이다. 경량화된 프레임워크로 제어역행Inversion of Control과 의존성주입 Dependency Injection, 관점지향AOP, 컨테이너Container라는 핵심 원리들을 코드 수준으로 프레임워크에서 동작이 가능하게끔 지원한다.

스프링프레임워크 개요

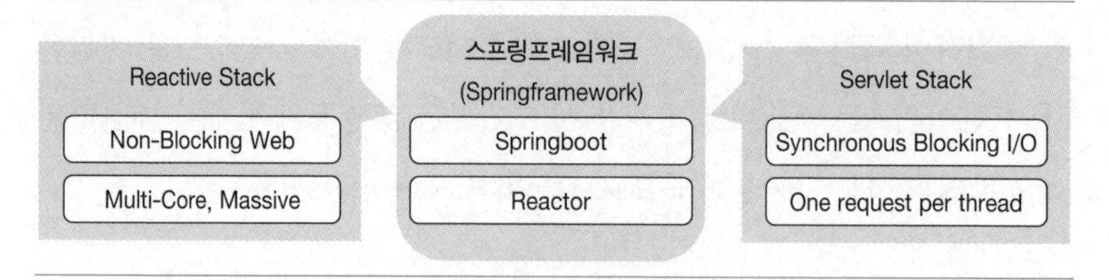

스프링프레임워크는 탄력적 시스템 개발을 위한 리액티브 스택Reactive Stack과 서블릿 스택Servlet Stack으로 구성되어 있고 스프링부트Springboot와 리액터Reactor가 기본적으로 탑재되어 있다. 리액티브 스택은 논 블로킹 웹, 멀티코어, 매시브한 연결, 동시접속과 관련된 프레임워크 구성을 지원한다. 서블릿 스택은 동기화된 블로킹 입출력, 스레드당 하나의 서비스요청을 처리와 관련된 프레임워크 구성을 지원한다. 구성요소별 주요 기능은 다음의 표와 같다.

구성	구성요소	주요 기능
Reactive Stack	Netty, Servlet + Containers	Reactive Stream 제어를 위한 서블릿 컨테이너
	Reactive Streams Adapters	Non-blocking back pressure(역압)에서 Reactive Stream을 처리하기 위한 어댑터
	Spring Security Reactive	애플리케이션 보안을 위한 인증과 권한 처리
	Spring WebFlux	Non-Blocking, Reactive Stream 지원 웹 프레임워크
	Spring Data Reactive Repositories	JDBC, JPA, NoSQL 과 같은 데이터저장소 매핑을 위한 기능
Servlet Stack	Servlet Containers	서비스요청 처리를 하는 서블릿을 관리하는 컨테이너
	Servlet API	서블릿 기능 지원을 위한 API
	Spring Security	애플리케이션 보안을 위한 인증과 권한 처리
	Spring MVC	모델, 뷰, 컨트롤러를 분리하는 아키텍처 스타일
	Spring Data Repositories	JDBC, JPA, NoSQL과 같은 데이터저장소 매핑을 위한 기능
공통	Spring Boot	웹 애플리케이션 서버가 내장된 프레임워크
	Reactor	반응형 라이브러리

※ 역압Back Pressure 발생: 스트림 발생과 구독자 간 처리속도 차이, 데이터 양방향 흐름제어

3 전자정부 표준프레임워크

전자정부 표준프레임워크는 전자정부 서비스 품질과 정보화 투자 효율성 향상을 목표로 공공사업에 적용하기 위한 표준프레임워크이다.

전자정부 프레임워크

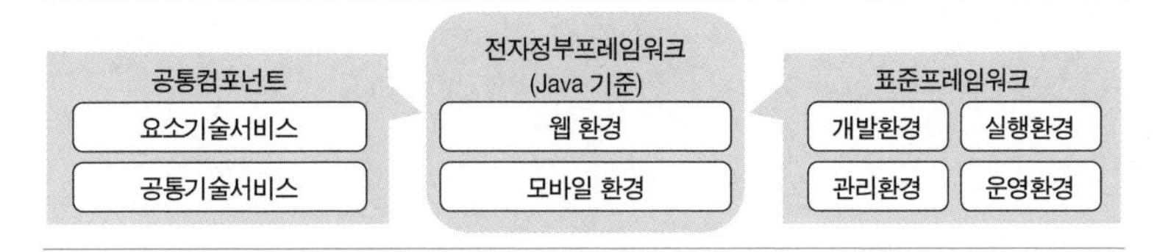

전자정부 표준프레임워크는 공통컴포넌트와 표준프레임워크로 구성되어 있고 웹과 모바일 환경 모두 적용 가능한 형태로 구성되어 있다. 공통컴포넌트는 애플리케이션 개발을 위한 요소기술과 공통기술을 지원하는 모듈로 구성되어 있다. 표준프레임워크는 애플리케이션을 개발하기 위한 개발환경과 개발된 애플리케이션을 실행하기 위한 실행환경, 이를 관리하기 위한 관리환경과 모니터링하고 운영하기 위한 운영환경을 포함하고 있다. 각 구성요소별 주요 기능은 다음의 표와 같다.

구성	구성요소	주요 기능
공통컴포넌트	요소기술서비스	유틸리티(프로그램 개발 시 참고)
	공통기술서비스	보안, 사용자 디렉토리/통합인증, 사용자 지원 협업, 시스템관리, 시스템/서비스 연계 통계/리포팅, 디지털 자산관리, 외부 추가 컴포넌트
표준프레임워크	개발환경	구현도구, 배포도구, 테스트도구, 형상관리도구, 모바일디바이스 API 개발도구(하이브리드 앱)
	실행환경	화면처리, 업무처리, 데이터처리, 연계 통합, 공통기반, 모바일 화면처리, 배치처리, 모바일 API 개발도구(하이브리드 앱)
	관리환경	서비스 요청관리, 변경관리, 현황관리, 표준관리
	운영환경	모니터링도구, 운영관리도구, 배치운영도구

전자정부 표준프레임워크는 Apache License Version2.0을 선택하고 있다.

전자정부 표준프레임워크는 개방형 표준을 준수해 상용 솔루션과 연계가 가능하도록 상호운용성을 보장하며 국가 차원의 표준화를 지향한다. 웹 및 모바일(하이브리드 앱 포함) 환경도 지원하는 등 변화에 대한 유연성과 다양한 편의 환경을 제공한다.

기출문제

99회 관리 스프링 프레임워크(Spring Framework)의 개념과 구성 모듈(Module)에 대하여 설명하시오. (25점)

108회 응용 전자정부프레임워크(e-Goverment framework) 버전별 차이점에 대하여 설명하시오. (10점)

G-2

디자인 패턴

디자인 패턴은 자주 사용하는 설계 형태를 유형별로 정형화해 만든 설계 템플릿이다. 많은 개발자들의 경험과 노하우를 반영해 추상화한 템플릿으로 사용할 때 효율성과 재사용성을 기대할 수 있다. 디자인 패턴을 사용하면 이해관계자 간 원활한 의사소통, 소프트웨어 구조 파악 용이, 재사용을 통한 개발 시간 단축, 설계 변경 요청에 대한 유연한 대처 등 장점이 있다.

1 디자인 패턴의 이해

1.1 디자인 패턴의 개념과 중요성

디자인 패턴은 프로그램 개발에 자주 등장하는 문제의 반복적인 기술과 동일한 작업을 반복해 설계하는 대신에 이러한 문제에서 자주 이용하는 솔루션을 기술한 것이다. 이는 전문가들이 객체지향 소프트웨어를 설계할 때 특정 상황에서 자주 사용하는 패턴을 정형화된 형태로 정리한 것으로 정의할 수 있다.

디자인 패턴의 장점
- 재사용성 증대
- 안정성 확보
- 개발 시간 단축
- 유지보수성 증대

확장성과 재사용성이 높은 프로그램을 개발할 수 있으며, 검증된 설계 사양을 재사용해 안정성 확보, 개발 시간 단축, 유연한 시스템 개발, 유지보수성 증대에 유리하다.

1.2 디자인 패턴의 중요한 원칙

규칙	내용
구현(Implementation) 클래스가 아니라, 인터페이스(Interface)를 가지고 프로그래밍	- 인터페이스 클래스의 메소드를 바탕으로 호출 - 인터페이스를 구현한 클래스의 내부 변화(비즈니스 로직 변경)에 영향을 받지 않음
상속(Inheritance)이 아니라 위임(Delegation)을 사용	- 불필요한 슈퍼클래스의 속성 및 메소드를 상속받지 않음 - 상속의 경우 컴파일 시 슈퍼클래스와 서브클래스의 구조가 결정됨 - 위임의 경우 런타임 시 필요한 클래스를 사용
커플링(Coupling)을 최소화	- God Class를 만들지 않음 - 한 클래스의 변화가 전체 클래스를 변화시키지 않게 해야 함

디자인 패턴의 중요 규칙은 다음과 같다. 첫째, 구현 클래스가 아니라 인터페이스로 프로그래밍한다. 둘째, 상속Inheritance이 아니라 위임delegation을 사용한다. 마지막으로 커플링을 최소화한다. 첫 번째 중요 규칙인 인터페이스를 활용한 프로그래밍은 인터페이스를 구현한 클래스의 내부 변화 또는 비즈니스 로직 변경에 영향을 받지 않음을 의미하며, 두 번째 중요 규칙인 위임 사용은 불필요한 슈퍼클래스의 속성 및 메소드를 상속받지 않도록 하며, 위임의 경우 런타임 시 필요한 클래스를 사용한다. 마지막 커플링 최소화는 클래스 하나의 변화가 전체 클래스의 변화로 이어지지 않도록 해야 함을 의미한다.

1.3 디자인 패턴의 유형

디자인 패턴의 유형은 다음 표와 같이 생성, 구조, 행위 패턴으로 구분되며 팩토리factory, 옵서버observer, 비지터visitor 패턴 등이 자주 사용되는 디자인 패턴의 예이다.

구분		생성 패턴 (creational pattern)	구조 패턴 (structural pattern)	행위 패턴 (behavioral pattern)
의미		객체의 생성 방식을 결정하는 패턴	객체를 조직화하는 데 유용한 패턴	객체 행위를 조직(organize), 관리(manage), 결합(combine)하는 데 사용되는 패턴
범위	클래스	factory method	adapter(class)	interpreter, template method
	객체	abstract factory, builder, prototype, singleton	adapter(object), bridge, composite, decorator, facade, flyweight, proxy	command, iterator, mediator, memento, observer, state, strategy, visitor

GoF's Design Pattern
- GoF는 the Gang of Four의 약어로, Erich Gamma, Richard Helm, Ralph Johnson, John Vlissides 네 명의 개발자들이 정리해놓은 생성구조행위 패턴으로 분류한 디자인 패턴을 말함.
- 이 외에도 EJB 디자인 패턴, MVC 패턴 등 다양한 디자인 패턴이 존재함.

자주 활용되는 패턴
- 팩토리 패턴
- 옵서버 패턴
- 비지터 패턴

팩토리 패턴은 객체를 생성하는 인터페이스를 정의해 어떤 클래스가 인스턴스화할 것인지 서브클래스가 결정하도록 하는 패턴이며, 옵서버 패턴은 1 대 다의 객체 의존관계에서 한 객체의 상태가 변화했을 때 의존관계에 있는 다른 객체들에 자동적으로 통지하고 변화시키는 패턴을 의미한다. 마지막으로 자주 활용되는 비지터 패턴은 클래스에 속한 모든 객체에 수행되는 오퍼레이션을 표현할 때 사용하며, 각 클래스와 관련된 오퍼레이션을 비지터라고 불리는 다른 객체로 분리해 패키지화하는 패턴이다. 이러한 디자인 패턴을 적용할 때 고려해야 하는 사항은, 패턴 오용은 유지보수를 더 어렵게 만들 수 있으며, 잘못 해석된 패턴은 재사용성을 더욱 떨어뜨리고, 개발을 더 어렵게 만들 수 있다는 점이다. 따라서 이러한 디자인 패턴을 정확하게 도움이 되는 형태로 활용하려면 오랜 훈련을 거친 설계자의 역량이 중요한 부분임을 기억해야 할 것이다.

1.4 디자인 패턴 적용의 장점과 문제점

장점	문제점
- 시스템 개발 시 공통 언어 역할: 서로가 패턴에 대해 잘 알고 있다면 간단히 의사소통 가능 - 코드의 품질 향상 - 향후 변화에 대한 대비 - 유지보수 용이성	- 오용된 패턴은 유지보수를 더 어렵게 만들 수 있음 - 잘못 해석된 패턴은 재사용성을 더 어렵게 만들 수 있음 - 잘못 사용된 패턴은 개발을 더 어렵게 만들 수 있음 - 설계자가 패턴을 익히는 데 오랜 훈련 시간을 필요로 함

1.5 디자인 패턴과 아키텍처 스타일 비교

디자인 패턴과 아키텍처 스타일은 초기 설계 결정사항, 반복적으로 발생하는 문제에 대한 해결책이라는 공통점을 가지고 있다.

구분	디자인 패턴	아키텍처 스타일
정의	프로그래머 경험에 의한 객체들 간의 유용한 상호작용 방법들의 모음	구조적 조직의 관점에서 시스템군을 정의함
관점	개발자의 개발 관점, 컴포넌트 내의 모델링	조직적 구성 관점, 아키텍처 전체 구성
범위	반복적으로 발생하는 문제점 해결	광범위한 아키텍처 문제
특징	간단, 재활용성 높음 공동작업, 유지보수 용이	아키텍처 종류 설명 서로 밀접한 설계 결정사항들을 패키지로 묶음

구분	디자인 패턴	아키텍처 스타일
종류	생성패턴, 구조패턴, 행위패턴	Independent Components Data Flow Data-centered(Repository) Virtual Machine
비고	일반화를 통한 문제 해결, 개발자의 BEST PRACTICE에 의한 생산성에 중점	호스트, 분산, 웹, CBD 등 패션에 대한 변화 데이터 중심, RULE 기반, 분산스타일 등

기출문제

74회 관리 디자인 패턴의 개념과 정의 구성과 내용을 논하고 많이 사용하는 디자인 패턴의 종류를 들고 특징을 논하라. (25점)

87회 응용 디자인 패턴에 대해 다음 물음에 답하시오.

(1) GoF(Gang of Four)가 제시한 디자인 패턴의 개념과 종류를 설명하시오.

(2) 인터프리터(Interpreter)라 불리는 디자인 패턴을 설명하시오. (25점)

104회 관리 객체지향 소프트웨어 설계에 많은 도움을 주는 GoF의 디자인 패턴(Design Pattern) 영역을 목적과 범위에 따라 분류하고, 분류별 특성을 설명하시오. 또한, 객체지향 시스템에서 개발된 기능의 재사용을 위해 사용되는 대표적 기법인 화이트박스 재사용(White-box Reuse), 블랙박스 재사용(Black-box Reuse) 및 위임(Delegation)이 패턴과 어떤 관계가 있는지 설명하시오. (25점)

H
객체지향 설계

H-1. 객체지향 설계
H-2. 소프트웨어 설계
H-3. UML

H-1

객체지향 설계

객체지향은 패러다임의 변화라고 일컬을 만큼 분석·설계·개발 전반에 큰 영향을 미치고 있다. 특히 프로젝트 초기부터 종반까지 논리적으로 개념적 흐름을 제공한다는 측면에서 생산성과 효과적인 커뮤니케이션을 보장하는 장점을 가지고 있다.

1 객체지향의 이해

객체란 실세계real world에서 어떤 구체적 의미를 구성하는 하나의 실체 단위인 특정 사물 및 개념이다. 소프트웨어 관점에서 객체는 필요로 하는 데이터(객체의 상태를 저장)와 그 위에 수행되는 함수(객체가 수행할 수 있는 기능)를 가진 작은 소프트웨어 모듈이다. 객체는 속성과 행동을 가지고 있으며 객체의 행동은 자신이 수행하는 오퍼레이션operation으로 구성되어 있다. 또한 객체는 상태를 유지할 수 있어야 하며 다른 객체와 구별할 수 있는 식별자를 가져야 한다.

객체지향은 실세계의 개체entity에 대해 속성attribute과 메소드method로 구성된 객체object로 표현한다. 이는 실세계의 문제영역에 대한 표현을 소프트웨어 해결영역으로 매핑mapping하는 방법을 통해 객체 간에 메시지를 주고받는 형태의 소프트웨어 설계 및 개발 방법이다. 객체지향은 소프트웨어 위기 해결을 위한 대안의 필요성과 사용자가 컴퓨팅 환경에 더 많은 기능과 단순성, 사용편의성을 요구하는 경향이 증가함에 따라 등장했다.

구조적 기법의 문제점	객체지향
- 데이터와 프로세스의 분리 - 이해와 유지보수의 어려움 - 프로세스 중심 접근 방법으로 재사용성의 한계 - 외부 환경 변화에 대처가 어려움 - 대규모 시스템 개발 및 유지보수 비효율적	- 데이터와 프로세스의 캡슐화 - 자연스럽고 이해가 용이 - 재사용성, 융통성, 확장성 - 요구사항 변경에 유연한 대응 - 프로토타이핑, 시뮬레이션에 용이

2 객체지향의 원리

객체지향 원리
• 캡슐화
• 추상화
• 상속성
• 다형성

객체지향의 원리에는 캡슐화·추상화·상속성·다형성 등이 있으며 이에 대해 자세히 살펴본다.

2.1 캡슐화 Encapsulation

캡슐화란 데이터와 연산을 함께 묶어 데이터를 보호하려는 방법이다. 즉, 객체의 내부적인 사항과 객체 간의 외부적인 사항을 분리해 사용자에게 상세한 구현을 감추고 필요한 사항만 보이게 하는 원칙을 의미한다.

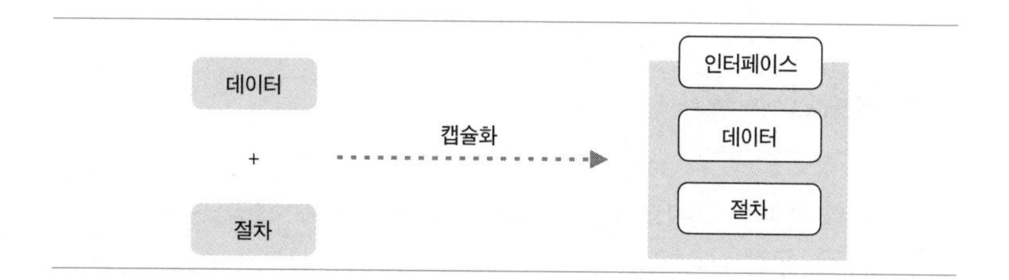

캡슐화의 특징
• 접근제어
• 인터페이스
• 모듈화
• 재사용성

캡슐화의 특징은 첫째, 객체가 보유한 데이터와 연산에 적절한 가시성을 부여하지만 외부에서는 데이터에 접근하지 못하게 통제한다. 둘째, 외부에서는 인터페이스만으로 데이터에 간접 접근하고, 객체 데이터에 직접 접근할 수 없도록 통제한다. 셋째, 객체 간 데이터의 무결성 유지가 가능하고, 크고 복잡한 문제를 작고 간단한 문제(객체 단위)로 분할해 모듈화를 향상시킨다. 마지막으로 애플리케이션의 다른 부분 사이의 종속성을 감소시키고 애플리케이션에 종속된 코드의 양이 감소하며 새로운 애플리케이션에서 재사용할 수 있는 코드의 양을 증가시킨다.

2.2 추상화 Abstraction

추상화란 문제의 중요하고 주목하고 싶은 측면을 강조해 필요한 속성과 오퍼레이션을 추출해내는 작업이다. 추상화는 객체가 어떠한 기능을 수행할 것인가에 초점을 맞추어 기술하며, 공통된 개념을 추출해 상위 클래스를 도출한다. 추상화는 단순하고 필요한 관점의 특성만을 취하고, 개발 측면에서는 복잡한 내부 클래스를 알 필요 없이 단순하게 메소드를 호출함으로써 복잡도를 줄여준다. 또한 어떤 기능을 추상화함으로써 재사용성을 높이고 소프트웨어의 생산성과 효율성을 증대시킨다. 이러한 추상화의 유형으로는 기능, 자료, 제어 추상화가 있으며 절차지향과 비교해 객체지향의 특징을 살펴보면 다음과 같다.

유형		내용	사례
기능 추상화	절차지향	함수와 같은 서브프로그램을 정의	printf( )
	객체지향	클래스 내 메소드를 정의	User.getName( )
자료 추상화	절차지향	추상 자료형(abstraction datatype) 정의	int, float
	객체지향	객체 클래스 자체를 데이터 타입으로 사용	string, class
제어추상화		제어행위에 대한 개념화, 명령 및 이벤트	if, for, while

2.3 상속성 Inheritance

상속성이란 클래스 단위로 부모 클래스의 데이터와 메소드를 물려받아 새로운 객체를 생성하는 메커니즘이다. 클래스 간에도 상속이 가능해 상위클래스의 속성과 오퍼레이션을 하위클래스에서 상속하고, 상위클래스에 존재하지 않는 새로운 성질을 추가함으로써 기존의 자원을 효율적으로 재사용하고 생산성을 향상시킬 수 있다. 따라서 슈퍼클래스superclass는 넓고 일반적인 범위의 클래스를 의미하고 서브클래스subclass는 세부적으로 분류된 클래스를 의미한다. 상속성은 재사용성, 유지보수성을 향상시키고, 도메인의 표현 방법이 자연스럽기 때문에 프로그램의 확장성이 우수해진다. 이러한 상속성의 종류는 다음과 같다.

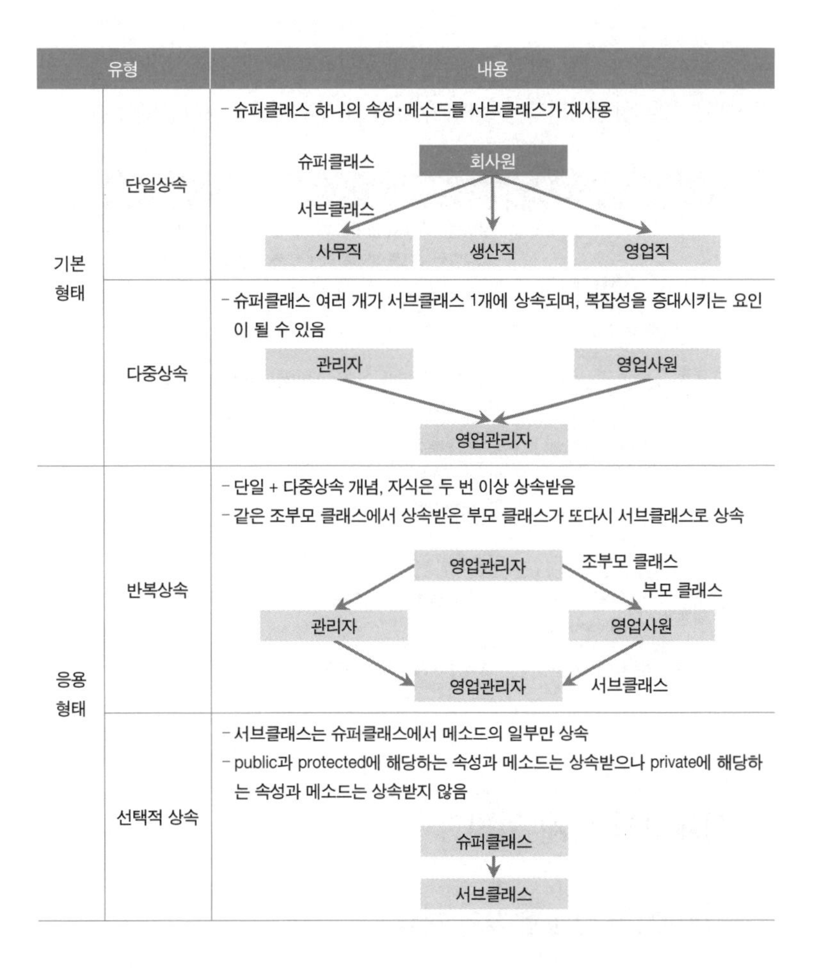

유형		내용
기본 형태	단일상속	- 슈퍼클래스 하나의 속성·메소드를 서브클래스가 재사용 슈퍼클래스 회사원 서브클래스 사무직 생산직 영업직
	다중상속	- 슈퍼클래스 여러 개가 서브클래스 1개에 상속되며, 복잡성을 증대시키는 요인이 될 수 있음 관리자 영업사원 영업관리자
응용 형태	반복상속	- 단일 + 다중상속 개념, 자식은 두 번 이상 상속받음 - 같은 조부모 클래스에서 상속받은 부모 클래스가 또다시 서브클래스로 상속 영업관리자 조부모 클래스 부모 클래스 관리자 영업사원 영업관리자 서브클래스
	선택적 상속	- 서브클래스는 슈퍼클래스에서 메소드의 일부만 상속 - public과 protected에 해당하는 속성과 메소드는 상속받으나 private에 해당하는 속성과 메소드는 상속받지 않음 슈퍼클래스 서브클래스

상속성은 필요 이상의 상속 항목으로 인해 유지보수 비용이 많이 들 수 있고, 상속으로 인해 개발자가 혼란을 느낄 수 있기 때문에, 디자인 패턴 및 프레임워크와 함께 효율적으로 활용하는 것이 좋다.

2.4 다형성 Polymorphism

다형성이란 서로 다른 객체가 동일한 메시지에 대해서 객체에 정의된 고유한 방법으로 응답할 수 있는 특성이다. 즉, 동일한 이름의 오퍼레이션이라도 그 오퍼레이션이 일어나는 클래스에 따라 각기 다른 행동을 수행하도록 하는 것으로 함수 이름이나 심벌이 여러 가지 목적으로 사용된다. 다형성의 특징은 메시지 이름의 중복 사용으로 작동 방식을 단순화시키고 메모리를 절약해 개발생산성을 증대시킨다는 점이다. 또한 메시지의 변형 및 추가 시 모든 프로그램이 아닌 해당 클래스만 수정함으로써 기능을 확장할 수 있어 유지보수성을 향상시키고, 독립성이 높은 코드로 재사용성이 증대된다.

유형		내용
개념적 분류	Overriding	- 상위클래스에서 정의된 메소드를 하위클래스에서 재정의 - 동적다형성으로 실행시간에 분류 및 처리 Class Parent void print(int x); Class Child void print(int x);

	Overloading	- 매개변수 타입 및 개수를 달리해서 메소드를 다중 정의
		- 정적다형성으로 컴파일 시간에 분류
		Class Shape
		void print(int x);
		void print(int x, int y);

구현적 분류	Type Casting	- Overriding상의 하위클래스를 상위클래스로 강제형 변환
	Operation Overloading	- 입력과 출력 파라미터에 따른 연산자 다중 정의
	Generality	- 클래스 자체를 파라미터화할 수 있는 능력(포괄성)

3 객체지향 설계 원칙

3.1 객체지향 설계 원칙의 개요

객체지향 설계 원칙은 로버트 마틴Robert C. Martin의 저서 *UML for Java Programming*에서 소개한 내용이다. 객체지향 설계 원칙은 객체지향의 특징을 잘 살릴 수 있는 설계의 특징을 의미한다. 디자인 패턴이 특별한 구현 상황에서 발생하는 문제를 다루는 구체적인 솔루션이라 한다면, 객체지향 설계 원칙은 일반적인 상황에서 보다 높은 수준으로 준수해야 할 원칙이라고 할 수 있으며, 원칙을 준수한다면 재사용성과 유지보수성 향상뿐만 아니라 유연하고 확장 가능한 소프트웨어를 구성할 수 있다.

3.2 객체지향 설계의 5원칙

객체지향 설계의 5원칙
- 개방 폐쇄 원칙
- 인터페이스 분리의 원칙
- 의존관계·역전 원칙
- 리스코프 치환 원칙
- 단일 책임 원칙

설계 원칙	설명
개방 폐쇄 원칙 (open closed principle)	- 클래스, 모듈, 메소드 등 소프트웨어 엔티티는 확장에 열려 있고, 수정에는 닫혀 있어야 함 - 변경이 필요한 경우 기존 코드를 변경하지 않으면서, 상속과 확장을 통해 변경 가능하게 함 - 변경 비용은 줄이고, 확장 비용은 최대화
인터페이스 분리의 원칙 (interface segregation principle)	- 자신이 사용하지 않는 메소드에 의존관계를 맺지 말아야 함 - 사용자에게 필요로 하는 메소드만 인터페이스로 제공
의존관계 역전 원칙 (dependency inversion principle)	- 고차원이든 저차원이든 최대한 추상화된 것에 의존하도록 설계하며 구체적인 클래스에 의존하도록 설계하지 않음
리스코프 치환 원칙 (liskov substitution principle)	- 서브 타입은 언제나 기반 타입으로 교체할 수 있어야 함 - 상속은 구현 상속(extends 관계)이든 인터페이스 상속(implements 관계)이든 궁극적으로는 다형성을 통한 확장성 획득을 목표 - 다형성과 확장성을 극대화하려면 인터페이스를 이용하는 것이 좋음
단일 책임 원칙 (single responsibility principle)	- 클래스 하나에 책임 하나를 가르치는 원칙 - SRP를 적용하면 클래스의 숫자가 늘 수는 있지만, 프로그램 복잡도는 낮아질 수 있음

4 객체 모델링 작업의 절차

객체 모델링
- 엔티티 클래스
- 경계 클래스
- 제어 클래스

UML에서는 객체 모델링 시에 정적인 측면에서 엔티티entity 클래스, 경계boundary 클래스, 제어control 클래스로 구분해 추출한 뒤, 이 클래스들 간의 관계를 정의하고 마지막으로 각 클래스의 속성을 정의한다.

사용자actor는 경계 클래스를 통해 시스템과 상호 작용하며, 경계 클래스는 제어 클래스를 통해 엔티티 클래스에 접근한다. 다음은 이들 클래스를 추출하는 방법에 대해 소개한다.

4.1 엔티티 클래스 찾기

엔티티 클래스는 시스템에서 계속 추적해야 할 자료가 들어 있는 클래스이다. 엔티티 클래스 발견 방법은 다음과 같다.

- 사용 사례usecase를 이해하기 위해 사용자와 개발자가 명확히 규정한 용어
- 사용 사례에서 반복해 나오는 용어

- 시스템이 계속 추적해야 하는 실세계의 엔티티
- 자료저장소 또는 단말
- 자주 사용하는 응용 도메인의 용어

※ 엔티티 클래스의 적합성 체크리스트
- 어떤 사용 사례가 그 객체를 만들며 어떤 사용자가 그 정보에 접근하는가?
- 어떤 사용 사례가 그 객체를 조작하며 소멸시키는가? 또한 어떤 사용자가 사용 사례를 구동시키는가?
- 이 객체가 정말 필요한가?

4.2 경계 클래스 찾기

경계 클래스는 주로 시스템 외부의 사용자와 상호작용하는 클래스로 사용자 인터페이스를 제어하는 역할을 수행한다. 경계 클래스를 발견하는 방법은 다음과 같다.
- 사용자가 자료를 시스템에 입력하는 데 필요한 양식과 윈도를 찾음
- 시스템이 사용자에게 반응하는 메시지나 알림을 찾음
- 인터페이스가 시각적으로 어떻게 보이는지 경계 객체에 모형화하지 않음
- 인터페이스를 나타내는 사용자 언어는 구현 기술과 관련 없는 용어를 사용함

4.3 제어 클래스 찾기

제어 클래스는 경계 클래스와 엔티티 클래스 사이에서 중간 역할을 수행하며 제어 클래스 발견 방법은 다음과 같다.
- 사용 사례가 복잡해 소규모의 이벤트로 분할해야 한다면 하나 이상의 사용 사례마다 1개의 제어클래스를 찾음
- 사용 사례에서 사용자당 하나의 제어 클래스를 찾음
- 제어 클래스는 사용 사례 또는 사용자 세션 안에서만 유효함

4.4 연관 관계 찾기

연관 관계relationship는 2개 이상의 클래스 사이에 어떠한 관계가 있음을 나타낸다. 객체지향의 메시지 전달 구조를 살펴보면, 시스템 내부에서는 객체가 서로 연결되어 행동한다. 이때 한 객체가 다른 객체에 메시지를 보내 어떤 오퍼레이션을 수행하도록 하면, 메시지를 받은 객체는 지시받은 대로 오퍼레이션을 수행한다. 즉, 한 객체가 다른 객체의 함수를 부르는 과정으로 '수신객체', '함수이름', '매개변수'의 형태로 메시지를 전달하게 된다. 메시지 전달 시 연관 관계는 객체와 클래스 사이의 상호 참조하는 관계를 표현하는 방식으로 관계성의 종류는 다음과 같다.

관계성의 종류	의미	특성
is member of	연관성(association)	클래스와 객체의 참조 및 이용 관계 "객체 A는 객체 B를 참조한다"
is part of	집단화(aggregation)	객체 간의 구조적인 집약 관계
is a	일반화(generalization) 특수화(specialization)	클래스 간의 개념적인 포함 관계 "자식클래스는 부모클래스의 일종이다"

연관 관계 속성
- 이름
- 역할
- 다중도

연관 관계 속성에는 두 클래스 사이의 연관 관계를 나타내는 이름과, 연관 관계의 양쪽 끝에 있는 클래스의 기능인 역할, 연관 관계를 구성하는 인스턴스instance의 개수를 의미하는 다중도가 있으며, 이러한 연관 관계의 속성을 찾는 방법은 다음과 같다.

- 동사구를 찾음
- 연관 관계와 역할에 적당한 이름을 붙임
- 주요 특징을 나타내기 위해 수식어를 사용함
- 다른 연관 관계를 통해 유추할 수 있는 관계는 제거함
- 연관 관계가 확실해질 때까지 다중도는 생각하지 않음
- 너무 많은 연관 관계를 형성하면 모형이 복잡해짐

4.5 속성 찾기

속성attribute은 클래스의 멤버변수가 될 수 있으며, 속성의 요소는 객체 안에서 구별할 수 있는 속성의 이름과 구현하는 개발자를 위해 간단히 설명을

첨가하는 설명, 숫자 또는 문자 유형인 속성값의 타입이 있다. 속성을 찾는 방법은 다음과 같다.

- 소유격에 따라 나오는 구句나 형용절
- 엔티티 객체의 경우에는 시스템에 의해 저장될 필요가 있는 것

5 객체 설계 작업의 절차: 응용 객체를 구현 객체로 바꾸는 작업

5.1 객체 서비스 정의

각 서브시스템의 서비스는 오퍼레이션, 매개변수, 속성 타입과 예외사항을 포함한 클래스 인터페이스로 정의한다. 객체설계 단계에는 속성의 타입과 가시성을 추가해 분석과 설계모형을 상세화한다.

5.2 플랫폼 선택

DBMS, 미들웨어 프레임워크, 인프라 구조, 기업enterprise 응용 프레임워크 등 시스템이 수행될 하드웨어와 소프트웨어 플랫폼을 선택한다.

5.3 재구조화

객체 관계를 구현해 재사용도를 높이고, 구현 의존도를 낮추기 위한 상속을 재검토한다.

5.4 최적화

접근경로를 최적화하려면 연관 관계를 추가하거나, 객체를 속성으로 축소하거나, 복잡한 계산은 연기한다. 요구사항에서 얻은 정보를 이용하여 반복적인 방법을 통해 이루어져야 한다(분석모형이나 사용자 인터페이스 검증 단계에서 누락된 속성을 발견해 추가한다).

H-2

소프트웨어 설계

소프트웨어 설계는 요구분석에서 정의된 결과로 얻은 소프트웨어 요구명세를 기초로 소프트웨어 속성(기능, 성능 등)을 가장 적합하게 구현할 수 있는 알고리즘과 그 알고리즘에 따라서 처리될 자료 구조의 특성을 찾아내어 이들을 명세화하는 과정이다.

1 소프트웨어 설계 개요 및 중요성

소프트웨어 설계란 "시스템 또는 컴포넌트의 아키텍처·컴포넌트·인터페이스들을 정의하는 프로세스 혹은 그 프로세스의 결과"라고 IEEE 610. 12-90에서는 정의한다.

IEEE 610
소프트웨어 공학 표준 용어 사전
(Standard Glossary of Software Engineering Terminology)

소프트웨어 설계의 목표는 시스템 구성과 이에 필요한 데이터를 추상화하고, 시스템 각 구성 요소 사이에 있는 인터페이스와 데이터의 연결을 명확히 정의하는 것이다. 또한 소프트웨어 설계 과정을 통해 목표 시스템의 품질을 보증하고자 여러 가지 설계상의 장단점을 분석해 개선 방향을 제시할 수 있다.

소프트웨어를 설계할 때에는 기능 요구사항에 대해 어떻게 소프트웨어 컴포넌트들을 분해·구성·패키징해야 하는지뿐만 아니라, 비기능 요구사항 관점에서 성능·가용성·보안 등의 품질 요구사항도 중요하게 고려해야 한다. 이러한 요구사항은 설계자의 전문지식과 개발경험, 통찰력 및 창의성을 바탕으로 분석·명세화·검증·모델링하는 과정을 반복적으로 수행하는 과정에서 구체화된다. 즉, 요구사항에 대한 아키텍처와 설계를 구체화하고, 이를 검증하기 위해 테스트를 어떻게 해야 하는지 계획하고 명세화한다.

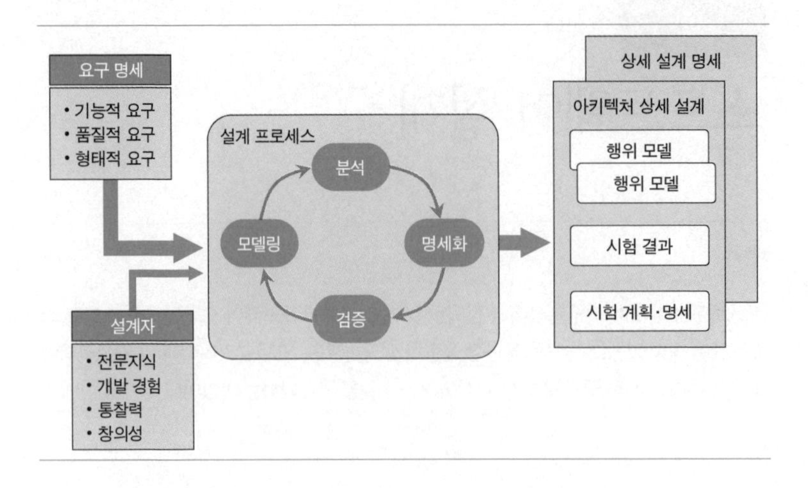

2 소프트웨어 분석모델과 설계와의 연관성

소프트웨어 분석과 설계는 상호 독립적인 관계가 아니라 상호 요소 간 연관성을 가지고 있다.

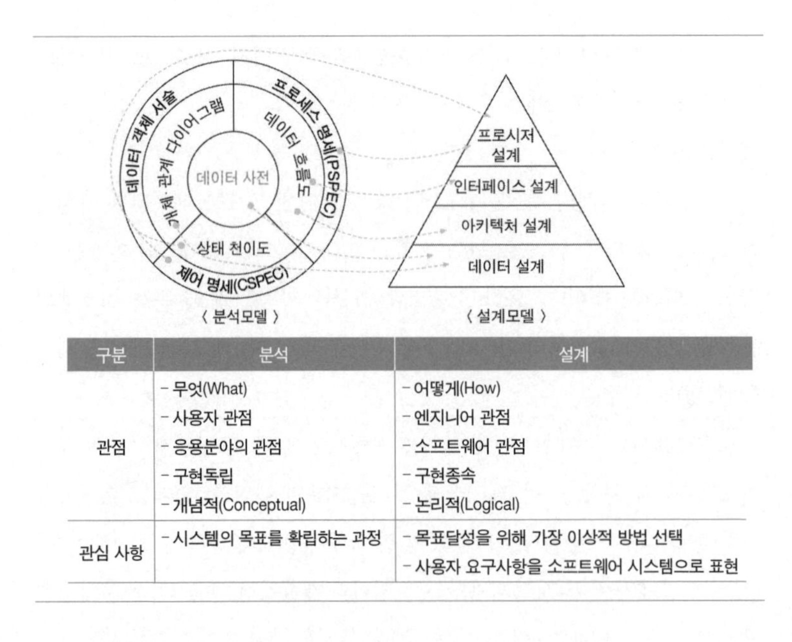

〈 분석모델 〉 〈 설계모델 〉

구분	분석	설계
관점	- 무엇(What) - 사용자 관점 - 응용분야의 관점 - 구현독립 - 개념적(Conceptual)	- 어떻게(How) - 엔지니어 관점 - 소프트웨어 관점 - 구현종속 - 논리적(Logical)
관심 사항	- 시스템의 목표를 확립하는 과정	- 목표달성을 위해 가장 이상적 방법 선택 - 사용자 요구사항을 소프트웨어 시스템으로 표현

또한 소프트웨어 설계는 분석 모델 외에도 여러 설계유형을 동시에 포함하고 있으며 유기적 연관 관계를 가지고 있다.

관점	설계유형	설명
기술적 관점	데이터 설계	분석과정 중에 생성된 정보영역을 소프트웨어를 구현하는 데 필요한 데이터 구조로 변화하는 일련의 활동
	아키텍처 설계	프로그램의 주요 구조요소들 사이의 관계를 정의하는 활동
	인터페이스 설계	소프트웨어가 상호작용하는 시스템, 인간과의 교류를 정의하는 활동
	프로시저 설계	프로그램 아키텍처 구성요소들을 절차 서술로 변환하는 활동
관리적 관점	기본 설계	프로세스/데이터/행위모델링 등의 상위 수준의 설계활동
	상세 설계	기능과 자료구조 연결, 알고리즘 설계 등 구현을 위한 설계
사용자 관점	외부 설계	사용자의 외부시스템 간의 인터페이스(화면, 자료저장소 등)
	내부 설계	시스템의 세부적인 절차 명세화(관리적 시각의 설계)

다양한 설계 유형이 고려되어야 전체적인 소프트웨어 설계가 완성될 수 있다.

데이터 설계는 분석 과정 중 생성된 정보영역을 소프트웨어로 구현하는 데 필요한 데이터 구조로 변환하는 과정이며, 아키텍처는 프로그램들의 주요 구성 요소들 간의 관계를 정의한다. 인터페이스 설계는 소프트웨어가 상호작용하는 시스템과 시스템 간의 시스템 인터페이스와, 시스템과 사용자가 상호작용하는 사용자 인터페이스가 있다. 프로시저 설계는 각 모듈에서 사용하는 내부 알고리즘과 프로세스를 설계한다. 좋은 설계는 요구사항 추적 용이성, 개념적 무결성 유지, 소프트웨어 유지보수의 용이성, 단순하고 간결한 설계 유지를 기본요소로 한다.

3 소프트웨어 설계 유형

소프트웨어 설계 절차 유형
- 상위 설계
- 하위 설계
- 상세 명세

분할과 정복
그대로 해결할 수 없는 문제를 작은 문제로 분할해 해결하는 방법

소프트웨어 설계 유형은 크게 절차와 모델에 따라 구분할 수 있다. 먼저 소프트웨어 설계 절차 관점에서 요구사항을 명세화한 후에는 분할과 정복Devide and Conquer의 개념으로 상위 설계, 하위 설계, 상세 명세 과정을 수행한다.

상위 설계에서는 시스템의 주요 기능과 비기능을 만족하는 기반 구조를 설계한 후, 행위 설계, 인터페이스 설계를 한다. 하위 설계에서는 상위 설계

를 바탕으로 각 컴포넌트의 요소별로 설계를 진행하면서 자료와 알고리즘 설계를 진행한다. 상세 명세는 상위 설계의 전체 구조에 대한 시스템 아키텍처, 행위, 인터페이스 명세서를 작성하며, 하위 설계에서 디자인된 설계 내용을 명세화한다. 이 설명을 도식화하면 다음과 같다.

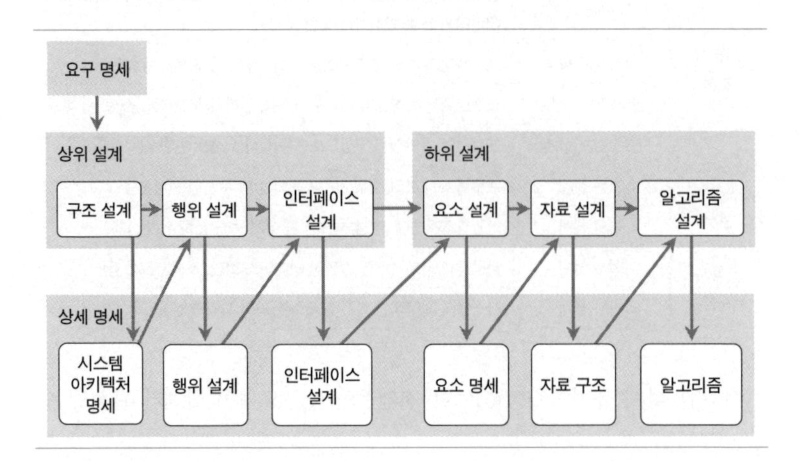

소프트웨어 설계 시 모델 관점에서는 시스템의 구성 요소와 이들 사이의 구조적 관계와 특성을 정적인 관점에서 모델링하는 구조 모델Structure model과, 시스템의 구성 요소가 언제 어떠한 순서대로 어떻게 수행하는지에 대한 동적인 특성을 모델링하는 행위 모델Behavior model로 구분할 수 있다. 구조 모델의 구성 요소에는 프로시저, 데이터 구조, 모듈, 파일 구조 등이 해당되며, 시스템 구조는 구성 요소 간 연결 구조와 포함 관계를 의미한다. 행위 모델에는 입·출력 데이터와 데이터 흐름, 데이터 변환 및 저장 등이 있으며, 상태 전이, 데이터 흐름 경로, 사건 발생 순서, 실행 경로 등을 의미한다. 설계 모델에서 구조 및 행위 모델과 정적 및 동적 요소 간의 관계는 다음과 같다.

소프트웨어 모델 유형
- 구조 모델: 구조적 관계와 특성을 정적인 관점에서 모델링
- 행위 모델: 구성 요소들 간의 순서와 특성을 동적인 관점에서 모델링

모델 유형	정적(static) 요소	동적(dynamic) 요소
구조 모델 (Structure model)	- 구성 요소의 유형 및 유형 계통 - 구성 요소들의 배열·결합 관계 - 구성 요소들의 인터페이스 - 구성 요소들의 상호작용 채널	- 다이내믹 생성 및 소멸 - 동적 결합·연결 - 위치 이동, 복제
행위 모델 (Behavior model)	- 입력데이터, 출력데이터 - 입출력 매핑(mapping) - 데이터 흐름 채널	- 제어 - 상호작용 프로토콜 - 상호작용 실행 경로 - 상태 전이 - 처리 순서, 입출력 순서, 알고리즘

4 소프트웨어 설계 원리

소프트웨어 설계 원리
• 추상화
• 단계적 분해
• 정보 은닉
• 모듈화

소프트웨어 설계 원리는 전통적으로 추상화, 단계적 분해, 정보 은닉, 모듈화의 원리를 들 수 있다.

첫째, 추상화는 큰 흐름을 잃지 않으면서 점차적으로 접근하기 위해, 상세한 수준의 구현을 고민하기보다 상위 수준에서 제품의 구현을 먼저 생각하는 것을 의미한다.

추상화의 유형
• 과정 추상화
• 자료 추상화
• 제어 추상화

추상화에는 수행 과정의 자세한 단계를 고려하지 않고 상위 수준에서 수행 흐름만 먼저 설계하는 과정 추상화Procedure Abstraction, 표현 및 처리 내용은 은폐하고 자료형 혹은 자료 대상을 정의하는 자료 추상화Data Abstraction, 제어의 정확한 메커니즘을 정의하지 않고 원하는 효과를 정의하는 제어 추상화Control Abstraction가 있다.

추상화 유형	내용	사례
과정 추상화 (Procedural Abstraction)	어떤 기능을 수행하는 과정을 추상화	Function, Procedure, Subroutine 등
자료 추상화 (Data Abstraction)	데이터 상세 정보(데이터 구조)를 감춤	Stack 등
제어 추상화 [Control (Iteration) Abstraction]	의사결정의 흐름을 추상화	순차구조, 선택구조, 반복구조 등

둘째, 니클라우스 비르트Niklaus Wirth가 제안한 단계적 분해Stepwise Refinement는 문제를 상위 수준에서 구체적인 하위 수준으로 분할하는 기법이다. 즉, 소프트웨어를 다룰 수 있을 만큼 잘게 나누고 단계적으로 조금씩 구체화하는 식으로 해결하는 방법을 쓰는 것이라고 할 수 있다. 단계적 분해는 다음과 같은 과정을 거친다.

- 문제를 하위 수준의 독립된 단위로 나눈다.
- 구분된 문제의 자세한 구현은 뒤로 미룬다.
- 점증적으로 구체화 작업을 반복한다.

단계적 분해의 장점은 하향식 분해를 통해 세부사항을 점차 추가하고 세분화 요소의 표현과 관련된 의사결정은 뒤로 연기하여 향후에 자연스럽게 확장시킬 수 있다는 점이다.

셋째, 정보 은닉Information Hiding은 각 모듈의 내부 내용을 감추고 인터페이스를 통해서만 메시지를 전달할 수 있도록 하는 개념이다. 정보 은닉은 설계상의 결정 사항을 각 모듈 안에 감춰 다른 모듈이 직접 접근하거나 변경하지 못하도록 하기 위한 것이다. 이렇게 함으로써 모듈 구현의 독립성을 보장하고 변경에 따른 영향도를 최소화할 수 있다.

넷째, 모듈화Modularity는 소프트웨어를 각 기능별로 분할하는 것을 의미하며, 이렇게 분할한 것을 모듈이라고 한다. 모듈 하나로 구성한 대형 프로그램은 제어경로 수, 참조 범위, 변수의 수로 인해 전체적인 복잡도가 증가해 소프트웨어 이해를 어렵게 한다. 분할과 정복으로 복잡한 문제를 여럿으로 작게 나누어 해결하는 모듈화를 수행함으로써 소프트웨어의 복잡도가 감소하면, 프로그램을 쉽게 변경할 수 있고 구현도 용이해진다.

5 효과적인 모듈 설계 기준

효과적인 모듈 설계의 기준이 되는 모듈의 기능적 독립성Functional Independence은 소프트웨어를 구성하는 각 모듈의 기능이 독립한 정도를 의미하며 추상화, 단계적 분해, 정보 은닉, 모듈화의 부산물이다. 목적이 뚜렷하면서 다른 모듈과 상호 의존도가 낮을수록 기능적으로 독립적이라 할 수 있다. 기능적 독립성이 높을수록 기능 분리가 가능하고 접속 관계가 단순하며, 설계 및 코드 수정에 따른 연쇄 수정과 교정 작업을 최소화할 수 있다.

기능적 독립성은 응집도Cohesion와 결합도Coupling를 지표로 측정하며, 이는 소프트웨어 설계 시 평가 지침이 된다. 독립성을 높이려면 모듈의 응집도를 강하게 하고 결합도를 약하게 해서 모듈의 크기를 작게 만들어야 한다.

기능적 독립성의 지표
- 응집도
- 결합도

모듈의 응집도는 정보 은닉의 개념을 확장한 것으로 모듈의 요소들이 서로 관련된 정도나, 모듈의 독립적인 기능으로 정의된 정도를 말한다. 글렌포드 마이어스Glenford Myers의 응집도에 관한 7단계 지표를 보면 다음과 같다.

응집도의 종류
- 기능적 응집도
- 순차적 응집도
- 통신적 응집도
- 절차적 응집도
- 일시적 응집도
- 논리적 응집도
- 우연적 응집도

	응집도	내용
강 ⇧	기능적 응집도 (Functional)	- 모듈 내의 모든 요소들이 단일 기능을 수행함 - 그 상위 모듈을 위해 수행됨
	순차적 응집도 (Sequential)	- 모듈 내의 한 요소의 출력이 다음 요소의 입력으로 사용됨 - 동일 모듈 내에 여러 처리기능이 존재함
	통신적 응집도 (Communicational)	- 동일한 입출력 자료를 이용해 서로 다른 기능을 수행함 - 한 모듈 내에 2개 이상의 기능이 존재하지만 그 순서는 중요하지 않음
	절차적 응집도 (Procedural)	- 모듈의 요소들이 서로 연관이 있고 반드시 특정 순서대로 수행됨(한 요소의 결과가 다른 요소의 입력이 되는 경우)
	일시적 응집도 (Temporal)	- 시기적으로 같은 시기에 수행하는 요소들을 모아놓은 모듈(예: 초기화 모듈) - 모듈 내부 요소보다는 외부 요소와의 연결이 더 큼
	논리적 응집도 (Logical)	- 관계가 있는 요소들로 하나의 모듈이 형성되나 하나 이상의 작업을 담고 있는 경우(서로 관계는 밀접하지 않음)
⇩ 약	우연적 응집도 (Coincidental)	- 아무 관련 없는 처리 요소들로 모듈이 형성되는 경우 - 모듈 개념이 상실되어 이해하고 유지보수하기 난해함 - 이미 존재하는 프로그램을 같은 크기의 모듈로 분할하거나 아무런 의미 없이 모듈로 분할한 경우

응집도를 구분하는 흐름은 다음과 같다.

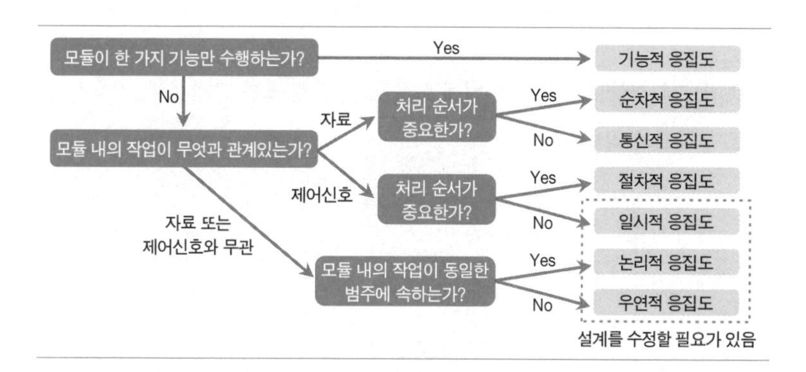

결합도의 종류
- 자료 결합도
- 스탬프 결합도
- 제어 결합도
- 외부 결합도
- 공통 결합도
- 내용 결합도

모듈의 결합도는 모듈 간의 상호 의존하는 정도 또는 두 모듈 사이의 연관 관계를 측정하는 척도를 말하며, 모듈은 다른 모듈에 의존적인 성향 없이 독립적인 기능을 할수록 결합도가 낮아진다. 샤크Schach의 결합도에는 자료·스탬프·제어·외부·공통·내용 결합도가 있으며, 결합도의 정도는 다음과 같다.

	결합도	내용
약 ⇧	자료 결합도 (Data Coupling)	- 모듈 간 매개변수로 통신하는 결합성(가장 이상적) - 인터페이스만 합의하면 상호작용할 수 있고 내부 구현에 대해서는 서로 간섭하지 않음
	스탬프 결합도 (Stamp Coupling)	- 한 모듈이 배열이나 레코드 등의 자료 구조를 다른 모듈에 전달하는 경우 - 관련 없는 모듈 간 의존성 발생, 불필요 레코드의 존재, 필요 이상의 자료가 모듈에 제공됨
	제어 결합도 (Control Coupling)	- 한 모듈이 다른 모듈의 내부 논리를 제어하기 위한 목적으로 제어신호(tag)를 이용해 통신하는 결합성 - 권리 전도 현상(Inversion of Authority) 발생
	외부 결합도 (External Coupling)	- 모듈이 소프트웨어의 외부 환경과 연관되어 있을 때 발생
	공통 결합도 (Common Coupling)	- 모듈이 동일한 전역 자료(Global Data) 영역을 공유 - 타 모듈로의 오류 전파 가능성이 크며 자료 무결성도 유지하기 어려움 - 공통 결합의 조치 방법은 다음과 같음 ① 지역변수(Local Variable)를 사용할 수 있도록 프로그래밍 수행 ② 가능한 한 모듈을 단순화함
⇩ 강	내용 결합도 (Contents Coupling)	- 한 모듈이 다른 모듈의 내부 기능 및 자료를 직접 참조 또는 수정(피해야 함) - 발생하는 경우는 다음과 같음 ① 한 모듈에서 다른 모듈의 내부로 제어이동 시 ② 한 모듈이 다른 모듈 내부자료를 조회 또는 변경 시 ③ 한 모듈이 다른 모듈 내부의 시행문 변환 시 ④ 두 모듈이 동일한 문자를 공유 시

응집도와 결합도 지표와 관련해 모듈당 비용과 접속 관계 소요 비용을 살펴보면 다음과 같다.

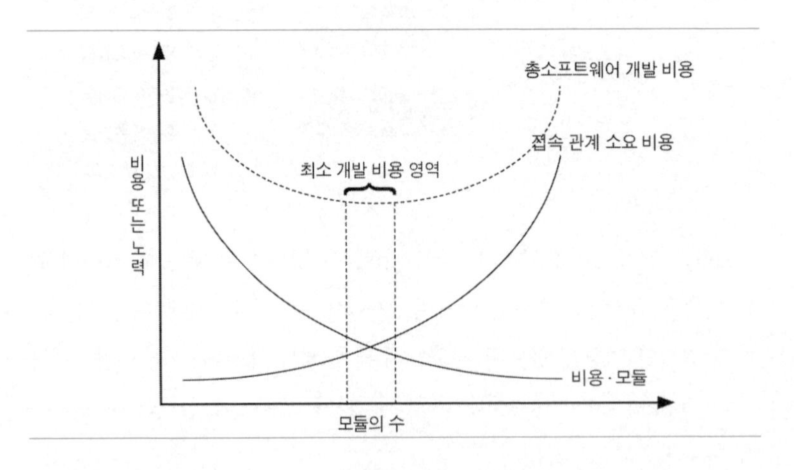

모듈의 수가 증가하면 개개의 모듈을 개발하는 비용은 감소하나, 모듈 간의 접속 관계를 정의하고 표현하는 노력은 증가한다. 최적의 모듈 수를 미리 예측할 수 없으므로 설계 시 최적화에 가깝게 하려고 노력해야 한다.

결합도	
자료 결합도(Data Coupling)	Low
스탬프 결합도(Stamp Coupling)	
제어 결합도(Control Coupling)	
외부 결합도(External Coupling)	
공유 결합도(Common Coupling)	
내용 결합도(Contents Coupling)	High

응집도	
기능적 응집도(Functional Cohesion)	High
순서적 응집도(Sequential Cohesion)	
통신적 응집도(Communicational Cohesion)	
절차적 응집도(Procedural Cohesion)	
시간적 응집도(Temporal Cohesion)	
논리적 응집도(Logical Cohesion)	
우연적 응집도(Coincidental Cohesion)	Low

효과적인 모듈 설계
• 높은 응집도
• 낮은 결합도

효과적인 모듈화를 위한 설계 방안은 결합도를 줄이고 응집도를 높여서 모듈의 독립성을 높이는 것이며, 프로그램 계층 구조 내의 특정 모듈이 제어하는 하위 모듈에서 특정 모듈이 다른 모듈에 미치는 영향의 범위를 최소화하고, 복잡도와 중복성을 줄이며 일관성을 유지시키는 것이다. 또한 모듈의 기능은 예측할 수 있어야 하고, 지나치게 제한적이어서는 안 되며, 유지보수가 용이하도록 시스템의 전반적인 기능과 구조를 이해하기 쉬운 크기로 분해한다.

6 소프트웨어 설계 시 핵심 이슈

소프트웨어 설계 시 태스크, 이벤트, 컴포넌트, 예외, 에러처리 등에 대한 설계가 고려되어야 확장성을 증대하고 과오류 가능성을 사전에 감소시킬 수 있다.

주요 핵심 이슈	이슈 상세 내용
병행성 (Concurrency)	어떻게 소프트웨어를 프로세스, 태스크(Task), 스레드(Thread)로 분해할지, 또 어떻게 연관된 효율성, 원자성(Atomicity), 동기화(Synchronization), 및 스케줄의 이슈를 다루는가에 대한 이슈
이벤트의 통제와 처리 (Control and Handling of Events)	어떻게 데이터를 구성하고 흐름을 통제하며, Implicit Invocation과 Call-back과 같은 다양한 장치를 통해 한시적이며 반응적인 이벤트를 어떻게 다루는가에 대한 이슈
컴포넌트의 분배 (Distribution of Components)	어떻게 소프트웨어를 하드웨어에 분배하는가, 어떻게 컴포넌트들이 의사소통을 하는가, 어떻게 미들웨어(Middleware)가 이종(Heterogeneous) 소프트웨어를 다루는 데 사용될 수 있는가에 대한 이슈
에러, 예외 처리, 장애의 허용성 (Error and Exception Handling and Fault Tolerance)	장애(Fault)를 어떻게 예방하고 허용(Tolerate)할지, 또 예외 상황(Exception Condition)을 어떻게 다룰지에 대한 이슈
상호작용과 프레젠테이션 (Interaction and Presentation)	사용자와의 상호작용과 정보의 프레젠테이션을 어떻게 구조화하고 구성할 것인가(예를 들면, Model-View-Controller 방법을 사용해 프레젠테이션과 비즈니스 로직을 분리)
데이터 지속성(Data Persistence)	수명이 긴(Long-lived) 데이터를 어떻게 다루어야 하는지에 대한 이슈

H-3

UML

1990년대 중반 이후 다양한 객체지향 방법론의 춘추전국시대를 마감하고 주요 객체지향 방법론이 Unified Method로 통합되어 UML 2.0까지 발전했다. UML의 강점은 분석·설계·구현 단계까지 모두 동일한 인터페이스를 제공하고 개발 규모와 언어, 프로세스와도 독립적인 모델링 환경을 제공한다는 것이다. 이를 통해 기존의 분석·설계에서의 커뮤니케이션 누수를 줄여주는 효과를 얻을 수 있다.

1 UML 개요

UML Unified Modeling Language 은 객체기술에 관한 국제 표준화 기구OMG: Object Management Group에서 표준화한 객체지향 분석·설계를 위한 통합 모델링 언어이다.

주요 객체지향 방법론인 OOSE Object-Oriented Software Engineering, Jacobson, OMT Object Modeling Technique, Rumbaugh, Booch Method의 통합된 객체지향 분석analysis·설계design를 위한 모델링 언어로서, 가시화 언어, 명세화 언어, 구축 언어, 문서화 언어라는 네 가지 주요 특징이 있다.

UML
UM(Unified Method)으로 v0.8이 정의되었으며, 이후 OOSE 진영이 추가로 합류해 Language로 변경되었다. v1.0부터 UML로 정의되었다.

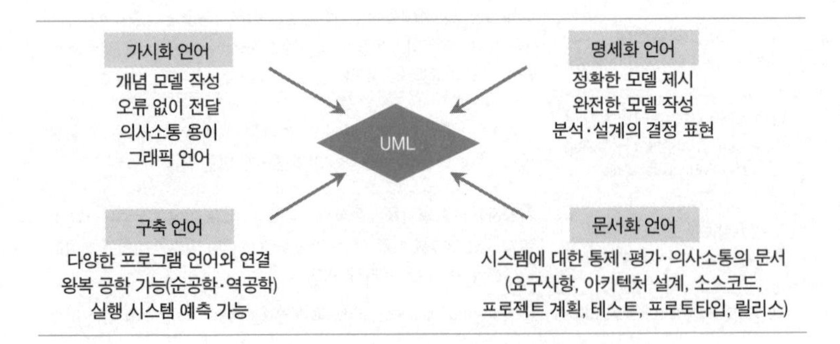

이는 모델링 결과를 가시적으로 나타내며, UML을 이용해 시스템을 명세화하고, 다이어그램을 이용해 자동적인 프로그래밍 언어로 소스코드를 생성할 수 있을 뿐만 아니라, UML의 다이어그램은 시스템의 분석 및 설계 결과물로 활용 가능함을 의미한다.

UML은 M0~M3의 네 계층으로 구분되며, 모델 작성에 사용되는 메타 모델의 필수 요소와 문법구조를 정의하는 M3(meta-meta model), UML 기반 설계를 가능하게 하는 모델 요소를 정의하는 메타 모델로써 모델을 설정하는 언어를 정의하는 M2(meta model), 메타 모델에서 명세되어 있는 스펙을 이용해서 실제로 그러한 세계 또는 소프트웨어 세계를 모델링하는 M1(model), 마지막으로 런타임 인스턴스 계층으로 모델이 코드를 만들고 그것을 실행하는 단계인 M0(user object)로 설명할 수 있다.

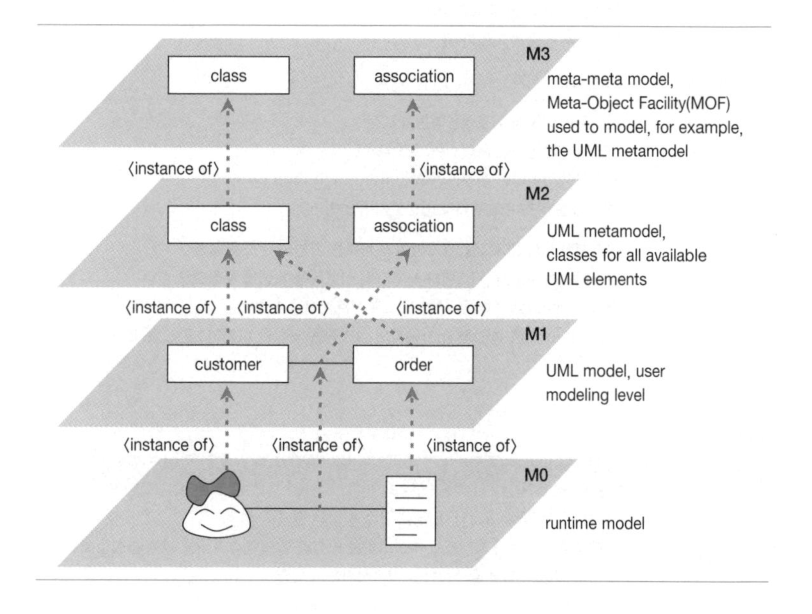

2 UML 뷰 프레임워크

4+1 View로 설명되는 UML 뷰 프레임워크View framework는 해법영역에 해당하는 논리 뷰logical view(design view), 프로세스 뷰process view, 개발 뷰development view(implementation view), 물리 뷰physical view(deployment view)의 네 가지와 문제영역에 해당되는 시나리오scenario(usecase view) 한 가지로 구성되어 있다.

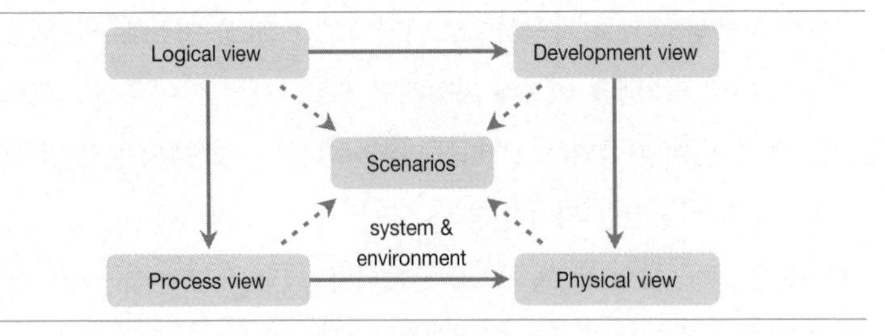

4+1 View에서 각 뷰의 역할, 이해관계자, 관심, 참여모델을 정리하면 다음 표와 같다.

시나리오(유스케이스 뷰)

구분	상세 내용
역할	- 다른 4개 뷰를 하나로 묶어냄 - 시스템이 해야 할 행위를 정의 - 아키텍처 검증의 기초가 됨
이해관계자	- 모든 이해관계자
관심	- 시스템과 어떻게 상호작용하는가? - 시스템이 제공하는 서비스는 무엇인가? - 시스템이 작동하는 환경은 무엇인가? - 관심 있는 비즈니스 객체와 이벤트는 무엇인가?
참여 모델	- **유스케이스 다이어그램** 시스템이 제공하는 기능의 구조를 설명 - **유스케이스 기술서** 시스템과 사용자의 상호작용 과정을 문장으로 설명 - **협력 다이어그램** 시스템 구성 요소가 상호작용을 실현하는 방법을 표현 - **활동 다이어그램** 시스템과 사용자의 상호작용 과정을 다이어그램으로 표현

논리 뷰

구분	상세 내용
역할	- 중요한 설계 구성 요소와 이 구성 요소 사이의 관계를 정의 - 문제영역을 객체와 클래스로 추상화하는 방법과 이들의 상호작용 방식을 설명해서 시스템이 어떻게 기능 요구사항을 만족시키는지 설명 - 시스템을 구성하는 구성 요소를 찾아내고 공통 메커니즘을 밝힘
이해관계자	- 최종 사용자: 시스템 구성 요소가 기능 요구사항을 만족시키는가? - 그 밖에 개발자, 관리자, 유지보수자
관심	- 시스템 구성 요소는 무엇이고 이 구성 요소는 어떻게 상호작용하는가? - 각 구성 요소의 기능은 무엇인가? - 좋은 설계 원칙을 따르는가?
참여 모델	- **패키지 다이어그램** 시스템 분할구조를 설명 - **클래스 다이어그램** 중요한 시스템 구성 요소를 설명 - **협력 다이어그램** 중요한 시스템 구성 요소들이 모여 유스케이스의 실현 방법을 설명 - **상태 다이어그램** 시스템 상태가 변하는 과정을 설명
관련 뷰	- 논리 뷰가 정의한 시스템 구성 요소는 프로세스 뷰, 개발 뷰의 참조나 작업 대상이 됨

프로세스 뷰

구분	상세 내용
역할	- 프로세스와 스레드(thread)가 필요한 동시성, 동기화, 분산 같은 작업을 다룸 - 주로 성능, 가용성 같은 비기능 요구사항에 영향을 줌
이해관계자	- 시스템 통합자
관심	- 추상화 수준에 따라 관심이 달라짐 - 프로세스(프로그램)와 하드웨어가 네트워크에서 어떻게 작동하는가? - 프로세스를 구성하는 스레드 같은 작업은 어떻게 작동하는가?
참여 모델	- **클래스 다이어그램** 시스템의 프로세스, 스레드, 분산 객체를 표현 - **객체 다이어그램** 특정 실행시점에 시스템의 구조를 표현 - **협력 다이어그램** 객체 상태의 변화 및 상호작용을 표현 - **활동 다이어그램** 실행 시점의 객체 연산 행위를 표현
관련 뷰	- 논리 뷰에서 찾은 시스템 구성 요소의 속성이 프로세스 뷰에 영향

개발 뷰

구분	상세 내용
역할	- 개발 환경에서 모듈이 모여서 시스템을 구성하는 방식을 설명 - 시스템을 개발팀 단위에서 다룰 수 있는 크기로 나눔 - 모듈을 나누는 원칙을 설명 - 모듈에 따라 요구사항을 할당하고 개발팀을 구성하며 진척 상황을 관리하고 비용을 산정해 프로젝트 계획을 세움
이해관계자	- 관리자, 개발자
관심	- 모듈을 어떻게 나눠야 개발·관리·재사용하기 쉬울까? - 프로그래밍 언어나 개발 도구 때문에 모듈을 나눌 때 제약은 없을까? - 실행시점에 실제로 시스템에서 작동하는 모듈은 무엇인가? - 실행시점이나 개발시점에 모듈은 어떤 관계인가?
참여 모델	- **컴포넌트 다이어그램** 실행시점에 실제 작동하는 시스템 구성 요소와 그들 사이의 관계설명
관련 뷰	- 논리 뷰가 설계 차원의 구성 요소를 다룬다면, 개발 뷰는 논리 뷰에 나왔던 구성 요소들을 실행시점에 실제 작동하는 모듈로 어떻게 묶어서 어디에 배치할지 다룸. 따라서 개발 뷰를 통해 재사용할 수 있는 구성 요소는 무엇인지, 유지보수 단위는 무엇인지, 시스템 구축은 쉬운지, 배포판에 따라 구성이 어떻게 달라지는지 알 수 있음

물리 뷰

구분	상세 내용
역할	- 하드웨어 구성방식과 개발 뷰에서 정의한 실행시점에서 실제 작동하는 모듈이 어떤 하드웨어에 설치되어 운영되는지 설명 - 성능이나 가용성에 큰 영향
이해관계자	- 시스템 엔지니어, 설계자, 인수자
관심	- 필요한 하드웨어가 무엇인가? - 하드웨어끼리는 어떻게 연결할 것인가? - 하드웨어 비용은 얼마나 될까? - 시스템에 필요한 성능, 가용성, 신뢰성은 얼마나 될까? 또, 하드웨어는 이 목표를 어떻게 달성할까?
참여 모델	- **배치 다이어그램** 물리적 구성 항목의 구분 및 위치를 표현
관련 뷰	- 프로세스 뷰에서 밝힌 프로세스와 개발 뷰에서 밝힌 소프트웨어 패키지가 실제 어떤 하드웨어에서 작동할지 결정

3 UML 다이어그램

UML 다이어그램은 크게 구조 다이어그램Structure diagram과 행위 다이어그램Behavior diagram 두 가지로 구분되며 13개의 다이어그램으로 구성되어 있다. 구조 다이어그램은 클래스 다이어그램Class diagram, 컴포넌트 다이어그램Component diagram, 객체 다이어그램Object diagram, 복잡구조 다이어그램Composite structure diagram, 배치 다이어그램Deployment diagram, 패키지 다이어그램Package diagram의 6개로 구분되며, 행위 다이어그램은 활동 다이어그램Activity diagram, 시퀀스 다이어그램Sequence diagram, 상호작용 개요 다이어그램Interaction overview diagram, 커뮤니케이션 다이어그램Communication diagram, 타이밍 다이어그램Timing diagram, 상태기계 다이어그램State machine diagram, 유스케이스 다이어그램Usecase diagram의 7개로 구분된다.

구조 다이어그램

다이어그램	설명
클래스 다이어그램	데이터베이스 구조를 표현하는 다이어그램
객체 다이어그램	값을 지닌 속성과 행동을 가지고 있는 개별적인 개체의 정적인 구조
컴포넌트 다이어그램	구현 관점에서 소프트웨어 모듈 정보 포함
복잡구조 다이어그램	각 구성 요소들과 그 요소들이 어떻게 분리 및 연결되는지 표현하고 복잡한 개체를 부분들로 분해
배치 다이어그램	소프트웨어와 하드웨어의 물리적 관계 표시
패키지 다이어그램	클래스 모임을 구조화하기 위해 가장 많이 사용하며 모든 클래스는 포함된 패키지 내에서 유일한 이름 보유

구조 다이어그램
- 물리적 수준: Deployment Diagram
- 논리적 수준: 이 외 5개

행위 다이어그램

다이어그램	설명
유스케이스 다이어그램	외부에서 본 소프트웨어 시스템을 표현하는 다이어그램
활동 다이어그램	유스케이스 작업의 진행 순서로 객체 연산의 행위 모형화
시퀀스 다이어그램	객체 사이에 주고받는 메시지의 순서를 시간의 흐름으로 보여줌
커뮤니케이션 다이어그램	객체와 객체 사이의 협력 관계 및 메시지 변화
상호작용 개요 다이어그램	상태 간의 모습뿐만 아니라 순서 및 시간의 개념을 표현 가능
타이밍 다이어그램	객체의 대기 상태와 실행진입(wakeup) 상태로 이루어질 경우 대기시간을 표현
상태기계 다이어그램	단일 객체의 라이프타임(lifetime) 행동을 표현하는 다이어그램

행위 다이어그램
- 시스템 행위: Usecase diagram
- 개별 구성 요소의 행위: State machine Diagram, Activity diagram
- 구성 요소 간의 행위: 이 외 4개

행위 다이어그램에 포함된 시퀀스 다이어그램, 상호작용 개요 다이어그램, 커뮤니케이션 다이어그램, 타이밍 다이어그램을 인터랙션 다이어그램

Interaction Diagram으로 통칭한다.

유스케이스 다이어그램은 사용자와 시스템 간의 상호작용을 표현하기 위해 사용하며, 각각의 유스케이스는 유스케이스 시나리오와 시퀀스 다이어그램 등을 사용해서 상세화할 수 있다. 이러한 유스케이스는 사용자의 어휘를 사용해서 기술한다.

유스케이스 다이어그램: ATM system

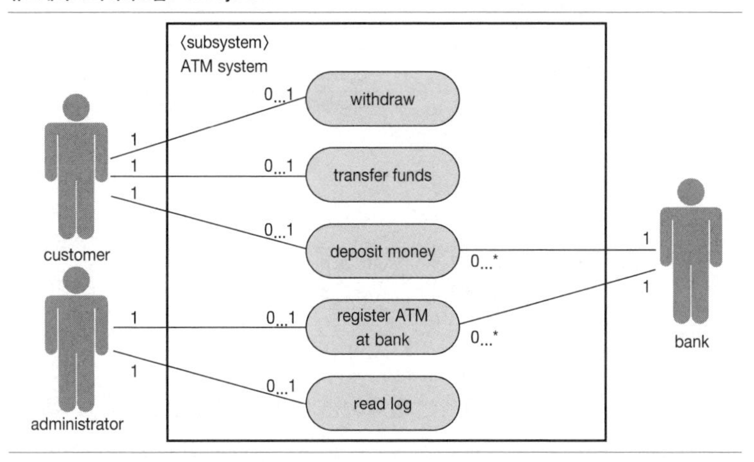

클래스 다이어그램은 시스템의 정적인 구조를 표현하는 데 사용하며, 클래스는 정보·제품·문서·조직 등을 나타낼 수 있다. 시스템화 대상이 되는 추상개념을 도출하고 추상개념 간의 관계를 명세화하기 위해 사용할 수 있다. 논리 데이터베이스 스키마를 모델링할 때 사용할 수 있으며, 클래스 간 연결은 연관Association, 집합연관Aggregation, 합성연관Composition, 일반화: 상속Generalization, 의존Dependency으로 표현할 수 있다.

클래스 다이어그램: 호텔 예약

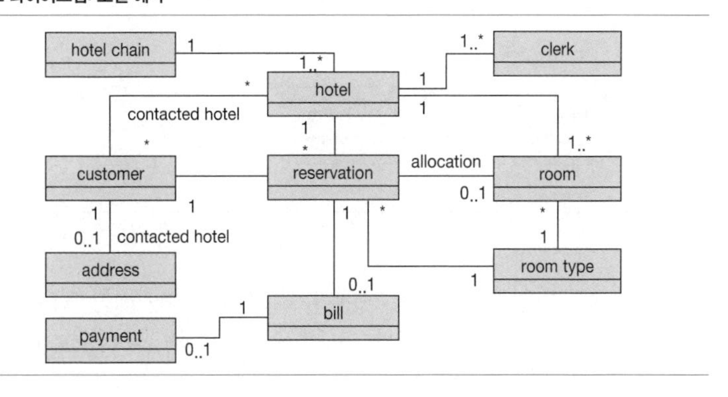

객체 다이어그램은 특정 시점 또는 상황에서 클래스 다이어그램의 인스턴스 표현을 위해 사용하며, 객체의 집합 및 상태, 관계를 표현한다. 시스템의 정적인 뷰나 프로세스 뷰의 관점 전달에 초점이 맞추어지며 의미가 전달되기에 충분한 정도의 정보만을 표현한다.

객체 다이어그램: 로봇

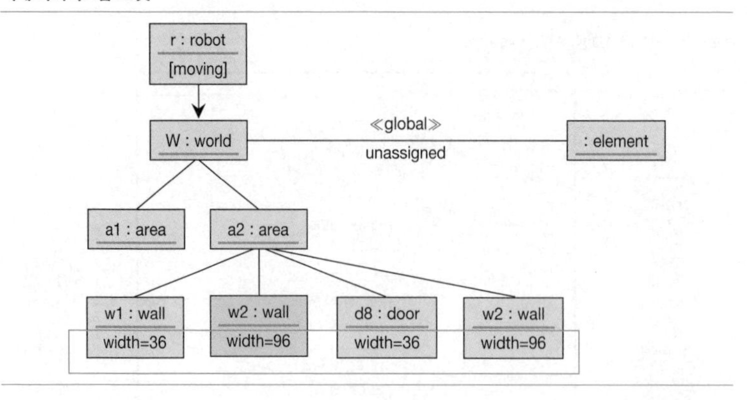

활동 다이어그램은 시스템에서 발생하는 액션이나 액티비티를 표현하기 위해 사용하며, 주로 비즈니스 프로세스 모델링에 사용된다. 순서도의 일종으로 발생하는 액티비티의 강조, 액티비티 간에 전달되는 제어흐름operation의 표현, 여러 유스케이스와 관여하는 여러 객체의 행위 분석 등에 사용할 수 있다.

활동 다이어그램: 주문 프로세스

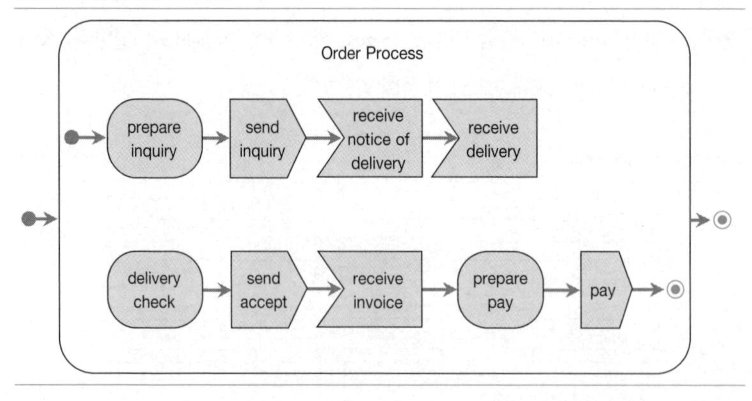

상태 기계 다이어그램은 단일 객체의 생성부터 소멸까지의 행위와 상태 변화를 표현하기 위하여 사용하며, 여러 유스케이스에 관여된 객체의 행위

와 상태 변화를 분석할 때 적합하다.

상태 다이어그램: 결재 처리

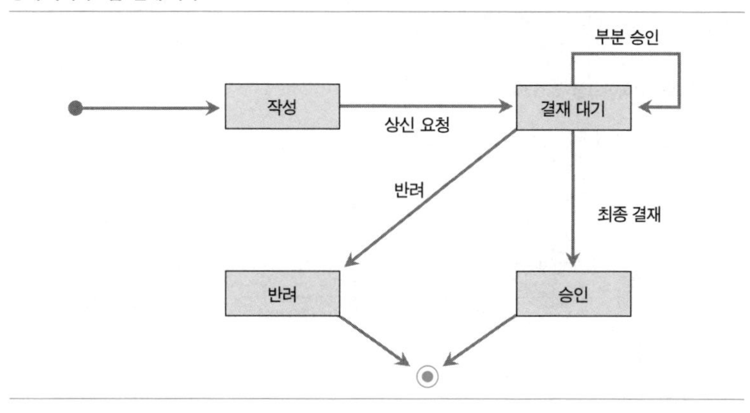

시퀀스 다이어그램은 객체 간에 전달되는 메시지의 시간 흐름과 순서를 표현하기 위해 사용한다. 시간의 순서는 위에서 아래로 향하고 보통 단일 유스케이스 행위를 분석할 때 사용하며, 복잡한 행위는 활동 다이어그램을 사용해 표현한다.

시퀀스 다이어그램: 병원 예약

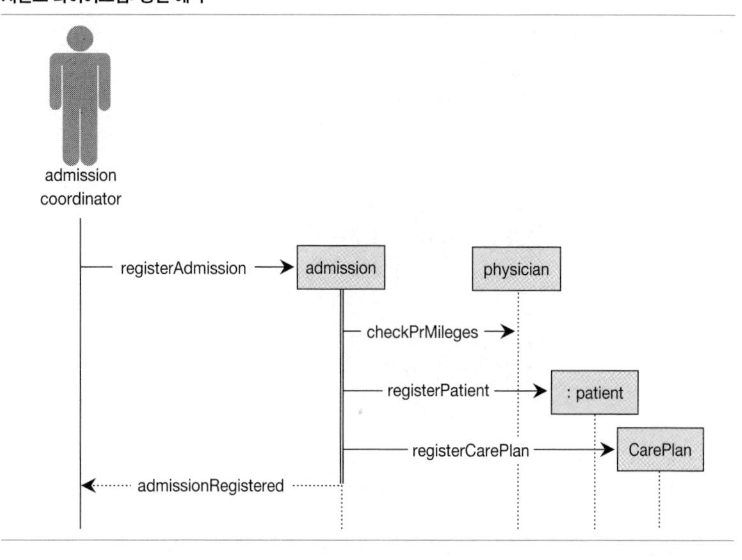

커뮤니케이션 다이어그램은 교류하는 객체 간의 구조적인 관계를 표현하기 위해 사용되며, 시퀀스 다이어그램에 비해 가독성이 떨어지지만 복잡한

관계를 표현하기 쉽다는 장점이 있다. 객체를 그래프상의 꼭짓점으로 하여 링크로 연결하고 교류하는 메시지에 순차번호를 부여해 표현한다. 일반적으로 단일 유스케이스의 행위를 분석할 때 사용한다.

커뮤니케이션 다이어그램: 병원 예약

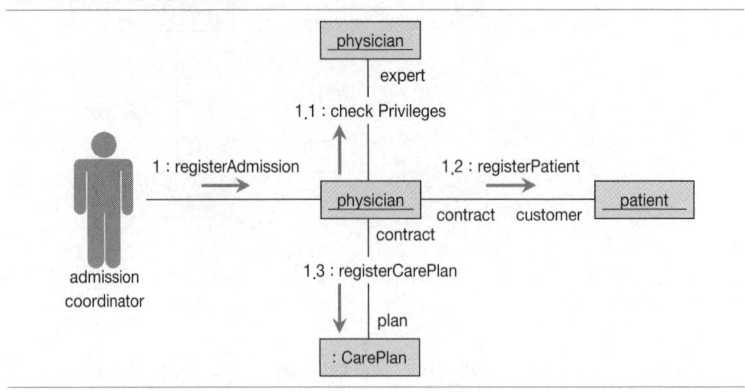

컴포넌트 다이어그램은 컴포넌트 간의 관계를 구조적으로 표현하며, 주로 소프트웨어 컴포넌트를 지칭하고 다른 컴포넌트에 제공할 인터페이스를 포함한다. 컴포넌트는 배치 다이어그램의 노드에 할당된다.

컴포넌트 다이어그램: 일정관리

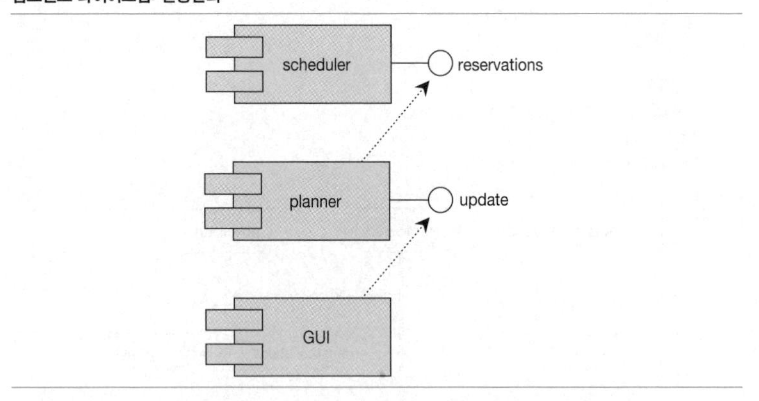

배치 다이어그램은 하드웨어와 그 위에 수행되는 런타임 컴포넌트의 물리적 구조를 그리기 위해 사용한다. 노드는 하드웨어 유닛(컴퓨터, 센서, 프린터, 라우터 등)을 표현하는 클래스이며 타입 또는 인스턴스로 표현한다. 커넥션은 노드 간 메시지를 교환하는 커뮤니케이션 경로를 표현하며, 컴포넌트 간 관계는 의존Dependency, 연관Association으로 연결한다.

배치 다이어그램: 일정관리

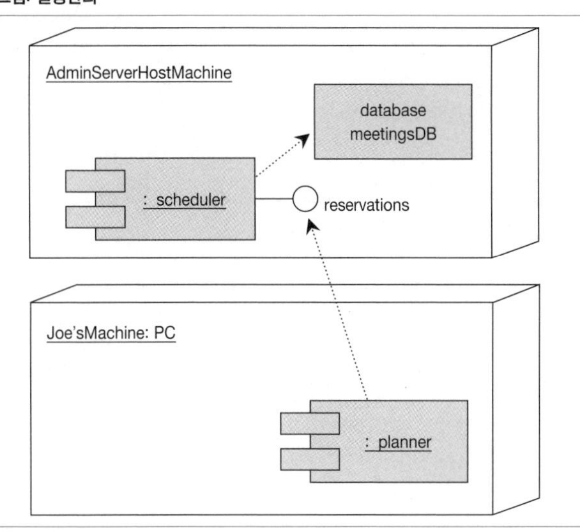

참고자료

김행곤. 2002. 『객체 및 컴포넌트 기반 소프트웨어 공학』. 그린.

박현철. 2005. 『UML 이해와 실제』. 한국 소프트웨어 연구원.

최은만. 2007. 『소프트웨어 공학』. 정익사.

기출문제

102회 응용 UML(Unified Modeling Language) (10점)

101회 관리 UML 스테레오 타입에 대하여 설명하시오. (10점)

93회 관리 UML(Unified Modeling Language)에서 사용하는 행위 다이어그램(behavior diagram)인 활동 다이어그램(activity diagram), 상태 다이어그램(state diagram), 그리고 유스케이스 다이어그램(use-case diagram)에 대하여 설명한 후, 레스토랑에서 일어나는 상황을 고객, 웨이터, 요리사, 그리고 계산대 직원을 고려하여 유스케이스 다이어그램으로 표현하시오. (25점)

87회 관리 UML(Unified Modeling Language) 2.0에 대해 다음 물음에 답하시오. (25점)

(1) 클래스 간의 관계를 나타내는 Association, Aggregation, Composition에 대해 비교 설명하시오.

(2) UML 4-계층 구조에 해당하는 M0 계층, M1 계층, M2 계층, 그리고 M3 계층에 대해 설명하시오.

S o f t w a r e

E n g i n e e r i n g

1
오픈소스 소프트웨어

I-1. 오픈소스 소프트웨어

1-1

오픈소스 소프트웨어

오픈소스 소프트웨어는 국내에서는 공개 소프트웨어라는 용어로 통용되기도 한다. 일반적으로 알고 있는 오픈소스 소프트웨어는 공짜라는 잘못된 인식 때문에, 상용 소프트웨어를 오픈소스 소프트웨어의 반대 표현으로 알고 있는 경우가 많다. 오픈소스 소프트웨어의 반대 표현은 비공개 소프트웨어이다.

1 오픈소스 소프트웨어의 기본 개념

오픈소스 소프트웨어Open Source Software란 소스코드가 공개되어 있으며, 자유로운 활용 및 수정, 재배포가 허용되면서도 저작권자의 권익을 보호할 수 있도록 규정된 소프트웨어를 의미한다.

오픈소스 소프트웨어의 특징은 다음과 같다.

조건	설명
자유배포	소프트웨어의 일부 또는 전부가 경제적 보상과 무관하게 재배포 가능
소스코드 공개	소스코드는 바이너리 실행과 함께 접근 가능한 경로로 제공
파생작업 허용	변경/파생 작업을 허용하며, 해당 결과물은 동일한 라이선스 특성을 부여받아야 함
차별 금지	개인, 단체, 사용 분야에 대한 차별 금지
일관성 확보	프로그램의 빌드 시 변경을 위해 소스코드와 패치 파일을 제공할 경우, 라이선스 내 소스코드 수정 제한 항목 추가 가능
다른 라이선스의 포괄적 수용	라이선스에 대한 오픈소스에 함께 배포되는 소프트웨어에 관해 별도 제한 불가

이러한 오픈소스 소프트웨어의 대표적인 라이선스 유형과 특징은 다음과 같다.

라이선스	특징
GPL (General Public License2.0)	FSF(Free Software Foundation)가 소프트웨어에 대한 저작권을 확보한 뒤 이러한 권리를 전제하고 소프트웨어의 자유로운 공유 및 수정을 보장하기 위해 만든 라이선스
LGPL (Lesser GPL2.1)	GPL보다 다소 완화된 형태로 사용을 장려하기 위해 일부 Library에 적용한 전략적 차원의 라이선스
BSD (Berkeley SW Distribution)	GPL/LGPL보다 배포/라이선스 활용이 완화되어 BSD License를 따르는 소스코드를 구해 수정 후 소스코드를 공개하지 않고 다른 라이선스를 적용하여 판매 가능
MPL (Mozilla Public License)	네스케이프(Netscape) 사가 개발한 모질라(Mozila) 브라우저의 소스코드를 공개하는 데 사용한 라이선스

라이선스 특징	BSD	Apache	GPL2	GPL3	LGPL	MPL	C/EPL
복제·배포·수정 권한 허용	O	O	O	O	O	O	O
배포 시 라이선스 사본 첨부		O	O	O	O	O	O
저작권 고지사항 또는 Attribution 고지사항 유지	O	O	O	O	O	O	O
배포 시 소스코드 제공의무			*	*	*	file	모듈
조합저작물 작성 및 타 라이선스 배포 허용	O	O		O	O	O	O
수정 시 수정내용 고지			O	O	O	O	O
명시적 특허라이선스의 허용		O		O		O	O
라이선서가 특허소송 제기 시 라이선스 종료				O		O	O
이름, 상표, 상호 사용 제한	O	O				O	
보증의 부인	O	O	O	O	O	O	O
책임의 제한	O	O	O	O	O	O	O

오픈소스 소프트웨어는 서로 다른 라이선스를 조합해 사용할 경우, 복수의 라이선스 간 양립성 문제가 발생할 수 있다. 보통 이런 문제는 GPL 라이선스의 엄격한 규정들이 다른 라이선스의 의무조항들과 상충하는 경우가 많은데, 이렇게 양립할 수 없는 경우에는 배포가 불가능하다.

S o f t w a r e

E n g i n e e r i n g

J
소프트웨어 테스트

J-1. 소프트웨어 테스트
J-2. 소프트웨어 테스트 기법
J-3. 소프트웨어 관리와 지원 툴

J-1

소프트웨어 테스트

소프트웨어 테스트는 개발된 소프트웨어가 원하는 결과물인지 여부를 확인하는 절차이다. 사용자에게 고품질의 소프트웨어를 납품하기 위해서는 전략적·기술적으로 프로젝트 초반부터 테스트의 절차와 방법을 정확하게 이해하고 적용하는 것이 반드시 필요하다.

1 소프트웨어 테스트의 기본 개념

테스트란 노출되지 않은 숨어 있는 결함fault을 찾기 위해 소프트웨어를 작동시키는 일련의 행위와 절차로, 오류 발견을 목적으로 프로그램을 실행해 품질을 평가하는 과정을 말한다. 테스트를 수행함으로써 시스템이 정해진 요구를 만족하는지, 예상과 실제 결과가 어떤 차이를 보이는지에 대해서 수동 또는 자동 방법을 동원해 검사하고 평가할 수 있다.

테스트를 수행하는 목표는 프로그램에 잠재된 오류를 발견하고 기술적인 기능 및 성능을 확인해 사용자의 요구사항 만족도와 제품 신뢰도를 향상시키는 것이다.

이와 관련해 테스트 관련 용어에 대해 들여다보면, 테스트의 목적을 더욱 명확히 알 수 있다. '에러Error'란 계산된 결과와 정확한 결과와의 차이를 의미하며, 에러가 발생했다고 해서 그것이 결함인 것은 아니다. '결함Fault/Defect'은 기능 단위의 이상상태를 의미하는 것으로, '장애Failure'를 유발하는 원인이 되며 서비스를 수행불가 상태로 만든다. 테스트를 통해 장애를 드러

나도록 하여, 결함을 제거하는 것이 바로 테스트의 목적이라고 할 수 있다.

소프트웨어 테스트의 원칙
- 결함 존재를 밝히는 활동
- 완벽한 테스트는 불가능
- 개발 초기에 시작해야 함
- 결함은 집중되어 나타남
- 살충제 패러독스 현상
- 오류 부재의 궤변
- 상황에 의존적 성향

소프트웨어 테스트의 일반적인 원칙은 다음과 같다. 첫째, 테스트는 결함이 존재함을 밝히는 활동이다. 테스트는 소프트웨어에 잔존하는 결함을 간과할 가능성을 줄일 수 있지만, 결함이 전혀 발견되지 않은 경우라도 결함이 없어 완전하다는 것을 증명하지는 못한다.

둘째, 완벽한 테스트는 불가능하다. 모든 가능성을 테스트하는 것은 지극히 간단한 소프트웨어를 제외하고는 불가능하다. 왜냐하면 한 프로그램의 내부 조건이 무수히 많을 수도 있고, 입력할 수 있는 모든 값의 조합이 무수히 많을 수도 있기 때문이다.

셋째, 테스트는 개발 초기에 시작한다. 테스트 활동은 소프트웨어나 시스템 개발 생명주기에서 초기에 시작해야 하며, 설정된 테스트 목표에 집중해야 한다. 개발 과정에서 조기 테스트 설계를 하면, 코딩이 끝나자마자 개발 초기부터 준비된 테스트 케이스를 테스트 레벨별로 실행하므로 테스트 기간을 줄일 수 있다.

넷째, 결함이 집중되어 있다. 출시 전의 테스트 기간 동안 적은 수의 모듈에서 대다수 결함이 발견될 확률이 높으며, 이는 운영에 심각한 장애를 초래할 수 있다.

다섯째, 살충제 패러독스Pesticide paradox 현상이다. 살충제를 자주 뿌리면 해충이 내성이 생기는 것과 같이 동일한 테스트 케이스를 반복 수행한다면 더 이상 새로운 버그를 발견할 수 없는 경우가 생기는 현상을 말한다.

여섯째, 오류 부재의 궤변이다. 사용자 또는 비즈니스의 요구를 충족시키지 못한다면, 결함을 모두 발견해 조치하더라도 품질이 높다고 볼 수는 없을 것이다.

마지막으로 테스트는 상황에 의존적이다. 예를 들어, 미사일 발사 시스템과 같이 매우 중요한 임베디드 시스템은 일반 사이트를 테스트할 때와는 다르게 테스트 활동을 진행해야 한다.

소프트웨어 테스트가 중요한 이유는 경제성 원리에서 찾을 수 있다. 보통 추가적으로 결함이 발견될 확률은 기존에 발견된 결함 수에 정비례한다고 본다. 이에 따라서 개발에 필요한 공수는 설계단계에서 40%, 프로그래밍 단계에서 20%, 테스트 단계에서 40% 정도가 소요되는 이유가 여기에 있다. 테스트 과정에서 결함을 제거하지 못하면, 향후 유지보수 단계에서 눈덩이

처럼 불어난 오류 비용을 감당해야 한다. 유지보수 단계에서는 개발생산성이 개발 단계보다 40분의 1로 떨어지고, 결함 제거비용은 40배가 넘게 든다고 보는 경우도 있다.

2 소프트웨어 테스트 프로세스

테스트는 더 이상 코딩이 끝난 후 장애를 찾아내려는 한정된 목적의 활동이 아니다. 소프트웨어 테스트는 개발과 유지보수 프로세스 전체를 포함하는 활동이며 그 자체가 실제 제품 개발의 중요한 부분이다. 또한 테스트 계획 수립은 요구사항 프로세스의 초기 단계에 시작해야 하며, 테스트 계획서와 테스트 절차는 개발이 진행되는 동안 체계적이고 지속적으로 개발 및 정제되어야 한다. 이러한 테스트 계획 및 설계활동은 그 자체로서 설계자가 저지를 수 있는 설계 실수나 모순, 문서상의 누락이나 불분명함과 같은 잠재된 문제를 찾아내기 위한 유용한 입력물이 될 수 있다. 소프트웨어 테스트 프로세스 수립의 중요성은 다음과 같다.

구분	내용
효율적인 테스트 지원	테스트에 필요한 인적·물적 자원의 체계적 활용
테스트 비용 감소	불필요한 테스트와 불가능한 테스트 배제
테스트 시간 단축	인적·물적 자원 낭비 제거
불필요한 반복 업무 제거	체계적인 프로세스를 통해 반복 작업 배제
실용적인 테스트 가능	대형 시스템에서도 적용 가능
효율적인 테스트 자원관리	효율적인 자원관리를 통한 자원효율성 증가
체계적인 테스트 케이스 발굴	효율적인 테스트를 위한 다양한 테스트 케이스 확보
효율적인 보고 지원	체계적인 산출물 생산에 따른 효율적 보고서 작성 가능

또한 이런 관점에서 소프트웨어 테스트의 품질 척도 또한 프로그램을 효율적으로 테스트할 수 있는 중요한 기준이 된다.

구분	내용
작동성(Operability)	시스템이 오류를 적게 하여 효율적인 테스트 수행
관찰성(Observability)	입력에 대해 출력이 명확히 가시적으로 생성
제어성(Controllability)	출력은 입력의 조합으로 생성
분해성(Decomposability)	모듈들은 독립적으로 테스트 수행
단순성(Simplicity)	시험할 것이 적을수록 테스트 기간 단축 기능적 단순성, 구조적 단순성(오류 전달이 제한적이 되도록 아키텍처가 모듈화되어야 함), 코드 단순성(코딩 규정 준수)
안정성(Stability)	실패를 잘 극복할 수 있는 정도
이해성(Understandability)	테스트 케이스를 손쉽게 이해할 수 있는 문서화

테스트 프로세스는 테스트 계획, 테스트 케이스 설계, 테스트 실행 및 측정, 결과 분석 및 보고, 오류 추적 및 수정 프로세스로서 다섯 단계로 구성되어 있다.

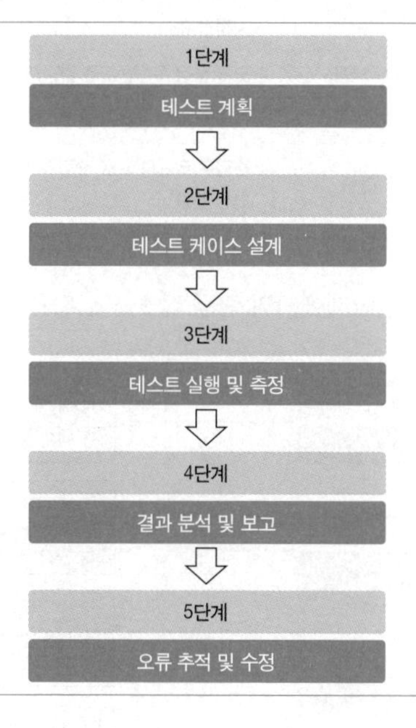

단계	구분	내용
테스트 계획	테스트 요구사항 수집	테스트 목표 수립, 테스트 대상 및 범위 선정
	테스트 계획 작성	테스트 전략·일정·보고를 위한 테스트 계획서 작성
	테스트 계획 검토	작성된 테스트 계획을 정제, 테스트 계획을 확정
테스트 케이스 설계	테스트 케이스 설계 기법 정의	테스트 케이스를 설계하기 위한 기법을 정의
	테스트 케이스 도출	정의된 테스트 종류 및 테스트 케이스 설계 기법을 이용해 테스트 케이스 도출
	원시 데이터 수집	정의된 테스트 케이스를 수행하기 위한 적절한 원시 데이터를 작성
테스트 실행 및 측정	테스트 환경 구축	테스트 계획서에 정의된 테스트 환경 및 자원을 설정해 테스트의 실행을 준비
	테스트 케이스 실행 및 측정	정의된 테스트 케이스를 실행하고 결과를 측정
결과 분석 및 보고	측정결과 분석	테스트 케이스의 수행 결과의 측정치 분석
	테스트 결과 보고	테스트측정 결과 분석서를 기본으로 테스트 결과 보고서를 작성
오류 추적 및 수정	causal effect 분석	테스트 결과 보고서에서 나온 테스트 결과를 확인해 오류 지점을 분석
	오류 수정 계획	오류 수정 우선순위를 결정해 오류 수정 계획 작성
	오류 수정	디버깅 도구 등을 이용해 오류 수정
	수정 후 검토	수정된 코드와 오류 수정 결과 보고서를 검토해 수정의 정합성 검증

테스트 프로세스 각 단계에서의 관련 산출물은 다음과 같다.

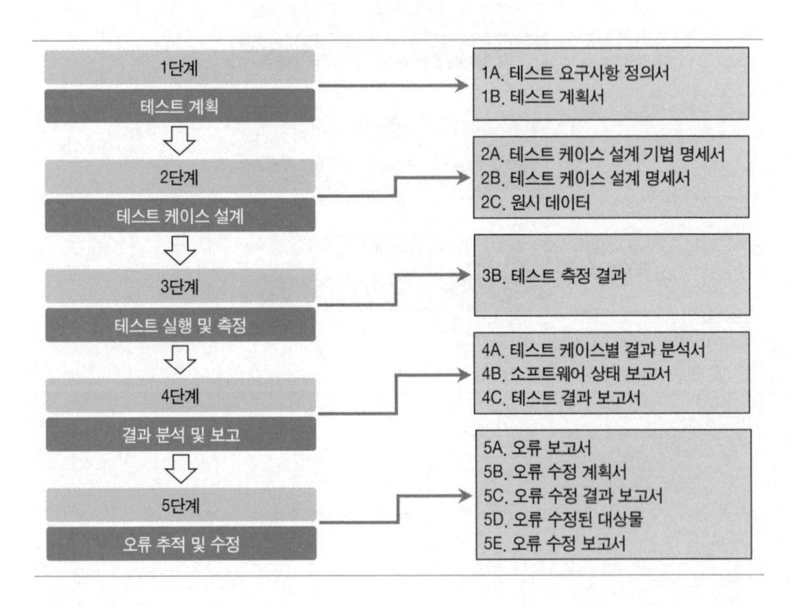

테스트 프로세스에서의 각 산출물의 흐름은 다음과 같다.

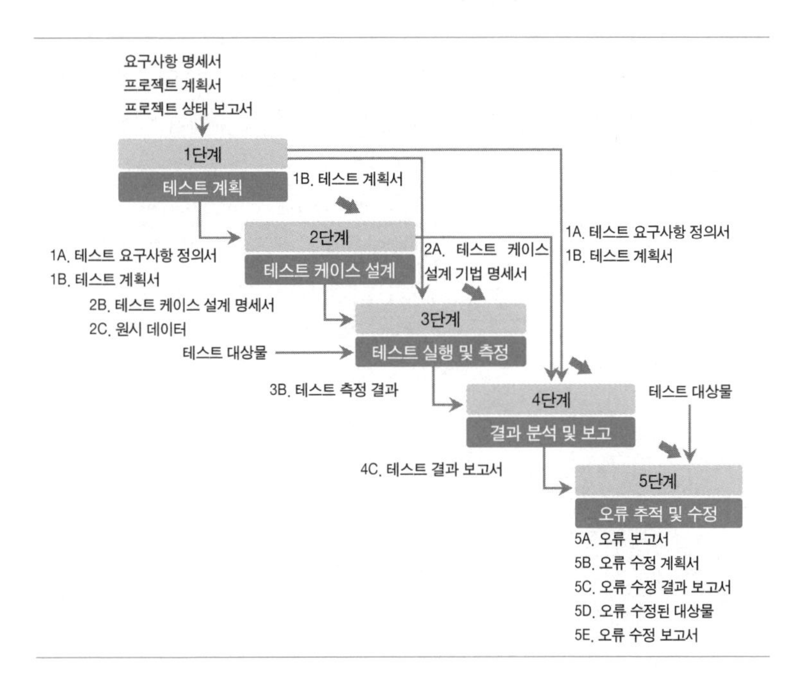

테스트 프로세스는 테스트 생명주기 활동을 중심으로 아래의 그림과 같이 모든 관련 구성 요소, 관련 사항, 활동을 포함한다. 따라서 테스트는 다양한 구성 요소를 테스트 생명주기와 프로세스를 중심으로 관리하는 것을 포함하며 테스트를 통해 발견된 결함과 관련 정보를 정량적으로 개발하는 것이 좋다.

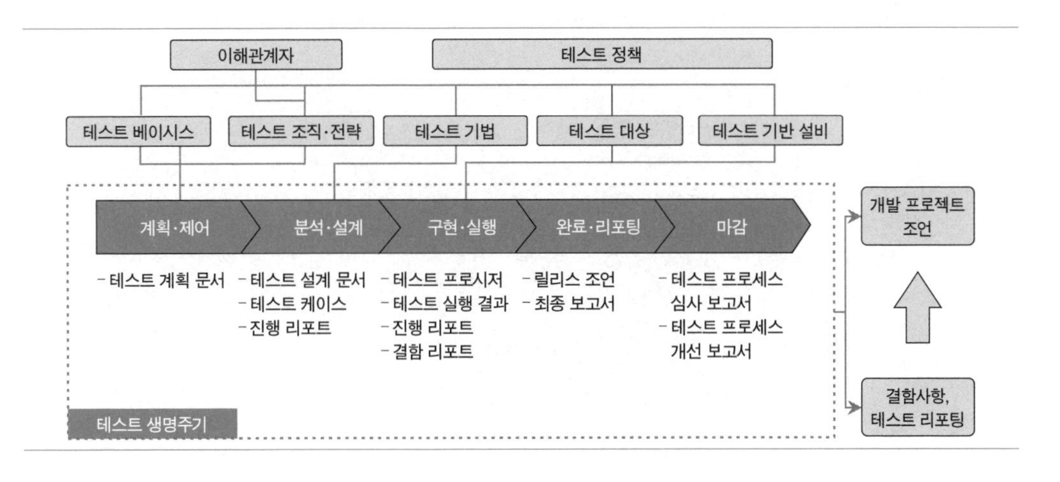

3 테스트의 유형 및 분류

소프트웨어 개발에서 테스트는 제품의 품질을 결정하는 중요한 요소이다. 소프트웨어 테스트의 분류는 특별히 정해지지 않았지만 다음과 같이 분류할 수 있다.

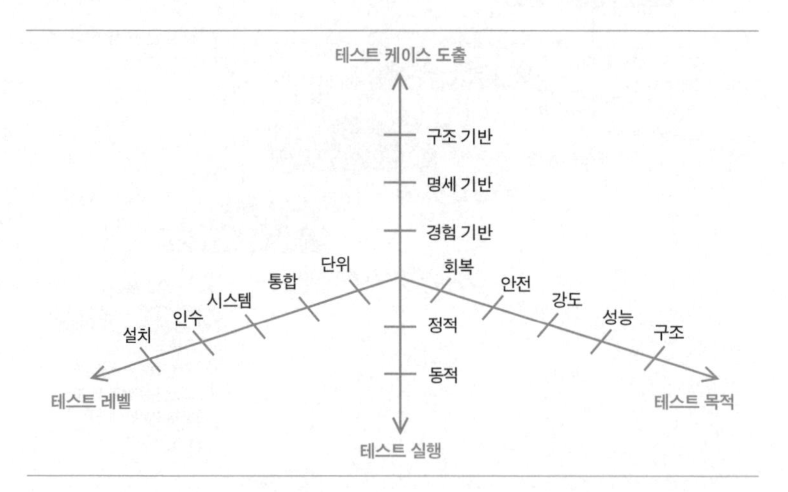

테스트 케이스 도출에 따라 구조·명세·경험 기반 테스트로 구분할 수 있고, 테스트 단계별 단위·통합·시스템·인수·설치 테스트로 분류할 수 있으며, 테스트 목적에 따라 회복·안전·강도·성능·구조로 분류할 수 있다. 마지막으로 실행 관점에서 정적 테스트와 동적 테스트로 구분할 수 있다. 구체적으로 테스트 단계별 분류를 설명하기 전에 V 모델을 살펴보면, 각 요구사항을 검증하고 유효한지 여부를 테스트 시각에서 다음과 같이 볼 수 있다.

테스트 케이스 도출에 따른 분류
- 구조 기반 테스트
- 명세 기반 테스트
- 경험 기반 테스트

테스트 단계에 의한 분류(V 모델)

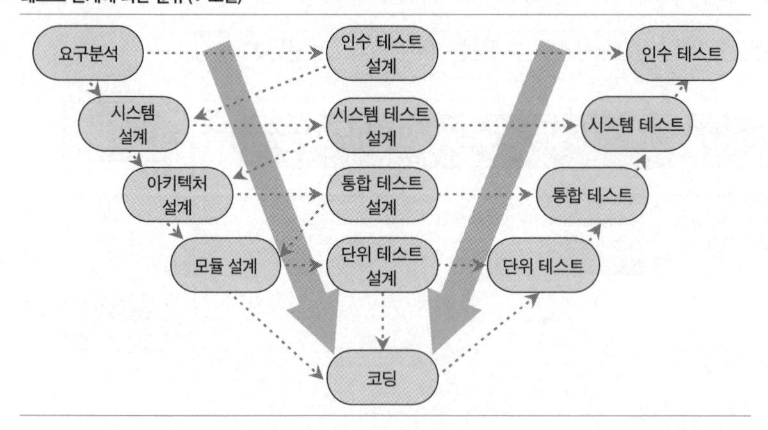

테스트 목적에 따른 분류

테스트	내용
기능 테스트	입력하는 대로 출력되는지 테스트
성능 테스트	응답 시간, 처리량, 메모리 활용도, 처리 속도 등을 테스트
스트레스 테스트	과다한 정보 거래량이 부과되거나 제 조건에 미달 혹은 최고 조건에 초과되는 경우, 물리적인 충격이나 변화 시의 반응 정도로 신뢰성을 테스트
구조 테스트	소프트웨어에 내재되어 있는 논리경로의 복잡도를 평가하는 테스트 모듈 테스트·통합 테스트·시스템 테스트에 광범위하게 적용되는 개념
회복 테스트	고의적인 장애를 유도해 계획된 시간 안에 회복할 수 있을지를 테스트
회귀 테스트	변경 또는 교정이 새로운 오류를 만들지 않는지 확인하는 테스트

시각에 의한 분류

테스트	내용
검증	- 개발자 혹은 시험자의 시각으로 소프트웨어가 명세화된 기능을 올바로 수행하는지 알아보는 과정(build the product right) - SDLC에서 어느 단계의 산출물이 이전 단계에서 설정된 개발 규격과 요구를 충족하는지 여부를 판단하기 위한 활동
확인	- 사용자 시각으로 올바른 소프트웨어가 개발되었는지를 입증하는 과정(build the right product) - 어느 단계의 개발제품이 최초의 사용자 요구 또는 소프트웨어 요구에 적합한지를 입증하기 위한 활동

기법에 의한 분류

테스트	내용
블랙박스 테스트	- 프로그램 외부 명세를 보면서 테스트(기능 테스트) - 동등 분할, 경계값 분석, 원인-결과(cause-effect) 그래프, 오류 예측 기법 등
화이트박스 테스트	- 프로그램 내부 로직을 보면서 테스트(구조 테스트)

테스트 케이스 설계에 의한 분류

테스트	내용
명세 기반 테스트	- 분석, 설계 단계에서 정의된 명세를 바탕으로 테스트 케이스를 설계하는 기법 - 블랙박스 테스트 기법과 유사
구조 기반 테스트	- 프로그램 내부 로직을 보면서 테스트(구조 테스트) - 화이트박스 테스트 기법과 유사
경험 기반 테스트	- 스크립트 기반이 아닌 테스터의 경험과 지식을 활용한 테스트

프로그램 실행 여부에 의한 분류

테스트	내용
동적 테스트	- 프로그램 실행을 요구하는 테스트, White/Black Box, 단위/통합/인수
정적 테스트	- 프로그램 실행 없이 구조를 분석해 논리성 검증 • 코드 검사(code inspection), 워크스루(walk through) 검사

참고자료

권원일 외. 2010.『개발자도 알아야 할 소프트웨어 테스팅 실무』. STA.
패튼, 론(Ron Patton). 2006.『소프트웨어 테스팅』. 김도균 옮김. 정보문화사.
페이지(Alan Page)·존스톤(Ken Johnston)·롤리슨(Bj Rollison). 2009.『소프트웨어 테스팅 마이크로소프트에선 이렇게 한다』. 권원일·이공선·김민영 옮김. 에이콘.

기출문제

102회 응용 실시간 임베디드 타깃 시스템(Real-time Embedded Target System)을 자동으로 시험하기 위하여 기능(Function), 성능(Performance) 및 인터페이스(Interface) 중심의 테스트베드(Test-bed)를 설계하시오. (25점)

101회 관리 패키지 소프트웨어를 적용하여 기업 애플리케이션을 개발할 경우 패키지는 커스터마이징(Customizing) 또는 애드온(Add-On) 되어야 한다. 이때, 패키지 소프트웨어를 테스트하기 위한 고려 사항과 절차에 대하여 설명하시오. (25점)

98회 관리 소프트웨어 테스트 원리 중 살충제 패러독스(Pesticide Paradox)와 오류 부재의 궤변(Absence-errors Fallacy)에 대해 설명하시오. (10점)

98회 응용 테스트 오라클에 대하여 설명하시오. (10점)

96회 응용 임베디드 시스템을 테스트하기 위한 하드웨어 및 소프트웨어 테스트 기법에 대하여 설명하시오. (25점)

95회 관리 시스템의 대형화·복잡화 대국민서비스의 증가 및 모바일화 등으로 인해 안정적인 정보서비스 지원이 기업의 성장과 생존에 중요한 요소가 되었다. 시스템의 빈번한 유지보수와 데이터의 증가 등에 따라 성능저하가 발생하여 성능테스트를 통한 성능 개선 및 서비스 안정화를 하려고 한다. 다음 질문에 답하시오. (25점)

(1) 성능테스트에 관련된 다음 용어를 설명하시오.
- Named User, Concurrent User, Response Time, Think Time

(2) 다음의 성능테스트 유형에 대하여 설명하시오.
- Loop Back Test, Tier Test, Spike Test

(3) 성능테스트 시에 고려할 사항에 대하여 설명하시오.

92회 관리 테스트 오라클(Test Oracle)의 작동원리에 대하여 설명하시오. (10점)

89회 응용 소프트웨어 시험에 관한 제반 내용을 시험 통과 기준, 시험 환경 구성, 소프트웨어 시험 생명주기(software test life cycle) 단계별 활동 시험 전략, 시험 도중 오류가 발생했을 경우 이에 대한 해결 과정 및 시험 문서화에 대해 설명하시오. (25점)

87회 관리 소프트웨어 시험에 대해 다음 물음에 답하시오. (25점)

(1) 소프트웨어 시험의 개념을 기술하고 철저한 시험이 왜 어려운지를 설명하시오.

(2) 자료흐름 시험과 구조적 시험과의 차이점을 설명하시오.

86회 응용 당신이 차세대 프로젝트의 개발자로서 참여한다고 가정하자. 설계서에 의거해 소스 코딩을 하고 소스 코딩이 끝나면 단위 테스트를 수행한다. 단위 테스트와 관련된 환경, 절차, 산출물, 이슈사항을 설명하고 도출된 이슈사항에 대한 해결 방안을 기술하시오. (25점)

86회 관리 준거성 테스트(compliance test)와 실증성 테스트(substantive test)를 설명하시오. (10점)

86회 관리 소프트웨어의 시험(test) 전략을 소프트웨어 엔지니어링 프로세스(life cycle)와 연관 지어 설명하시오. (10점)

84회 관리 응용소프트웨어 개발 시 주요 액티비티(activity)인 테스트 실시 및 진행 과정에서 발생되고 있는 문제점을 도출하고 각각에 대한 해결 방안을 논하시오. (25점)

84회 응용 V-Model 기반의 water fall model 테스트에 대해 설명하시오. (25점)

J-2

소프트웨어 테스트 기법

소프트웨어 테스트의 구체적 기법에 대해 동적·정적 테스트 기법들을 숙지하고 현장의 상황에 가장 적합한 테스트 기법을 선정해 테스트를 수행할 수 있도록 한다. 또한 프로그램 실행 여부에 의한 정적 혹은 동적 테스트 분류 기준으로 주요 테스트 기법을 상세히 알아보고, 한정된 자원과 일정을 고려하여 제품의 리스크를 최소화하기 위한 리스크 기반 테스트 기법에 대해 살펴본다.

1 소프트웨어 테스트 기법의 이해

최근에는 원격에서 광범위하게 분포된 다수의 사람들에게 프로토타입 소프트웨어를 사용하도록 한 다음 피드백을 얻는 크라우드 소싱 테스트Crowd-Sourcing Test나, IoT 도입 확대에 따른 임베디드 소프트웨어에 대한 신뢰성 제고를 위해 OS와 하드웨어, 소프트웨어의 성능 조건을 명세화해 테스트하는 임베디드 소프트웨어 테스트 등 다양한 테스트 기법이 도입되고 있다. 또한 오픈소스를 이용한 소프트웨어 테스트 지원 도구도 테스트관리, 결함 추적, 정적분석, 성능/부하 테스트, 형상관리도구 등으로 다양하게 활용되고 있다. 또한 오픈소스 이용이 늘어나면서 라이선스 위반 여부를 점검하는 오픈소스 테스트도 중요하게 떠오르는 테스트 유형이다. 이번에는 대표적인 테스트 기법들에 대해서 알아본다.

정적 테스트에는 산출물, 소스코드, 모델링 자료 등을 대상으로 프로그램을 수행하지 않고 점검하는 리뷰와 정적 분석이 있으며, 동적 테스트에서는 실제 프로그램을 수행하며 결함을 발견하는 작업을 수행한다. 이들 간 차이점은 다음과 같다.

구분	동적 테스트	정적 테스트	
		리뷰	정적 분석
공통점	소프트웨어의 결함을 발견해 품질을 향상시킴		
테스트 대상	컴파일이 완료되어 실제 실행해볼 수 있는 프로그램	소스코드 포함 모든 산출물	소스코드, 모델링 자료
주 발견 대상	Failure	Defect	Defect
주 수행시기	중기~종료 단계	초기 단계(코딩 시작 전)	초기~중기 단계(소스코드, 설계 모델)
종류	- 명세 기반, 구조 기반, 경험 기반 테스트 - 단위/통합/시스템 테스트	리뷰, 워크스루, 인스펙션	코드 분석, 모델링 분석

2 동적 테스트

그레이박스 테스트(gray box test)
화이트박스와 블랙박스 테스트 방법을 혼합해 테스트하는 방식

ISTQB
소프트웨어 테스팅 지식체계 구축 및 국제 자격증 프로그램 운영(업계 de facto 표준)

전통적으로 동적 테스트에는 프로그램의 내부 구조를 고려하지 않고 기능 위주로 입력값에 대해 산출되는 출력값을 기반으로 테스트하는 블랙박스 black box 테스트 기법과, 유효성을 확인하고자 내부 자료 구조를 조사해 테스트 사례를 유도하는 화이트박스white box 테스트 기법이 있었다.

그러나 21세기로 넘어오면서 ISTQB International Software Testing Qualification Board 의 실러버스Syllabus에서는 테스트 설계 기법을 명세 기반 테스트, 구조 기반 테스트, 경험 기반 테스트 기법으로 분류했고 이에 대해 살펴본다.

2.1 명세 기반 테스트

명세 기반 테스트
- 동등 분할
- 경계값 분석
- 결정 테이블 테스팅
- 상태 전이 테스팅
- 유스케이스 테스팅
- 페어와이즈 조합 테스팅
- 직교 배열 테스팅

명세 기반 테스트는 분석·설계 단계에서 정의된 명세를 바탕으로 테스트 케이스를 설계하는 기법이다. 즉, 주어진 명세를 빠뜨리지 않고 테스트 케이스화하고 해당 테스트 케이스를 수행해 중대한 결함이 존재하는지 테스트하는 기법이라 할 수 있다. 명세 기반 테스트는 요구사항에 기반을 둔 테스트 케이스를 도출함으로써, 테스트의 효과성을 높일 수 있고 명세 분석 및 테스트 케이스 도출 과정에서 모델의 완전성을 검증할 수 있다. 테스트 케이스 도출 과정에서 논리적인 실수가 발생할 수 있으므로 리뷰를 수행하는 것이 효과적이며, 명세뿐만 아니라 개발 후 완성된 화면을 통해서도 기

법을 활용해 테스트 케이스를 도출할 수 있다. 명세 기반 테스트에는 다음과 같은 테스트 기법이 있다.

구분	설명	특징
동등 분할	- 기대 결과가 동일한 입력값의 범위를 그룹으로 정의하고 해당 그룹의 대표값을 선택해 테스트 케이스를 구성	- 적용 범위는 입·출력값, 내부값, 시간 관련값 등 모든 테스트 레벨 및 유형에 적응 가능 - 각 테스트 케이스마다 최소의 시험사례를 작성
경계값 분석	- 동등 분할의 경계 부분에 해당되는 입력값에서 결함이 발견될 확률이 높은 결함을 검출하기 위해 경계값까지 포함하여 테스트를 수행하는 기법	- 결함이 발견될 확률이 높고, 적용하기 쉬운 장점이 있어 동등 분할과 같이 모든 테스트 분류에 적용 가능
의사결정 테이블	- 명세에 나타난 비즈니스 규칙을 파악하고, 결정 테이블을 이용해 가능한 조합을 테스트 케이스로 도출한 후 입력 조건과 기대 결과를 참/거짓으로 표현하는 기법	- 명세에 나타난 비즈니스 조건을 정확히 파악해 테스트 조건으로 변환하는 것이 중요 - 요구사항의 모호함이나 논리적인 모순을 테스트 케이스 도출 과정에서 점검해 조기 수정 가능
상태 전이 테스팅	- 시스템 상태 변화와 그러한 변화를 발생시키는 이벤트, 이벤트를 발생시키는 조건과 시스템 상태 변경에 따른 작동 등을 파악해 테스트를 설계하는 기법	- 시스템/소프트웨어의 상태 기반 행위가 명세된 내용과 일치함을 검증하는 데 유용 - 구현이 잘못된 경우와 명세가 잘못된 경우를 검출하는 데 사용할 수 있음
유스케이스 테스팅	- 시스템이 유스케이스로 모델링되어 있을 때, 유스케이스에서 테스트 케이스를 도출하는 테스트 설계 기법	- 개별적인 유스케이스에 대한 시나리오 테스트로 정상 흐름과 대안 흐름에 대한 각 시나리오를 구성해 테스트 케이스로 변환
페어와이즈 조합 테스팅	- 발생 가능한 조합이 많아지는 경우에 각 속성별 파라미터들이 중복 없이 한 번씩만 조합되도록 하여 테스트 케이스를 줄이는 방법	- 일반적으로 대부분의 결함이 요소 2개의 상호작용(두 조건 간의 조합)에 기인한다는 것에 착안
직교 배열 테스팅	- 각 행과 열을 조합해 서로 다른 조합을 구성하고 선택 가능한 입력값들을 반드시 한 번 이상 시도하는 기법 - 직교 배열은 6시그마 기법에 많이 활용되며 산업공학 분야의 실험 계획 및 분석 기법을 적용해 테스트 케이스의 조합을 줄일 수 있음	- 페어와이즈 조합 테스팅과 유사한 기법이지만, 직교 배열의 각 행과 열이 페어와이즈하다는 차이점으로 조합의 수를 줄일 수 있음

동등분할Equivalence Partitioning과 경계값 분석Boundary-Value Anaysis 기법은 블랙박스Black Box 테스트 기법에 속한다.

2.2 구조 기반 테스트

구조 기반 테스트는 코드 기반의 시스템 구조를 바탕으로 테스트를 설계하

구조 기반 테스트
- 구문 커버리지
- 결정 커버리지
- 조건 커버리지
- 조건/결정 커버리지
- 변경 조건/결정 커버리지
- 다중 조건 커버리지
- 경로 커버리지

는 기법이다. 구조structure란 구문·결정·분기 등의 코드 및 시스템 구조에 대한 정보를 말하며, 커버리지coverage란 시스템이 테스트 케이스에 따라서 테스트된 정도를 측정하는 기준을 말한다. 구조 기반 테스트에서는 일정 수준의 커버리지를 달성하려고 테스트 케이스를 설계해 커버리지 측정 도구를 바탕으로 테스트를 수행하기 때문에, 각 커버리지의 개념을 이해하는 것이 중요하다.

구분	설명	특징
구문 커버리지 (Statement)	프로그램 내의 모든 명령문을 적어도 한 번 수행	- 가장 약한 형태의 커버리지 - 상위 테스팅 방식에 의해 자동으로 달성될 수 있음
결정 커버리지 (Decision)	프로그램 내의 전체 결정 포인트(분기문)가 적어도 한 번은 참과 거짓의 결과를 한 번 수행	- Branch 커버리지 같은 의미 - 구문 커버리지 만족 - If 문이 True/False 값을 적어도 한 번씩 가질 수 있도록 설계
조건 커버리지 (Condition)	결정 포인트 내의 모든 각 개별조건이 적어도 한 번은 참과 거짓의 결과가 되도록 수행	- 결정 커버리지와의 포함 관계는 정의가 불가 - 구문 커버리지 만족
조건/결정 커버리지 (Condition/Decision)	전체 조건식뿐만 아니라 개별 조건식도 참 한 번, 거짓 한 번 결과가 되도록 수행	- 구문, 결정 및 조건 커버리지를 동시에 만족
변경 조건/결정 커버리지(Modified Condition/Decision)	각 개별 조건식이 다른 개별 조건식에 영향을 받지 않고 전체 조건식의 독립적으로 영향을 줄 수 있는 조합	- 조건/결정 커버리지의 문제점 해결 - 구문, 결정, 조건, 조건/결정 커버리지 기본 달성
다중 조건 커버리지 (Multiple Condition)	결정 포인트 내에 있는 모든 개별식 조건의 모든 조합을 수행	- 커버리지 100% 달성 - 가장 강도가 강함 - 모든 경우의 수를 테스트하게 되므로 비효율적임
경로 커버리지 (Path Coverage)	모든 경로에 보장하는 테스트 케이스	- 상호 독립적인 경로를 모두 수행, 잠재적 오류 발견

구조 기반 테스트의 커버리지 간 포함 관계 다이어그램은 다음과 같다.

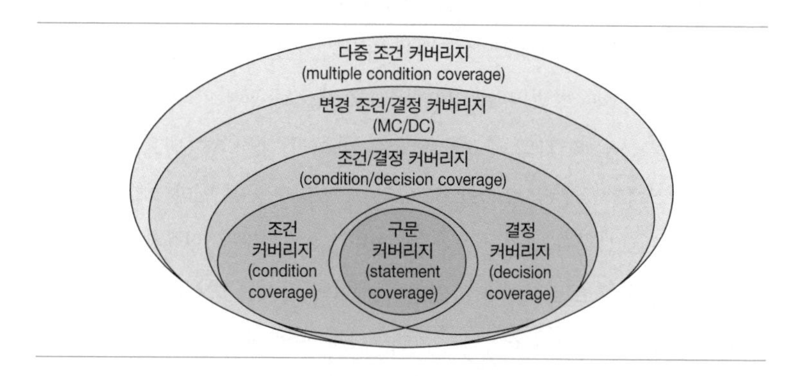

2.3 코드 기반 테스트

코드 기반 테스트에는 물리적 경로의 시행 순서가 결과에 영향을 미친다는 가정하에 발생 가능한 모든 경로의 조합에 대해 최소한 한 번 이상 실행될 수 있도록 테스트 케이스를 설계해 테스트하는 제어 흐름 기반 기준Control Flow-based Criteria이 있다. 프로그램의 모든 문장과 블록, 생성 가능한 조합들이 테스트의 대상이 된다. 제어 흐름 기반 기준은 경로 테스트Path Test로, 흐름도Flowgraph 에서 모든 입출 제어 흐름 경로Entry-to-exit Control Flow Paths 를 실행하는 테스트가 된다.

이와는 상반되어 데이터 흐름 기반 기준Data Flow-based Criteria 이 있는데 이는 프로그램 변수들이 어떻게 정의되고, 사용되며, 소멸되는지에 대한 상세한 설명이 되어 있는 제어 흐름도를 기반으로 테스트 경로를 선택해 테스트하는 기법이다. 모든 정의-사용 경로Definition-use Paths 와 같은 기준은 각 변수의 세그먼트(변수의 정의부터 사용까지)가 실행되는 것을 필요로 한다. 경로의 수를 줄이기 위해 모든 정의All-Definitions 나 모든 사용All-uses과 같은 좀 더 간소화된 전략이 채택되어 사용된다.

2.4 결함 기반 테스트

결함 기반 테스트는 잠재되어 있을 만한 또는 미리 정의된 결함의 유형을 드러내기 위해서 고안된 테스트 케이스를 이용하는 방법이다.

먼저 소프트웨어 엔지니어의 전문 지식뿐만 아니라, 이전 프로젝트에서 발견된 장애에 대한 누적 자료를 이용해 잠재되어 있을만한 결함을 찾아내기 위한 테스트 케이스를 구성하는 에러 추정Error Guessing 방법이 있다.

다음으로는 테스트 대상 프로그램에 약간의 구문 변화를 주어 테스트 케이스를 다양화하는 방법의 돌연변이Mutation 테스트 방법이 있다. 여기에는 결합 효과Coupling Effect라고 부르는 단순한 구문 결함을 찾아냄으로써 더 복잡하고 실질적인 결함을 발견할 수 있다는 가정이 숨어 있다. 테스트 케이스가 원래 프로그램과 생겨난 모든 돌연변이 프로그램을 실행해 특정 테스트 케이스가 원래 프로그램과 돌연변이 사이의 차이를 발생시켰다면 이 테스트는 성공한 것이며 돌연변이는 없어진다고 표현한다.

2.5 경험 기반 테스트

경험 기반 테스트
• 탐색적 테스트 접근법
• 오류 추정 기법
• 분류트리 기법
• 체크리스트
• 품질 특성 테스트

경험 기반 테스트는 테스터의 기술 및 직관력과 유사한 시스템의 기술에 대한 경험을 바탕으로 테스트를 수행하는 기법이다. 명세 기반 혹은 구조 기반 테스트와 같이 공식적인 기법으로 다루기 어려울 때 사용되며, 때로는 공식적인 기법과 함께 사용하는 것도 유용하다. 그러나 테스터의 경험과 스킬에 따라 효율성과 효과성의 정도가 달라질 수 있다는 점에 유의해야 하며 다음과 같은 기법들이 존재한다.

구분	설명	특징
탐색적 테스트 접근법	- 테스트 계획, 설계, 수행, 기록, 학습을 동시에 진행하는 휴리스틱 기반의 테스트 접근법 - 제품 목적 식별 → 기능 식별 → 잠재적 위험 부분 식별 → 기능 테스트 및 문제점 기록 → 일관성 검증 테스트 설계 기록 과정을 반복적으로 수행	- Ad-hoc, 직관적, 게릴라 테스트와 달리 임무(charter), 목표, 결과물 존재 - 가장 심각한 결함을 발견하는 목적으로 사용 - 명세가 거의 없고 시간이 부족한 경우에 적합
오류 추정 기법	- 과거에 많이 발생한 오류 타입이 현재 시스템에도 많이 발생할 것이라는 예지식을 근거로 오류를 도출해 테스트하는 기법	- 소스 프로그램의 구문을 일정한 규칙을 적용해 변형시킨 후, 원본 프로그램과 동일한 입력값으로 수행했을 때 서로 다른 결과를 출력하는 적절한 입력값을 테스트 케이스로 선정
분류 트리 기법	- 시스템의 일부 또는 전체를 트리 구조로 분석 및 표현하고 이를 바탕으로 테스트 케이스를 도출하는 기법	- 개발 설계를 체크하는 용도로 사용 가능해, 조기 테스트 설계에 활용 - 테스트 케이스 개수와 트리의 복잡도를 근거로 테스트 비용 및 공수 예상 가능
체크 리스트	- 체크리스트를 이용해 테스트하는 기법으로서 기능 및 시스템 요소의 체크리스트를 활용	- 일반적으로 경험과 노하우의 반영물이기 때문에 효율적으로 진행할 수는 있지만 효과성을 보장하지는 않음
품질 특성 테스트	- ISO 9126과 같은 품질모델의 품질 특성을 기반으로 테스트 케이스를 도출하는 기법	- 일반적으로 각 품질 특성을 평가 항목당 가중치를 정하고, 테스트 케이스를 경험과 제품의 특성을 고려해 도출

3 정적 테스트

정적 테스트
• 리뷰
• 정적 분석

정적 테스트란 개발된 프로그램을 실행하지 않고, 명세서나 코드만을 보고 오류를 찾아내는 테스트 기법이다. 정적 테스트에는 소프트웨어 개발 중에 생성되는 모든 산출물에 적용 가능하며, 대표적인 방법으로 리뷰Review와 정적 분석 기법이 있다.

3.1 리뷰

리뷰란 프로젝트에서 생산된 소스를 포함한 모든 산출물을 사람이 검사해 결함을 발견하는 테스트 기법이다. 최근에는 IEEE 1028 Software Review Standard로 표준화되었으며, 리뷰의 주목적은 가능한 한 개발 초기에 코드와 산출물의 결함을 제거함으로써 작업 산출물과 예방 가능한 결함을 더욱 잘 이해하고 같은 실수의 반복을 예방하는 것이다.

IEEE 1028 generic process for formal reviews
리뷰의 원리, 비공식적 리뷰, 워크스루, 기술적 리뷰 및 인스펙션에 대한 표준

소프트웨어 개발이 끝난 다음에 오류를 수정하는 것은 요구분석 또는 설계 단계에서 하는 것보다 노력과 비용이 수십에서 수백 배까지 더 많이 들 수 있으므로, 리뷰를 수행하며 결함을 빠르게 발견하는 것은 중요한 작업이다. 리뷰는 결함을 조기에 발견해 조치하고, 요구사항의 누락을 검증하며, 테스트 비용과 시간을 단축할 수 있게 해준다. 결과적으로 개발생산성과 개발기간을 단축할 수 있고, 프로젝트 관리비용을 절감할 수 있다. 다음은 리뷰의 인스펙션 기대효과를 마이클 페이건Michael Fagan이 표현한 것으로, 전체 생명주기 관점에서 인력과 기간의 비용 절감 효과를 보여준다.

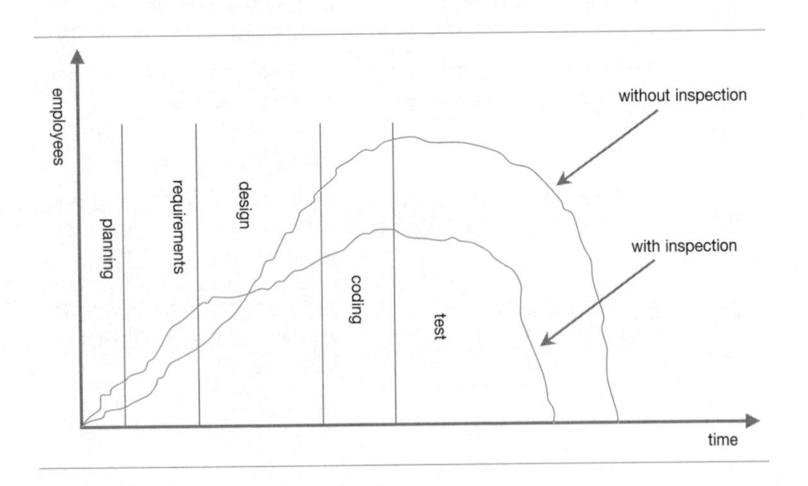

리뷰를 수행하는 대상은 파레토의 법칙과 같이 소프트웨어에서 차지하는 비율이 20%일 뿐이라도 전체 오류의 80%를 발생시킬 수 있기 때문에 문제가 될 만한 부분을 집중 관리하는 것이 효과적이다.

리뷰에는 다음과 같은 유형의 기법들이 있다.

리뷰의 유형
• Inspection
• Walkthrough
• Management Review
• Technical Review

구분	Inspection	Walkthrough	Management Review	Technical Review
목적	결함 발견, 대안 검증	결함 발견, 대안 검증, 학습수단 활용	진행 상태 점검, 시정 조치	기술문제에 대한 적합성 평가
인원	3~6명	2~7명	2명 이상	3명 이상
공식성	공식적	비공식적	공식적	공식적
참석자	문서 기반 공식 참석자	개발자	경영진, PM 등	개발 PM, 개발자, 아키텍트
리더십	훈련된 중재자	개발자 본인	선임 관리자	선임 엔지니어
자료량	상대적으로 적음	상대적으로 적음	목적에 따라 많음	목적에 따라 많음
산출물	검사보고서, 결함 항목	검토회의보고서	경영검토보고서	기술 검토보고서

리뷰의 프로세스는 다음과 같다.

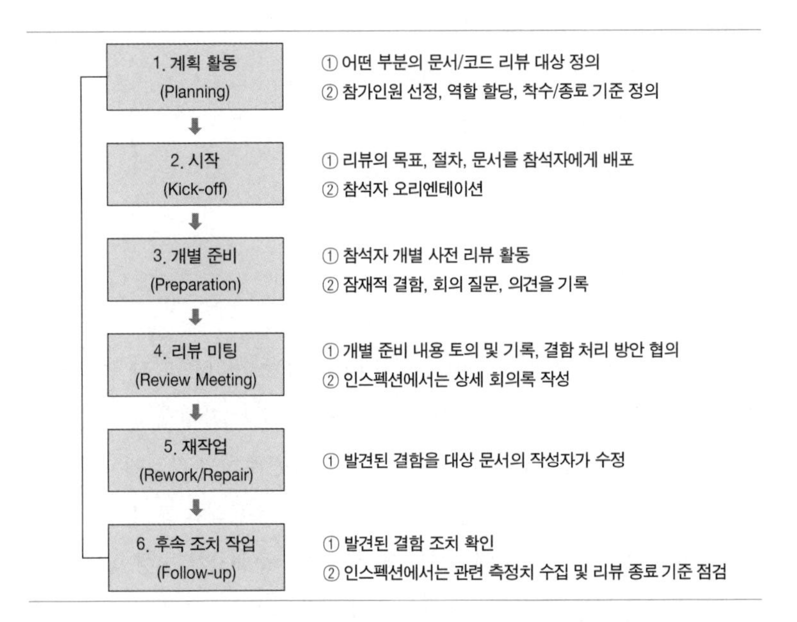

리뷰의 역할자
• 관리자
• 중재자
• 작성자
• 기록자
• 검토자

리뷰 참가자들의 역할과 책임은 다음과 같으며, 리뷰의 유형에 따라 다르지만 일반적으로 한 사람이 여러 역할을 수행한다.

구분	역할
관리자(Manager)	리뷰의 실행 여부를 결정하고 프로젝트 일정에 리뷰 시간을 할당하며, 리뷰의 목적 달성 여부를 확인 및 승인
중재자(Moderator)	전체적으로 기획·중재, 관리하는 역할. 직접 개입은 가능한 적게 하며, 리뷰 회의를 리드하고 계획하며 진행하고 미팅 후 후속조치 확인

구분	역할
작성자(Author)	리뷰해야 할 프로그램 또는 문서를 만든 사람으로 회의 시 상세 내역을 적극적으로 경청하고 응답하는 사람
기록자(Recorder)	리뷰 미팅에서 발견된 모든 이슈와 결함, 문제점, 미해결 사항을 기록하는 사람
검토자 (Inspector, Reviewer)	전달받은 자료를 충분하게 검토할 수 있는 모든 참가자로서 모든 리뷰 미팅에 참석해 리뷰 활동을 수행하고 결함 발견

리뷰의 성공 요소에는 다음과 같은 것이 있다.

- 리뷰를 위한 교육, 적절한 리뷰 기법 적용
- 작성자가 아닌 산출물에 대한 리뷰
- 목차와 목적을 사전에 설정
- 결함 발견, 미조치 건, 문제에 초점을 맞춤
- 리뷰의 목적에 적합한 참석자 선택
- 사전준비 철저 및 미리 작성한 자료 활용
- 리뷰 대상 각각에 체크리스트 작성
- 리뷰에 대한 리뷰 수행
- 관리자의 적극적 리뷰 지원
- 리뷰 경험 및 효과의 내재화

리뷰 유형 중 인스펙션 미팅에서는 회의시간이 두 시간은 넘지 말아야 하며, 주제에 집중하고 개별적인 질문은 삼가하고, 회의 자체가 문제를 해결하는 것이 아니라 결함을 찾는 것이 목적이기 때문에 회의 자리에서 오류를 수정하려는 시도는 자제해야 한다. 또한 상대방을 존중해야 하며, 프로젝트 팀장이라고 해서 인스펙션 대상에서 제외하거나, 중재자가 진행 방법을 모르거나 회의를 진행할 수 없으면 과감히 바꿔야 한다.

3.2 정적 분석 Static analysis

정적 분석은 시스템이 실행되기 전에 소스코드를 대상으로 검사를 실행해 결함을 발견하는 분석 방법이다. 보통 코드 인스펙션에서 PMD Programming Mistaking Detector 혹은 FindBug와 같은 오픈소스를 많이 활용하며 보안코드 취약점을 점검할 때에도 활용하는 방법으로서 동적 테스트에서 발견하기 어려운 결함을 도출하는 데 유용하다. 이 분석은 설계기간에는 소프트웨어 모델 검증용으로 사용하며, 개발기간에는 단위·통합 테스트 전 혹은 진행 중에 코드 표준검사 및 결함검사 용도로 사용한다. 정적 분석 툴을 사용 시에는 검출되는 결함 및 경고가 상당히 많기 때문에 CTIP Continuous Test & Integration Platform로 자동화해 활용할 수 있다.

또한 단순 테스트 작업을 제거하고 코드와 디자인의 유지보수성을 개선하며, 개발자들의 학습 효과를 증대시킨다. 전형적인 정적 분석의 결함은 다음과 같다.

- 정의되지 않은 변수값 참조
- 모듈과 컴포넌트 간 일관되지 않은 인터페이스
- 사용되지 않는 변수
- 사용되지 않는 코드
- 프로그래밍 표준 위반
- 보안 취약성
- 코드와 소프트웨어 모델의 구문 위반

4 리스크 기반 테스트

리스크 유형
- 프로세스 리스크
- 프로젝트 리스크
- 제품 리스크

리스크Risk란 원치 않은 결과를 초래하는 것으로서 리스크 유형에는 프로세스Process, 프로젝트Project, 제품Product 리스크가 있다.

프로세스 리스크에는 개발, 테스트, 프로젝트 프로세스가 있고, 프로젝트 리스크에는 납기·일정·자원 등이 있으며, 제품 리스크에는 플랫폼, 컴포넌트, 인프라, 사용성 등이 존재한다. 리스크 기반 테스트Risk based testing란 최종 제품의 리스크 분석을 통해 집중적으로 테스트해야 할 부분과 테스트 단계별 우선순위를 식별해 테스트 측면에서 프로젝트의 리스크를 최소화하는 기법이다. 즉, 오류 발생 시 영향이 큰 업무 순서에 따라 테스트를 강화하는 것처럼, 한정된 자원 상황에서 효율적인 테스트를 위해 위험도를 평가하고 테스트의 강도와 범위 및 우선순위를 결정하는 테스트 전략을 실행하려는 것이다. 리스크의 레벨을 산정하는 산출식은 다음과 같다.

리스크 = (리스크 발생 가능성Likelihood, Technical Risk) × (발생했을 때 영향력Impact, Business Risk)

리스크 발생 가능성은 기술적 리스크의 발생 빈도Likelihood를 의미하며, 개발자 수준, 산출물 수준, 개발 난이도 등이 활용된다. 발생했을 때 영향력은 비즈니스 리스크의 충격 정도를 의미하며 사용 빈도, 사용자 범위, 중단 시 영향 등을 의미한다. 이러한 리스크 요소를 자세히 살펴보면 다음과 같다.

리스크 요소
- 비즈니스 리스크
- 기술적 리스크

위험 구분	리스크 요소	설명	비고
기술적 리스크 (장애 발생 가능성·난이도)	New People, New Technology	개발 인력의 도메인 지식 정도 예: 업무 및 기술 경험 인력, 전문가 유무 등	개발, 기술 관점
	Complexity	개발 시 복잡 정도 예: FP, 기술구조와 타 업무와 연계성 등	
	Design Quality	설계의 상세화 정도 예: 업무 설계 문서 유무 또는 충분한 상세화 등	
비즈니스 리스크 (장애 발생 시 영향도·중요도)	Visibility	해당 요구사항이나 기능이 노출되는 정도 예: 관리자, 일반/특정 사용자 등	업무적·사업적 관점
	Frequency	사용 빈도 예: 자주, 보통, 한 달/일 년에 한 번 등	
	Impact	해당 업무에 문제 발생 시 영향을 미치는 정도 예: 업무 중단, 야근, 경제적 손실 등	

일반적인 리스크 기반 테스트 프로세스에서는 먼저 리스크를 정의하고, 정의된 리스크를 분석하며, 분석된 리스크에 대해 회피 전략과 계획을 세우고, 전략에 따라 테스트를 수행하고 모니터링하는 과정을 포함한다. 다음은 리스크 기반 테스트를 적용한 테스트 프로세스이다.

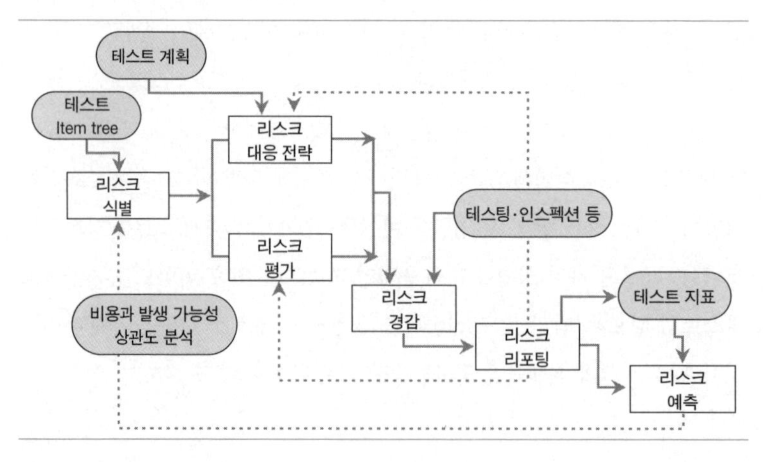

리스크 기반 테스트를 수행하는 주요 프로세스의 상세 내용을 살펴보면 다음과 같다.

주요 프로세스	하위 작업 수행 내용	결과물	산출물
1. 리스크 정의 및 리스크 분석 방법 정의	분석 단위 결정	프로젝트에 적합한 위험 분석 방법	추진 방안
	리스크 요소 정의		
	위험 분석표 정의		
	위험 분석 대상 결정		
	위험 분석 주체 및 분석 실시 방법 결정		
	개념 공유 및 위험 분석 기준, 방법 교육	교육결과 자료	위험 분석 가이드
2. 리스크 분석 실시	위험 분석표 작성 및 배포		위험 분석표
	위험 분석 실시	위험 분석 결과	위험 분석표 (결과)
3. 리스크 우선순위 결정	위험 분석 결과 취합 및 미세조정	미세 조정된 위험도에 따른 최종 우선순위	
	위험 우선순위 결정		
4. 테스트 수행 방안 수립	- 위험도에 따른 테스트 수행 방안 수립 - 위험을 근거로 위험을 줄이는 테스트 방안	위험도에 따른 테스트 수행 방안	

리스크 요소에 따른 위험 분석표를 업무 기능 또는 유스케이스에 따라 다음과 같이 작성한다. 또한 리스크 우선순위에 따라 테스트 전략을 수립한다.

Business	Risk Factor								리스크 우선 순위
	Business Risk(중요도)				Technical Risk(난이도)				
Use Case	Visibility	Frequency	Impact	Score	New People New Tech	Complexity	Design Quality	Score	
기능 1	H	H	H	18	M	M	M	8	2
기능 2	M	L	M	4	L	M	L	2	4

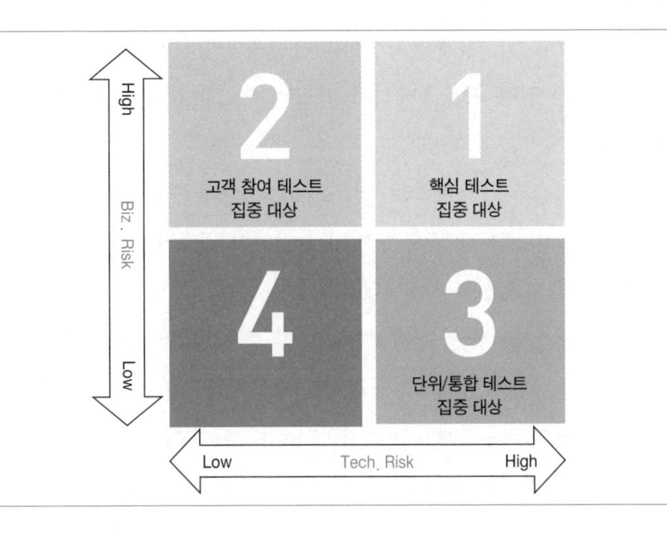

예를 들어, 리스크 우선순위가 1인 핵심 테스트 집중 대상의 경우, 명세 기반 테스트 중 유스케이스 테스팅과 경계값 분석 테스트를 수행하고 구조 기반 테스트의 다중 조건 커버리지, 경험 기반의 탐색적 테스트를 모두 수행할 수 있다. 또한 정적 테스트로 인스펙션, 워크스루 등 모든 리뷰 기법을 적용할 수 있다. 우선순위가 2인 고객 참여 테스트 집중 대상에는 명세 기반 테스트 중 동등 분할 테스트를 실시하고, 정적 테스트로는 기술적 리뷰를 중심으로 수행할 수 있으며, 우선순위가 3인 단위/통합 테스트 집중 대상에는 페어와이즈 조합 테스트와 워크스루 위주의 정적 테스트 기법으로 선택적으로 필요한 테스트를 수행할 수 있다.

리스크 기반 테스트를 수행 시에는 위험 평가자(고객, 개발 PL 등)가 실질적인 위험 분석을 수행해야 하며, 개발 완료된 테스트 대상 물량을 위험도에 따라 확보해야 하고, 개발 진척 관리도 위험도를 충분히 고려해야 한다. 또한 개발 진행 중에 요구사항의 변경 등으로 인해 위험도가 변동될 가능성이 있으므로 함께 분석해야 한다.

리스크 기반 테스트를 효율적으로 수행한다면 다음과 같은 기대효과를 얻을 수 있다.

- 사용자들의 성공을 위해 가장 중요한 애플리케이션 컴포넌트에 최고 품질을 보장함으로써 고객만족도를 향상시킬 수 있다.
- 테스트 팀은 어느 정도의 테스트 작업이 필요한지 정확히 파악하고 효과적이고 효율적인 방식으로 테스트를 실행할 수 있기 때문에 자원을 최대한 효율적으로 활용할 수 있다.
- 테스트 프로세스는 이제 불확실성의 블랙홀이 아니기 때문에 애플리케이션을 정해진 일정 내에 구축하고 비즈니스 요구사항을 성공적으로 충족할 수 있다.
- 직관적인 리스크 기반 테스트는 비즈니스 변화에 손쉽게 적응하고 QA 팀이 비즈니스의 흐름과 속도에 맞춰 끊임없이 변화하는 비즈니스 요구사항에 대응할 수 있도록 지원한다.
- IT는 비즈니스 요구사항을 파악하고 이를 소프트웨어 개발 생명주기에 적용함으로써 기업의 경쟁력을 강화하는 주도적인 역할을 담당할 수 있다.
- 테스트 전략의 커뮤니케이션 및 타당성 검증이 수행되기 때문에 IT 매니저는 테스트 자원을 동적으로 재할당하고 테스트하는 대상과 테스트 이

유에 대해 비즈니스 매니저에게 간편하게 설명할 수 있다.

참고자료

권원일 외. 2010. 『개발자도 알아야 할 소프트웨어 테스팅 실무』. STA.
패튼, 론(Ron Patton). 2006. 『소프트웨어 테스팅(제2판)』. 정보문화사.
페이지(Alan Page)·존스톤(Ken Johnston)·롤리슨(Bj Rollison). 2009. 『소프트웨어 테스팅 마이크로소프트에선 이렇게 한다』. 권원일·이공선·김민영 옮김. 에이콘.
"Software Inspection"(마이클 페이건의 Inspection 효과). http://www.the-software-experts.de/e_dta-sw-test-inspection.htm

기출문제

99회 응용 소프트웨어의 품질을 높이기 위하여 정적 분석(Static Analysis)의 일환으로 수행하는 소스코드 평가 체크리스트를 제시하시오. (25점)
96회 관리 소프트웨어 테스팅의 주요 이슈들을 제시하고, 이 중 비기능적 테스팅(Non-functional testing)과 동적 테스팅(Dynamic testing)을 구체적으로 설명하시오. (25점)
93회 관리 이벤트 기반의 시스템 테스팅을 위한 record and replay 기법을 설명하시오. (10점)
93회 응용 Pairwise Testing을 설명하시오. (10점)
92회 관리 시스템의 테스트 완전성을 확보하기 위한 소스코드 커버리지(Source Code Coverage)의 종류를 나열하고, 예를 들어 설명하시오. (25점)
92회 관리 리스크 기반 테스팅을 설명하시오. (25점)
92회 관리 아래의 코드에 대한 테스트 케이스(Test Case)를 작성하는 과정에 대하여 다음 질문에 답하시오. (25점)
〈사례 코드〉
(1) 제어흐름도를 작성하시오.
(2) 테스트 경로를 나열하시오.
(3) 테스트 경로에 따른 테스트 케이스를 작성하시오.
89회 관리 다음 사례를 이용하여 블랙박스 테스트를 위한 테스트 케이스(Test Case)를 작성하시오. (25점)
〈사례〉 식품점의 전산화를 위한 모듈이 식료품의 이름과 킬로그램(Kg)으로 표시된 무게를 입력받는다. 품명은 영문자 2자리에서 15자리까지 구성되고, 무게는 1에서 48까지의 정수로 구성된 값이다. 무게는 오름차순으로 입력된다. 품명이 먼저 입력되고 다음에 쉼표가 따라오고, 마지막으로 무게 값의 리스트가 나온다. 쉼표는 각 무게를 구별하기 위하여 쓰인다. 입력에 빈칸이 나오면 무시한다.
86회 관리 소프트웨어 정형기술 검토(formal technical review)의 중요성을 결함 증폭모형을 예로 들어 설명하시오. (25점)
86회 응용 testcase를 설명하시오. (10점)

J-3

소프트웨어 관리와 지원 툴

소프트웨어 테스트 분야에서 테스트관리를 위한 표준들과 조직의 테스트 프로세스의 성숙도를 평가하기 위한 다양한 방법에 대해 알아보고, 테스트 생산성을 향상시키기 위한 다양한 자동화 툴과 지원 툴에 대해 살펴본다.

1 소프트웨어 테스트 표준

전체 개발 비용의 20~60%를 차지하는 소프트웨어 테스트 분야의 중요성과 체계적인 테스트 지원의 필요성이 증대하면서, 특정 국가 표준과 ISTQB와 같은 업계 표준의 혼란을 해소하고자 ISO/IEC 29119 소프트웨어 테스트 표준이 등장했다. IEEE 829, ISO/IEC 29119 및 ISTQB 지식체계는 관계가 밀접하며, 현재 국내에서 IEEE 829는 제한적으로 사용 중이고, ISTQB 지식체계를 업계에서 활용하고 있는 상황이다.

IEEE 829
소프트웨어 테스트를 문서화하기 위한 IEEE 표준

ISO/IEC 29119는 소프트웨어 테스트의 개념과 용어, 프로세스, 문서화 및 기술을 설명하며, 다음과 같이 총 4개의 파트로 구성되어 있다.

구분	구성 요소	설명
Part I	Concepts and Vocabulary	- 소프트웨어 테스트 원리와 Practice 개요, 테스트 개념과 용어를 소개
Part II	Testing Process	- 소프트웨어 생명주기 프로세스 표준(ISO/IEC 12207)의 테스트 관련 부분 준수 - 테스트에 필요한 추가적인 가이드 제공

Part III	Testing Documentation	- 테스트 프로세스 파트와 연계된 표준적인 문서 템플릿 제공
Part IV	Testing Techniques	- 테스트 기법에 대한 상세한 내용

특히 Part II의 테스트 프로세스는 테스트 전략과 테스트 프로세스 모니터링, 테스트 프로세스 연결을 관리하는 테스트관리 프로세스가 있다. 또한 테스트 계획, 테스트 디자인, 테스트 실행, 버그 리포팅 등의 테스트 프로세스와 프로세스 상황과 테스트 상황을 다루는 상황 리포팅과 테스트 환경 지원 프로세스로 구성되어 있다.

Part III에서는 이들과 관계된 테스트 프로세스관리 문서와 테스트 문서, 상황 리포트, 테스트 환경 리포트의 문서를 다룬다.

ISO/IEC 29119를 통해 국제 표준에 맞추어 소프트웨어 테스팅 체계를 정립하고, 테스팅 전문가 확보를 통해 테스팅과 품질에 대한 인식을 개선해나간다면, 동일한 제품 및 시스템 개발 비용으로 더 높은 품질 수준을 확보하는 데 도움을 줄 수 있다.

2 소프트웨어 테스트 프로세스 심사 및 평가

기존의 소프트웨어 개발 프로세스의 성숙도를 보여주는 모델로는 CMMI Capability Maturity Model Integration와 SPICE Software Process Improvement & Capability dEtermination 등이 있다. 소프트웨어 테스트 분야에서 테스트 프로세스의 성숙도를 보여주는 모델은 일리노이 공대의 테스트 성숙도 모델인 TMMI Test Maturity Model integration와 테스트 성숙도 모델의 성숙도를 향상시키기 위한 테스트 프로세스 개선 모델로 TPI Test Process Improvement가 있다.

2.1 TMM

TMM은 테스트 프로세스 개선과 향상에 중점을 두고, 조직의 테스트 성숙 방향에 대한 가이드로서 서비스를 제공하는 데 목적이 있다. 또한 CMMI의 단계적 모델과 유사하게 성숙도 레벨을 5단계로 나누어, 초기 단계부터 마지막 최적화 단계까지 정의한다.

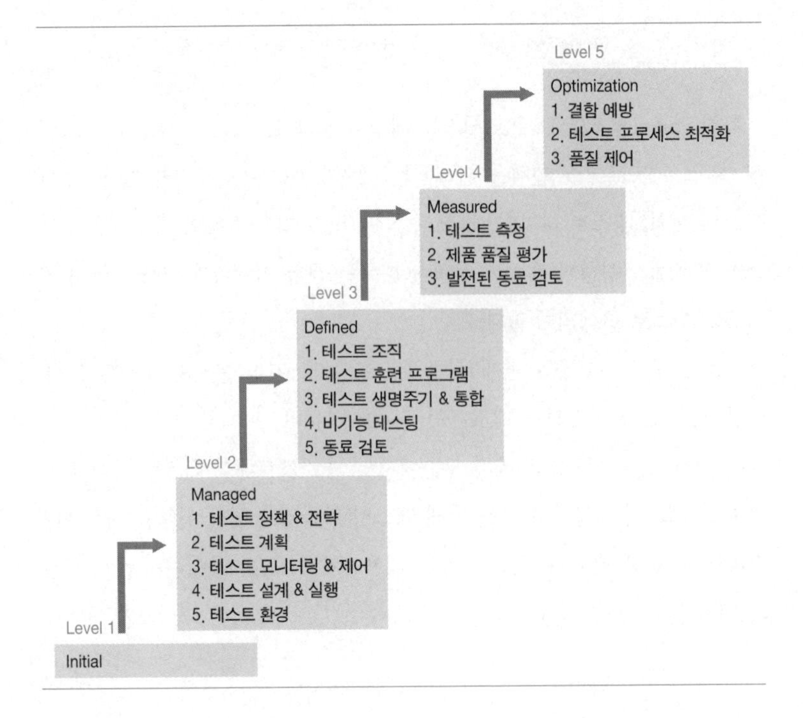

또한 레벨은 각각의 레벨에서 수행해야 하는 성숙도 목표가 있고, 각 목표를 달성하기 위해 활동·임무·책임이 존재하며, 이는 관리자·개발자·사용자의 영역으로 분류되어 있다. TMM은 조직의 테스트 성숙도를 평가하지만, 테스트 프로세스에 대한 내용이 부재하다는 단점이 있다.

TMMI에서는 이러한 점을 보완해 프로세스에 대한 내용을 담고 있다. 다음 그림은 TMMI의 프레임워크 구조를 설명한다.

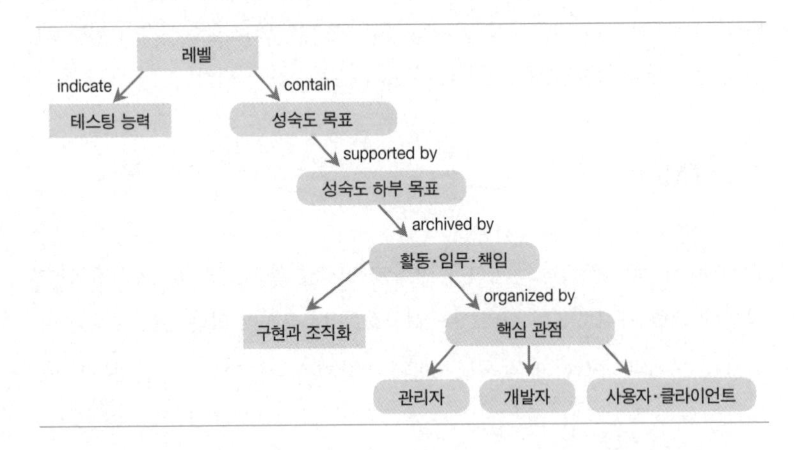

2.2 TPI

TPI는 TMM에는 없는 테스트 프로세스 개선을 더 쉽게 수행하고자 개발된 모델이다. TPI는 조직의 테스트 프로세스의 강점과 약점을 분석하여 체크포인트를 통해 프로세스 성숙도를 평가하고 개선사항을 제시한다.

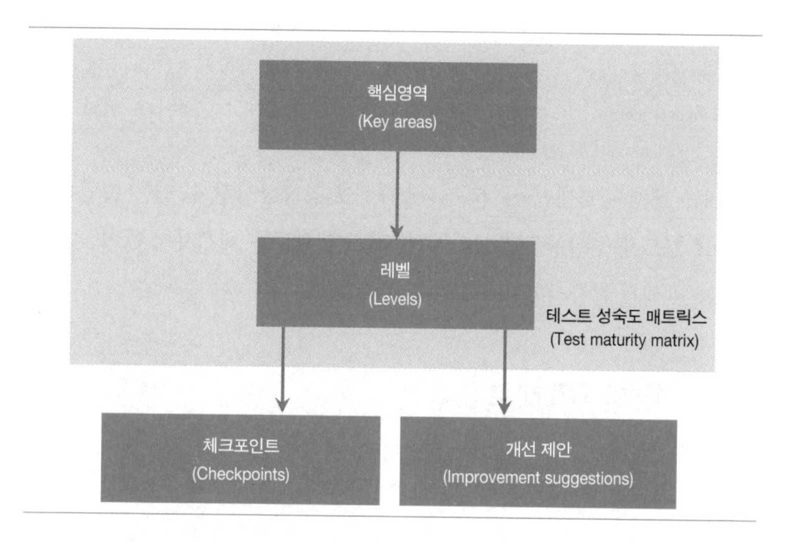

TPI 구성 요소
- 핵심영역
- 레벨
- 테스트 성숙도 매트릭스
- 체크포인트
- 개선제안

TPI는 테스트 프로세스에서 관련 기술과 도구, 보고서 등을 나타내는 핵심영역과 각 핵심영역을 시험하고 성숙도 수준을 분류하는 레벨, 모든 핵심영역을 통해 결정되는 테스트 프로세스의 수준을 보여주는 테스트 성숙도 매트릭스, 핵심영역을 객관적으로 평가할 수 있는 체크포인트, 측정된 수준보다 테스트 프로세스를 향상시키기 위한 개선 제안으로 구성된다.

다음은 테스트 프로세스의 핵심영역에 대한 성숙도 매트릭스이다.

Key Area	Controlled				Efficient				Optimal		
1. Stakeholder commitment	1	2	3	4	5	6	7		8	9	10
2. Degree of Involvement	1	2	3	4	5	6	7		8	9	
3. Test strategy	1	2	3	4	5	6	7		8	9	
4. Test organization	1	2	3	4	5	6	7	8	9	10	11
5. Communication	1	2	3	4	5	6	7		8	9	
6. Reporting	1	2	3		4	5	6		7	8	
7. Test process management	1	2	3	4	5	6	7		8	9	
8. Estimating and Planning	1	2	3	4	5	6	7	8	9	10	11

Key Area	Controlled				Efficient				Optimal		
9. Metrics	1	2	3		4	5	6	7	8	9	
10. Defect management	1	2	3	4	5	6	7	8	9	10	11
11. Testware management	1	2	3	4	5	6	7		8	9	10
12. Methodology practice	1	2	3		4	5	6	7	8	9	10
13. Tester professionalism	1	2	3	4	5	6	7	8	9	10	11
14. Test case design	1	2	3		4	5	6	7	8	9	10
15. Test tools	1	2	3		4	5	6	7	8	9	10
16. Test environment	1	2	3	4	5	6	7	8	9	10	11

TPI는 레벨 평가뿐만 아니라 현재 레벨보다 향상시킬 수 있는 방법을 제시하고 프로세스 향상을 유도하지만, 테스트 활동을 제시하지 않기 때문에 테스트 수행을 향상시키지 못하는 단점이 있다.

2.3 TMM과 TPI 비교

TMM의 조직의 테스트 성숙도 모델과 TMM의 테스트 프로세스를 보완하는 TPI를 연계해 테스트 성숙도 모델을 확장하는 방법도 좋은 방법이며, 다음은 TMM과 TPI를 비교한 표이다.

구분	TMM	TPI
평가 레벨	5	14
핵심영역	13	14
심사 기반	CMM, ISO, SPICE	없음
테스트 프로세스	V 모델	미적용
테스트 프로세스 개선 제시	불가능	가능

3 소프트웨어 테스트 자동화 및 지원 툴

최근 대규모의 소프트웨어 프로젝트가 늘어나고, 다양한 기능에 대해 적시에 빠르게 테스트하기 위한 요구사항이 증가하고 있다. 이에 따라 테스트 과정에서 반복적인 작업을 최소화하고, 사람의 실수를 최소화하는 테스트 자동화에 많은 관심을 보이고 있다. 테스트 자동화란 테스팅에 포함되는 다양한 지원 활동(테스트관리, 소스코드 리뷰 및 인스펙션, 테스트 설계 및 개발, 테스트 수행 등)을 자동화 도구를 사용해 처리하는 방법이다.

테스트 자동화
테스팅에 포함되는 다양한 지원 활동을 자동화 도구를 사용하여 처리하는 방법

코드의 문법적 오류와 구조 설계를 분석하기 위해 사용되는 코드 분석도구는 다음과 같다.

구분	분석도구	상세 내용
정적 분석 도구	코드 분석 도구	- 원시 코드의 문법적 적합성을 자동으로 평가해 잘못된 문장을 표기
	구조 검사 도구	- 원시코드의 그래프를 생성해 논리 흐름을 보여주고 구조적인 결함이 있는지 체크
	데이터 분석 도구	- 원시 코드에 정의된 데이터 구조, 데이터 선언, 컴포넌트 인터페이스를 검사 - 잘못된 링크나 데이터 정의의 충돌 및 잘못된 데이터의 사용 등을 발견
	순서 검사 도구	- 이벤트의 순서 체크. 잘못된 순서로 코딩되어 있다면 이벤트를 지적
동적 분석 도구		- 프로그램이 수행되는 동안 이벤트의 상태를 파악하기 위하여 특정한 변수나 조건의 스냅숏(snapshot)을 생성

실제 입력값과 논리 흐름에 따른 테스트 케이스를 생성해주는 테스트 케이스 생성도구는 다음과 같은 기능을 갖는다.

테스트 케이스 생성도구	내용
자료 흐름도	- 원시 프로그램을 입력받아 파싱한 후 자료 흐름도를 작성 - define-use 관계 및 변수에 영향을 주는 요소들을 모아 테스트 경로를 구동시키는 입력값 발견
기능 테스트	- 주어진 기능을 구동시키는 모든 가능한 상태를 파악해 이에 대한 입력을 작성
입력 도메인 분석	- 원시코드의 내부를 참조하지 않고 입력 변수가 가질 수 있는 값의 도메인 분석
랜덤 테스트	- 입력값을 무작위로 추출 - 시스템의 신뢰성 분석에 사용

그리고, 실제 테스트를 수행하고 결과를 기록하는 테스트 실행도구는 다음과 같다.

실행도구	상세 내용
캡쳐 및 리플레이	- 테스트 계획에 표시된 테스트 데이터를 자동으로 입력하고 실행 과정에 발생하는 화면이나 인쇄되는 결과를 캡쳐 - 예상되는 결과와 비교 - 예상되는 결과와 차이를 보일 경우 테스트 프로그래머에게 보고 - 오류를 발견하고 수정한 후 고치는 작업이 바르게 되었는지 확인하는 데 유용
스텁/드라이버 생성	- 자동적으로 스텁과 드라이버를 생성하는 도구
자동 테스트 환경	- 테스트 수행 도구들이 테스트 환경으로 통합되어 제공

마지막으로, 각 테스트 지원 활동에 따른 테스트 툴의 종류는 다음과 같다.

구분	유형	지원 도구
테스트관리 지원 툴	요구사항관리 툴	TestLink, HP QC, Caliber RM, Doors
	테스트관리 툴	TestLink, HP QC, RQM
	결함관리 툴	MANTIS, Redmine, HP QC, Bugzilla, JIRA, ClearQuest, Test Director
	형상관리 툴	Git, Perforce, SVN, CVS, Dimension, ClearCase
정적 분석 지원 툴	정적 분석 툴	PMD, JDepend, Resort for C, C++, Findbug
	모델링 툴	Together, EA, UML, ERWin, Power Design
테스트 설계 지원 툴	테스트 설계 툴	CTE XL, Testopia, Allpairs, CaseMaker
	테스트 데이터 툴	Feed4TestNG
테스트 실행 및 로깅 지원 툴	테스트 시뮬레이터	JMock, Vmware, VirtualBox
	테스트 실행 툴	- Record & Play: Selenium, HP QTP - Unit Testing: JUnit, NUnit, - Android Testing: Robotium, MonkeyRunner
	테스트 커버리지 측정 툴	- Java: cobertura, Emma, codecover, Mccabe - C(C++): Mccabe
	보안 테스트 툴	Paros, Oedipus, Fortify, Sparrow, Burpsuite, Googile ZAP
성능 및 모니터링 툴	성능 테스트 툴	RoadRunner, Apache JMeter, MS WAS Tool, QALoad, e-load, Robot, JUnitPerf, DynaTrace
	모니터링 툴	Paros, Sipp, Jennifer, DevPartner, QAC, AppDynamics

테스트 툴은 반복적인 업무를 감소시키고, 수행 결과에 대해서 일관성과 반복성을 제공하며, 테스트 커버리지, 코드 표준 위반 등 객관적인 평가 지표를 제공한다. 또한 성능·부하·가용성 테스트와 같이 인적 자원으로는 수행하기 난해한 테스트 작업을 도와주고 테스트관리 및 진행 정보에 접근하기 편리하다. 반면 툴의 성능 및 기능에 비해 비현실적인 기대치가 높고, 툴 도입 시에 적용하는 방법 및 유지보수에 비용과 노력이 소요되는 것을 과소평가하며, 툴에 지나치게 의존하게 되는 위험요소가 존재한다. 따라서 툴 선정 시에는 조직의 성숙도와 경험을 바탕으로 파일럿 테스트를 실시한 후, 툴 사용에 대한 교육과 지원을 확인하고 단계적으로 도입하는 것이 리스크를 줄일 수 있는 방법이다.

참고자료

권원일 외. 2010.『개발자도 알아야 할 소프트웨어 테스팅 실무』. STA.
패튼, 론(Ron Patton). 2006.『소프트웨어 테스팅』. 정보문화사.
페이지(Alan Page)·존스톤(Ken Johnston)·롤리슨(Bj Rollison). 2009.『소프트웨어 테스팅 마이크로소프트에선 이렇게 한다』. 권원일·이공선·김민영 옮김. 에이콘.

기출문제

101회 관리 패키지 소프트웨어를 적용하여 기업 애플리케이션을 개발할 경우 패키지는 커스터마이징(Customizing) 또는 애드온(Add-On) 되어야 한다. 이때, 패키지 소프트웨어를 테스트하기 위한 고려 사항과 절차에 대하여 설명하시오. (25점)

96회 응용 소프트웨어 테스트 프로세스 성숙도 평가 모델 TMMI(Test Maturity Model Integration)와 시스템 개발 프로세스 성숙도 평가 모델 CMMI(Capacity Maturity Model Integration)는 5레벨의 단계적 평가 프레임워크이다, TMMI 모델과 CMMI 모델을 각각 설명하시오. (25점)

93회 응용 국제 표준(IEEE 또는 IEC)에 적합한 임베디드 시스템(Embedded System) 소프트웨어의 시험 계획(Test Plan), 시험 절차(Test Procedure), 시험 사례 생성(Test Case Generation) 및 시험실행(Test Execution)에 대하여 설명하시오. (25점)

S o f t w a r e

E n g i n e e r i n g

K
소프트웨어 운영

K-1. 소프트웨어 유지보수
K-2. 소프트웨어 3R
K-3. 리팩토링
K-4. 형상관리

소프트웨어 유지보수

소프트웨어는 개발기간 동안 미발견된 결함이 발견되기도 하고 생명주기를 연장하려는 사용자의 요구와 사용환경 변화에 유연하게 대응하기 위해 유지보수 작업을 수행한다. 유지보수 작업은 코딩 결함 수정, 설계 명세상의 심각한 결함 보완, 신규 기능의 개선 및 추가 구현 등 비즈니스 목적을 달성하기 위해 수행한다. 유지보수 수행 시 리소스의 제약 고려 및 비즈니스 우선순위를 중심으로 변경관리와 연계해 변경 범위 및 시기를 잘 관리해야 한다.

1 소프트웨어 유지보수의 개념

소프트웨어 유지보수는 소프트웨어 인수, 설치 후 오류 수정, 성능 및 기능 개선, 환경 변화에 따른 대응 등 모든 소프트웨어 공학적 활동이다. 소프트웨어 생명주기상에서 70% 점유, 신규 개발보다 유지보수에 상대적으로 많은 비용과 인력 투입, 개발기간(평균 1~2년 정도)에 비해 긴 유지보수 기간(5년, 10년), 지속적인 변경 및 개선 등 유지보수의 중요성이 증가하고 있다.

구분	소프트웨어 개발	소프트웨어 유지보수
공정 관점	- 분석, 설계, 구현, 테스트, 이관 단계별 분리 수행	- 소프트웨어 특성에 따른 비즈니스 요구 발생 시 수행 → 비즈니스 이해, 기술
작업 관점	- 소스코드 개발의 코딩 업무 중심	- 비즈니스에 대한 이해, 유지보수 필요 기술, Skill, 프로세스 내재화 등 통합적이고 이해 중심
소프트웨어 특성	- 비가시성, 복잡성, 변경성, 순응성, 무형성, 장수성, 복제 가능성	

소프트웨어는 완제품이 아니며 계속 개선되고 변경되는 고정적이지 않은 특성으로 유지보수의 난이도가 증가하고 있다.

2 소프트웨어 유지보수 종류와 작업 절차

소프트웨어 유지보수는 목적에 따라 정정, 개작, 기능보강, 예방의 4가지 유형으로 나뉜다. 다양한 분류 기준에 따른 유지보수 종류는 다음과 같다.

2.1 소프트웨어 유지보수 종류

분류	소프트웨어 유지보수 종류	수행 활동
수행사유	교정 유지보수	- 테스트 단계에서 미발견된 오류 수정 - 신규 개발 또는 유지보수 중 발생 오류 수정 - 긴급성, 난이도에 따른 신속 조치 또는 장기 조치
	적응 유지보수	- 비즈니스, 인프라, 데이터 환경 등 소프트웨어 운영 환경 변화에 따른 대응 - 프로세서, OS, 엔진, 프로토콜 변화에 맞추어 소프트웨어 패치 및 업그레이드
	완전 유지보수	- 신규 기능 추가, 기존 기능 개선, 성능 개선, 품질향상, 유지보수성, 신뢰성 향상 변경
수행시기	계획 유지보수	- 주기적인 스케줄링에 따른 유지보수 - 정기 예방점검, 정기 PM, 분기 정기점검 등
	예방 유지보수	- 문제 회피를 위하여 장애 Point 수정 유지보수 - 보안점검, 보안 컨설팅, 아키텍처 진단, 품질 점검 등
	응급 유지보수	- 긴급한 경우의 유지보수 사후 승인 필요 시 수행
수행대상	데이터/프로그램 유지보수	- 데이터 이관, 마이그레이션, 컨버전 필요 시 수행 - 데이터 표준화, 클린징, 컨버전 프로그램 개발 - 데이터에 대한 오류 처리, 응용 프로그램 소스 개선
	문서화 유지보수	- SDLC 전 단계 문서, 산출물 표준 변경 및 현행화
	시스템 유지보수	- 시스템 운영 프로세스 유지 및 개선 활동 - 인시던트, 문제 해결 및 응용시스템 변경관리 - 모니터링, 하드웨어, 소프트웨어, 데이터베이스 업그레이드

소프트웨어 생명주기 전 단계에 있어서 오류를 수정하고, 사용자의 요구사항을 정정해 소프트웨어 기능을 개선하고 유지하는 활동이다. SDLC상에서 생명주기 연장을 위해 많은 리소스와 비용이 투자된다.

2.2 소프트웨어 유지보수 작업 절차

유지보수 작업의 절차는 소프트웨어 특성을 고려해 소프트웨어의 이해, 변경 요구 분석, 변경 및 효과 예측, 회귀 테스트(리그레션 테스트)의 4단계로 이루어진다.

단계	수행활동
소프트웨어의 이해	- 개발 문서, 매뉴얼, 전체 프로그램 이해 - 비즈니스 및 애플리케이션 도메인 지식 이해 - 프로그램 구조, 데이터 구조 해석 및 이해
변경 요구 분석	- 변경 필요성, 영향도 분석, 변경 유형 파악(교정, 적응, 완전) - 신규 기능 요구사항 분석 및 비즈니스 니즈 이해
변경 및 효과 예측	- 변경 영향도 및 수정범위 분석 - 변경으로 인한 코드, 문서 산출물 확인 및 점검
회귀 테스트 (리그레션 테스트)	- 소프트웨어 변경 후 Side Effect/Ripple Effect 확인 및 제거 - 소프트웨어 변경 후 기존 기능의 정상 동작 확인 - 테스트 케이스 현행화 및 회귀 테스트 시 활용

소프트웨어 유지보수는 개발과 달리 포괄적이고 요구사항 기반으로 수행되므로 유지보수 담당자는 비즈니스에 대한 이해를 기반으로 유지보수 프로세스 내재화, 자동화 도구 사용 능력, 프로그래밍 스킬Skill 등 다양한 역량을 확보해야 된다. 정적/동적 소프트웨어 개발 도구를 유지보수 환경과 통합해 제공하려는 노력이 필요하다.

소프트웨어 유지보수 절차 및 단계별 활동은 다음과 같다.

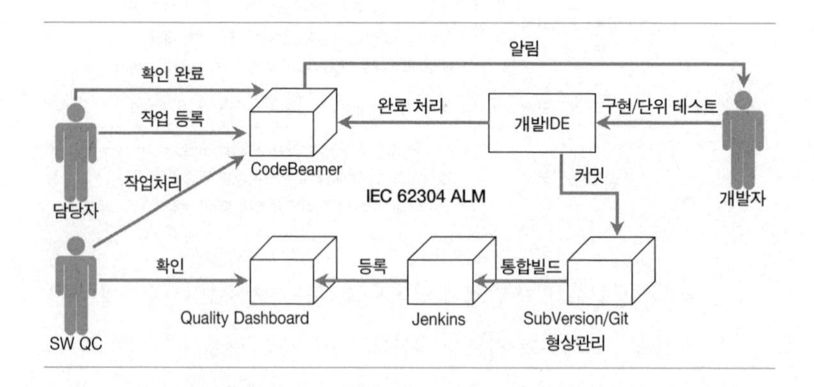

유지보수 수행 시 이해관계자(사용자, 분석가, 유지보수 관리위원회, 유지보수자)별 요청, 분석, 승인, 실행의 단계를 거친다.

단계	수행활동	사용도구
요청 (사용자)	- 변경 요청서 작성 - CR(Change Request), SR(Service Request) 작성	- 요청관리시스템 (JIRA 등)
분석 (분석가)	- 유지보수 유형, 심각도, 난이도, 우선순위 분석 - 유지보수 변경 영향도 분석	- CAB
승인 (유지보수 관리위원회)	- 분석 내용 기준 유지보수 내용 승인 - 비즈니스 요구 반영 유지보수 실행 승인	- CCB
실행 (유지보수자)	- 유지보수 대상에 대한 유지보수 실행 - 릴리스 계획서 및 BackOut Plan 수립 - 변경 산출물 현행화	- RAB - PIR

3 소프트웨어 유지보수 향상 활동

소프트웨어 유지보수 향상
소프트웨어 개발 중 유지보수 용이성 및 생산성을 향상시키기 위한 활동

소프트웨어 유지보수 생산성을 향상시키기 위해 SDLC 단계별 예방 조치 및 유지보수 활동 지원 도구를 사용하는 방법이 있다. 소프트웨어 유지보수 향상 활동은 유지보수 용이성, 생산성을 높이는 중요한 활동이다. SDLC 단계별 소프트웨어 유지보수 향상 활동은 다음과 같다.

단계	수행활동
분석	- 소프트웨어 개발 중 표준과 가이드 수립 및 제공으로 유지보수 일관성 유지 - 요구사항 문서/양식, 설계 표준, 아키텍처 가이드, 코딩 개발 가이드 지침
설계	- 명확성, 모듈성, 변경 용이성을 보장하는 설계 기준 수립 및 가이드 - 유지보수를 고려한 확장성, 이식성을 보장하는 설계 지침
구현	- 간단하고 명료한 코딩 스타일 준수해 소스코드의 가독성 향상[기호화, 자료 캡슐화, 주석(Comment) 등] - PMD, JTest 등 자동화 도구 적용, 소스코드 품질 상향 평준화
테스트	- 회귀 테스트(리그레션 테스트) 활용을 위한 테스트 케이스 개발 및 관리 - 테스트 케이스 기반 테스트 케이스 스크립트 개발 및 현행화 - 테스트 계획서, 결과서, 예시 등 테스트 관련 산출물 관리

이 외에, 프로그램 이해 기술, 유지보수 단계 테스팅, 역공학의 기법을 사용해 소프트웨어 유지보수성 향상을 도모한다.

기법	수행활동
프로그램 이해 기술	- 프로그램 언어에 대한 이해 및 숙달 - 비즈니스 및 도메인 지식 확보 - 프로그램 구조, 개체, 반복, 선택, 논리, 모듈의 이해
유지보수 단계 테스팅	- 회귀 테스트 수행: 기존 테스트 케이스 수행 기능 정상 동작 - 비즈니스 니즈 및 시스템 환경 변경 시 테스트 케이스 현행화
역공학	- 원시코드로부터 설계 산출물 도출 및 복원 분석 활용 - 정보시스템을 분석해 시스템의 구성요소 파악 및 이해

역공학 수행 시 코드 난독화 기술 적용으로 인해 역공학의 난이도가 증가하는 추세이다. 유지보수성 향상을 위해 역공학 기술을 활용할 경우 코드 난독화 기술에 대한 이해도 필요하다.

4 소프트웨어 유지보수 문제점과 해결 방안

소프트웨어 공학의 원리를 SDLC 단계에 적용하지 않을 경우 유지보수 문제점이 발생하며, 이의 해결을 위해 많은 비용이 소요된다. 소프트웨어 유지보수의 문제점 숙지 및 해결 방안에 대한 고민이 필요하다.

문제점	해결 방안
소스코드, 자료, 산출물 품질 저하	- SDLC 단계의 QA(품질보증) 활동 강화 - 프로젝트 관리도구(PMS, 버전관리시스템 등) 도입
시스템 신뢰성 저하	- 표준 개발 방법론, 개발 도구 적용 및 프로젝트 특성 고려 - 테일러링 적용으로 개발 및 유지보수 생산성 확보
유지보수 비용(CAPEX/OPEX), 인력 증가	- 소프트웨어 재공학 도구를 활용하여 업무 분석, 재구조화, 역공학 실시 - 자동화 도구 도입, 유지보수 소요 비용 및 기간 단축
유지보수 프로세스, 운영 체계 미흡	- PMBOK 기반 프로젝트 관리기법의 테일러링 적용 - ITIL 기반 ITSM 프로세스 내재화(변경관리, 형상관리 등) - 유지보수 요인의 선제적 예방 활동 수행(문제관리 등)
유지보수 인력 역량 부족	- 유지보수 담당자 대상 방법론 교육 및 기술 교육

소프트웨어 유지보수는 유지보수 향상과 신뢰성 확보를 위해 표준화, 자동화, 효율화 관점으로 발전할 것으로 전망된다.

- 표준화된 개발 방법론과 자동화 CASE 도구를 적용해 유지보수성을 증대시킨다.
- 변경관리, 분석활동, 설계활동, 구현활동 등을 시스템 특성을 고려해 테일러링을 수행하고 표준화 수립 및 운영한다.
- 유지보수 프로세스의 자동화를 강화하기 위해 다양한 재공학 도구를 사용한다.
- 소프트웨어 패키지화, 프레임워크, 형상관리도구를 도입해 유지보수 효율성을 향상한다.

참고자료

최은만. 2013. 『소프트웨어 공학』. 정익사.
한국정보화진흥원. 2009. 『정보시스템감리기준 해설서』.

기출문제

105회 응용 하자보증(Warranty)과 유지보수(Maintenance)를 구분하고, 소프트웨어 유지보수 유형(긴급 유지보수, 수정 유지보수, 적응 유지보수, 완전 유지보수)과 보고 및 행정 절차에 대하여 설명하시오. (25점)

102회 관리 소프트웨어 유지보수의 4가지 유형과 개발 업무와의 차이점에 대하여 설명하시오. (10점)

K-2

소프트웨어 3R

소프트웨어 3R은 구현 소프트웨어를 대상으로 역공학(Reverse-Engineering), 재공학(Re-Engineering), 재사용(Re-Use)을 통해 소프트웨어 생산성을 극대화하는 기법이다. 소프트웨어 3R을 적용해 소프트웨어 대형화, 복잡화, 라이프 사이클 감소에 따른 소프트웨어 위기를 극복할 수 있을 것으로 기대된다.

1 소프트웨어 3R의 개요

3R 기법
- 역공학
- 재공학
- 재사용

소프트웨어 3R은 정보저장소Repository를 기반으로 역공학Reverse-Engineering, 재공학Re-Engineering, 재사용Re-Use을 적용해 유지보수 효율성을 향상하는 기법이다.

소프트웨어 3R의 필요성과 등장배경은 다음과 같다.

- 소프트웨어 유지보수의 효율성 향상 및 비용(CAPEX/OPEX), 인력을 절감할 수 있다.
- 소프트웨어 개발생산성, 이해용이성, 변경 및 테스트 용이성이 향상된다.
- 이해관계자 다변화에 따른 소프트웨어 변경 요구사항의 다양화, 다각화에 유연하고 신속한 대응이 가능하다.
- 소프트웨어 대형화, 복잡화에 따른 소프트웨어 위기 극복의 주요 수단으로 활용될 수 있다.
- 정보시스템을 CASE 도구를 사용해 유지보수 및 변경이 가능하도록 설계, 산출물 도출 및 모듈 기능 재사용이 가능하다.

2 소프트웨어 3R의 구성

요구분석, 설계, 구현의 순차적인 단계로 개발하는 것이 순공학이며, 소프트웨어 3R은 반대로 소스코드로부터 소프트웨어 설계 명세를 분석하는 역공학 기법을 사용한다. 역공학을 통해 도출한 설계 결과를 재구조화 및 재공학 과정을 수행해 만들어진 소프트웨어 모듈로 재사용을 수행한다.

2.1 소프트웨어 3R 개념도

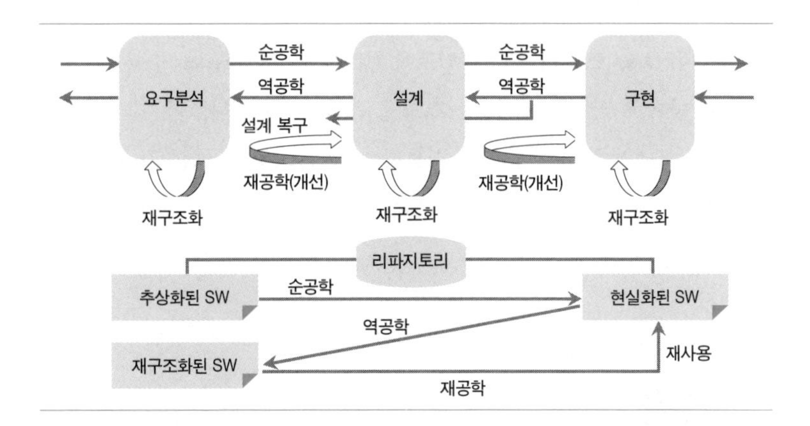

수행기법	수행기법의 개념
순공학	- 요구분석 → 설계 → 구현의 순차적 단계 수행 - 비즈니스의 추상 개념을 물리적 현실 개체로 구체화 구현
재구조화	- 소프트웨어의 기능은 변경하지 않고 역공학 수행을 통해 모듈을 재구조화하여 소프트웨어 재구성
순환공학	- 순공학 실시 후 다시 역공학을 수행하는 과정
동기 순환공학	- 순환공학 수행 시 설계와 코딩을 동시에 변환하는 과정
비동기 순환공학	- 순환공학 수행 시 설계와 코딩을 별도로 변환하는 과정

2.2 소프트웨어 3R 구성요소

구성요소	구성요소 설명
역공학	- 자동화된 도구를 사용하여 물리적인 소스코드로부터 논리적인 소프트웨어 사양서, 설계서 정보를 추출하는 기법 - 기존 개발된 시스템의 코드나 데이터로부터 설계 명세, 요구 명세를 추출하는 기법

구성요소	구성요소 설명
재공학	- 역공학을 수행하여 재구조화된 소프트웨어 모듈을 기반으로 추상 개념을 물리적인 현실 소프트웨어로 재구성하는 기법 - 정보시스템의 확장성과 이식성을 향상시키기 위해 프로그래밍 표준 적용, 고수준 언어로 재구성 및 변환을 수행하는 기법
재사용	- 재공학으로 구현된 소프트웨어의 일부 또는 전부를 사용하는 기법 - 타 시스템에 사용되고 있는 소프트웨어 모듈을 신규 시스템 구현 시 적용하기 위한 기법

소프트웨어 3R을 활성화화기 위해서는 재사용에 대한 비전 공유 및 재사용 인프라 구조Infrastructure 구성이 중요하다. 이해관계자별 공통된 이해를 바탕으로 소프트웨어 재사용 필요성 및 비전을 공유하고, 재사용 모듈도 소프트웨어 자산Asset으로 인식할 수 있도록 한다. SAMSW Asset Management에 재사용 모듈 등록 후 라이프 사이클Life-Cycle을 관리하도록 한다.

재사용 프로세스 구축 후 공동 정보저장소Repository를 구성하고, CBD, 객체지향 방법론 등 컴포넌트 기반 재사용 방법론의 이해를 통해 생태계를 활성화한다.

3 역공학

소프트웨어 역공학Reverse Engineering은 기존 개발된 시스템을 CASE 도구를 사용하여 사양서, 설계서 등 문서로 자동 추출하는 기법이다. 기존 개발된 시스템의 코드나 데이터로부터 설계 명세서 또는 요구분석서 등을 도출한다. 또한 자동화된 도구의 도움으로 물리적인 수준의 소프트웨어 정보를 논리적인 소프트웨어 정보의 서술로 추출한다.

종류	주요 내용
논리 역공학	원시 소스코드로부터 논리적인 설계 정보를 획득하는 Repository 구성
자료 역공학	물리적인 데이터로부터 논리적인 정보를 추출하여 기존 시스템에서 신규 시스템으로 데이터베이스 이관 수행

소프트웨어 역공학 악용의 문제점을 해결하기 위해 원시 소스코드의 가독성을 저하시키는 코드 난독화 기술이 부각되고 있다. 코드 난독화 기술을 사용해 소스코드의 일부 또는 전체를 변경함으로써 코드의 가독성을 저하

시켜 역공학에 대한 대비책을 제공한다. 역공학이 소스코드 보안의 창이라면, 코드 난독화 기술은 코드 보안의 방패 역할을 한다.

소프트웨어 역공학과 코드 난독화 기술의 관계는 다음과 같다.

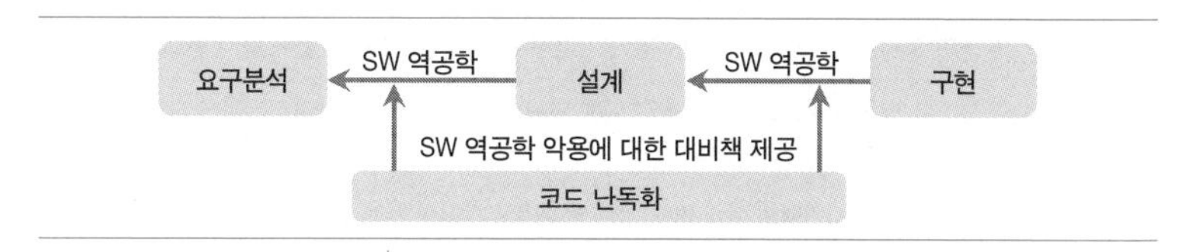

4 재공학

소프트웨어 역공학 및 재구조화 기술을 이용해 시스템의 논리적 정보를 추출하고, 추출한 모듈을 순공학을 사용해 시스템 구성 시 재활용함으로써 재사용성을 향상하는 소프트웨어 구현 기법이다.

재공학 적용 시 시스템의 유지보수성·재사용성을 향상하고, 유지보수 비용 및 시스템 구현 시간을 단축할 수 있다.

재공학 적용 기법 및 주요 내용은 다음과 같다.

재공학 기법	기법 주요 내용
재구조화	정보저장소(라이브러리)의 소프트웨어 부품을 검색해 조립함으로써 신규 소프트웨어를 개발하는 기법
재모듈화	모듈의 결합도, 응집도 기반 시스템 구성요소를 분석해 시스템의 모듈의 구조를 변경시키는 기법
의미론적 정보추출	소스코드가 아닌 문서 산출물 관점에서 설계 영역에 대해 재공학을 수행하는 기법

소프트웨어 재사용 모델 및 프로세스는 다음과 같다.

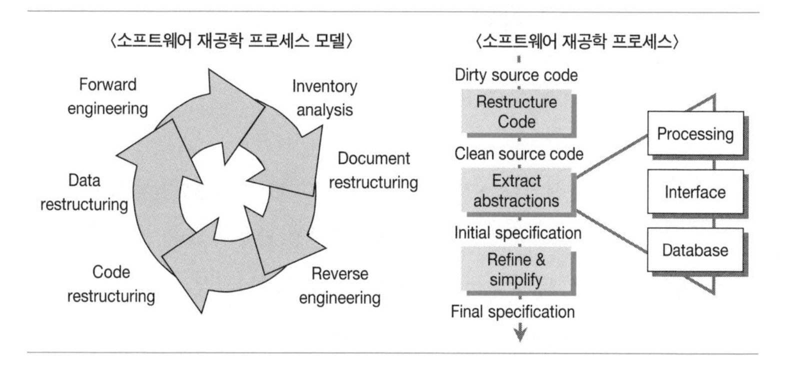

단계	수행활동
원시코드로부터 정보 추출	원시코드와 DB에서 필요한 정보를 추출해 정보저장소(Repository)에 저장
역공학	정보저장소의 정보를 분석해 새로운 정보의 특성 및 사양 분석
시스템 향상과 검증	시스템 분석가가 정보구조, 정보흐름 등의 애플리케이션 설계 명세 정의
순공학	역공학에서 도출한 논리적 설계 명세 정보를 기반으로 애플리케이션 기능 구현 및 향상
설계 / 최적화	신규 시스템의 설계 명세 개선 및 애플리케이션 기능 최적화
원시코드 생성	컴포넌트 모듈을 검색 및 조립해 신규 시스템의 원시코드 생성

5 소프트웨어 재사용

소프트웨어 재사용은 기능, 모듈, 구성을 표준화하여 생산성 향상을 위해 신규 시스템 구현 시 컴포넌트를 반복적으로 재사용해 구성하는 기법이다. 재사용 적용 시 소프트웨어 생산 비용 절감 및 소프트웨어의 품질 향상 효과를 기대할 수 있다. 재사용 시 범용성, 모듈성, 하드웨어/소프트웨어 독립성, 문서화 등의 기본 원칙을 준수해야 한다.

소프트웨어 재사용 활용 및 구현 기법은 다음과 같다.

<table>
<tr><th>활용 기법</th><th>수행 내용</th><th>구현 기법</th></tr>
<tr><td>Copy</td><td>목적에 따라 소스코드 복사해 수정 사용</td><td rowspan="8">- Classification
- Design Pattern
- Modulation
- OOD
- CBD</td></tr>
<tr><td>Pre-Processing</td><td>컴파일 시 Include 함수를 포함해 사용</td></tr>
<tr><td>Library</td><td>서브 프로그램의 집합을 Link 시 포함</td></tr>
<tr><td>Package</td><td>Global Variable, 패키지 I/F 정적 활용</td></tr>
<tr><td>Object</td><td>Global Variable, 오브젝트 I/F 동적 활용</td></tr>
<tr><td>Generics</td><td>Object의 다형성(오버라이딩, 오버로딩) 이용</td></tr>
<tr><td>객체지향</td><td>객체지향 특성 이용(상속성, 다형성, 추상화, 정보은닉 등)</td></tr>
<tr><td>컴포넌트</td><td>컴포넌트 개발, 검색, 조립 이용 개발</td></tr>
</table>

효과적인 재사용 체계를 구축하기 위해서는 재사용 자산의 고도화, 재사용성의 혁신, 재사용 거버넌스 체계 구축, 재사용 활성화 문화 조성 등 생태계 활성화 구축 전략이 중요하다. SAM, ITSM, ITAM 간 연계를 통해 소프트웨어 재사용 자산Asset의 라이프사이클Life-Cycle을 관리한다.

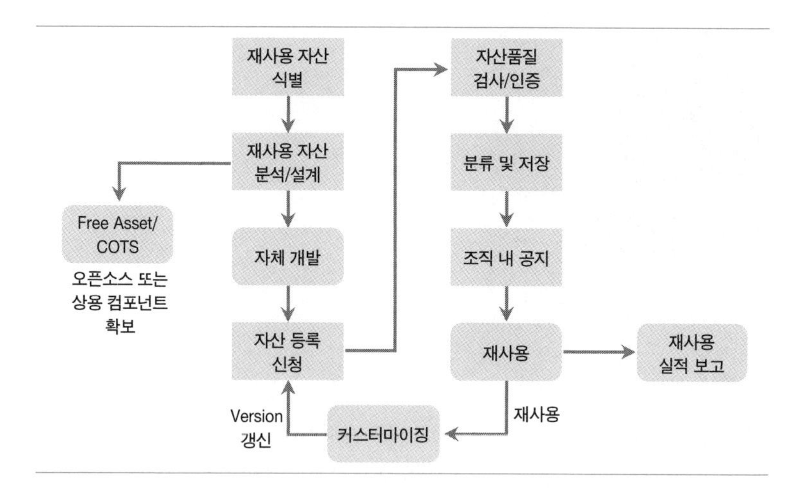

참고자료

Pressman, Roger S. 2009. *Software Engineering A Practitioner's Approach*, 7th ed. Dubuque, IA: McGraw-Hil

기출문제

114회 관리 재공학(Re-engineering), 역공학(Reverse Engineering). (10점)

108회 응용 호환성 확보를 위한 컴퓨터 프로그램 코드의 역공학(Reverse Engineering) 허용을 저작권 측면에서 설명하시오. (25점)

95회 관리 소프트웨어 역공학(Reverse Engineering)과 코드 난독화(Code Obfuscation)의 관계에 대하여 설명하시오. (10점)

K-3

리팩토링

리팩토링은 소프트웨어의 기능은 변경하지 않고 쉽게 이해가 가능하고 수정이 가능하도록 내부 구조를 변경하는 활동이다. 기개발되어 있는 소스코드의 코딩 스타일, 구조, 성능, 보안성 등 최적의 설계가 될 수 있도록 개선하는 과정이다. 리팩토링이 필요한 코드 스멜이 발견되면 리팩토링을 실시하고 최적화를 반복함으로써 코드 스타일 베스트 프랙티스(Best Practice)인 디자인 패턴을 도출할 수 있다.

1 리팩토링의 이해

리팩토링은 소프트웨어 가독성과 유지보수성을 저하시키는 코드 스멜을 제거해 기존 기능의 변경 없이 소프트웨어 내부 구조를 개선하는 활동이다. 리팩토링의 필요성을 제시하는 코드 스멜의 예시는 다음과 같다.

- 가독성이 저하되어 이해하기 어려운 프로그램
- 중복된 코드, 로직을 가지고 있는 복잡한 프로그램
- 기능이 지나치게 많은 클래스를 보유한 프로그램
- 불필요한 기능을 위해 만들어진 클래스를 다수 보유한 프로그램
- 특정 클래스 수정 시 연관 클래스의 변경이 다수 발생해 확장성과 유연성이 떨어지는 프로그램 등

코드 스멜을 확인하여 프로그래머/분석설계자의 경험과 직관을 고려해 리팩토링의 적용 시점과 대상을 파악하는 것이 중요하다. 리팩토링을 수행하는 가장 중요한 목적은 다음과 같다.

- 소스코드를 정돈하고 디자인을 개선해 소프트웨어의 이해도를 향상시킨다.
- 소프트웨어의 가독성을 향상시켜 유지보수성(코드스멜 제거, 버그 트래킹 등)과 개발생산성(프로그래밍 속도 향상 등)을 증가시킨다.

리팩토링의 핵심은 기구현된 소프트웨어의 기능을 유지하는 것이므로 리팩토링 실시 후 반드시 회귀 테스트(리그레션 테스트)를 수행하여 리팩토링으로 인해 소프트웨어 기능이 정상적으로 동작하지 않는지 확인해야 한다.

2 리팩토링의 적용 시점과 대상

리팩토링은 코드 개발 및 점검 시 프로그래머의 경험과 직관에 근거해 코드 스멜이 발견될 경우에 적용 시점을 결정한다.

리팩토링 적용 시점은 다음과 같다.

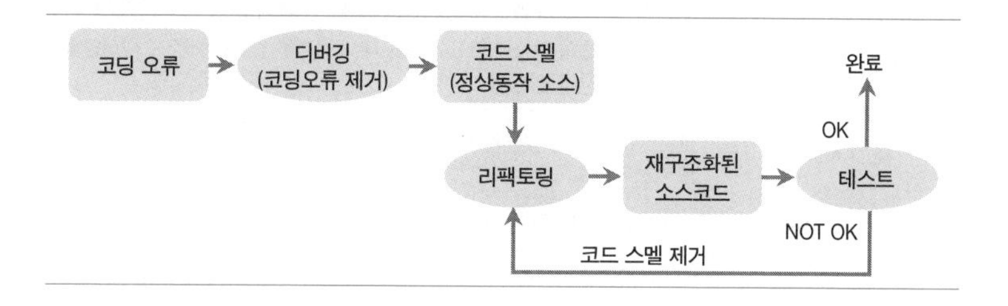

리팩토링 수행 시 소규모의 변경일 경우에는 단일 리팩토링을 수행하고, 완료 후 코드가 모두 정상적으로 동작하는지 회귀 테스트를 실시한다. 회귀 테스트 결과 정상일 경우 다음 리팩토링을 반복한다. 만약 리팩토링 적용 후 소프트웨어의 오류가 발견되면 리팩토링 적용 전 버전으로 BackOut을 하여 소프트웨어 기능을 정상 동작하도록 하는 것이 우선이다.

리팩토링 주요 적용 대상은 다음과 같다.

코드 스멜	코드 스멜 현상	리팩토링 기법
중복된 코드	기능이나 데이터 코드 중복 구현	중복 제거
긴 메소드	메소드의 내부 로직 Size 과다	메소드 적정 수준 분할
거대한 클래스	하나의 클래스에 많은 속성과 메소드 보유	클래스 Size 감소

긴 파라미터 리스트	메소드별 파라미터 개수 과다 보유	파라미터 개수 감소
많은 스위치 명령문	조건문에서 switch, case 문 과다 보유로 복잡도 상승	다형성(오버라이딩, 오버로딩)
병렬적인 상속 구조	유사 클래스 상속 구조의 남발로 중복 발생	호출받는 클래스 변경
근거 부재 일반화	불필요한 기능의 상속 구현	불필요한 상속 제거
임시 필드 남발	클래스의 속성이 임시 변수로 사용	임시 속성을 메소드 내부 이동
설명문(Comment) 남발	설명문 없이 코드 이해성 저하	가독성을 향상하도록 소스코드 변경

3 주요 리팩토링 패턴

코드 스멜 유형에 따라 적절한 리팩토링 기법을 적용하는 것이 중요하며, 효율적인 리팩토링 기법 적용을 위해 베스트 프랙티스Best Practice인 주요 리팩토링 패턴에 대한 이해가 필요하다.

리팩토링 패턴	리팩토링 패턴 내용
Extract Method	그룹으로 병합이 가능한 코드 묶음에 대해 목적을 반영한 메소드 네이밍을 하여 별도 메소드로 추출
Move Method	메소드가 다른 클래스의 기능을 많이 사용하고 있을 경우 해당 클래스에 유사 기능의 메소드 생성
Rename Method	메소드의 이름을 목적을 잘 표현하도록 네이밍
Replace Temp with Query	수식의 결과를 저장하기 위해 임시변수 대신 임시변수를 참조하는 지점의 메소드 호출 변경
Move field	필드를 최적의 클래스나 소스코드로 이동
Encapsulation Field	속성 타입을 Public에서 Private으로 생성하고 접근자 제공
Pull Up / Pull Down	Pull Up: Move to a superclass Pull Down: Move to a subclass
Extract Class	하나의 클래스가 둘 이상의 Job을 수행하고 있는 경우 필드와 메소드를 신규 클래스 생성 후 이동

4 재구조화와 리팩토링의 비교

재구조화와 리팩토링은 소프트웨어의 구조를 수정하는 측면에서는 유사하나 목적과 수행기법 측면에서는 차이가 있다. 리팩토링의 경우 소프트웨어의 구조를 개선하는 소프트웨어 리팩토링과 데이터베이스 구조를 개선하는 데이터베이스 리팩토링의 두 가지 유형이 있다.

관점	재구조화	리팩토링	
		SW 리팩토링	DB 리팩토링
특징	SW 전체 구조 수정	SW 코드 내부 구조 수정	DB 내부 구조 수정
목적	재사용, 성능 향상	단순화, 유지보수성	
장점	SW 재사용성 극대화	SW 개발 시 적용, 유지보수성, 재사용성	DB 운영 시 적용, 유지보수성, 재사용성
단점	SW 전체 구조의 이해가 필요하고, 비용 타당성 검토 요구	소스코드 일부 수정으로 성능향상 효과 미비	DB 구조 변경 시 데이터 무결성 훼손 위험
필수활동	회귀 테스트(리그레션 테스트) 수행으로 기존 기능 정상 동작 확인		

참고자료

최은만. 2011. 『소프트웨어 공학』. 정익사.

기출문제

101회 관리 은행에서 계좌의 당좌 대월액을 계산하는 프로그램이다. 새로운 계좌 타입이 몇 가지 추가될 예정이고, 이들은 당좌 대월액을 계산하는 각각의 규칙이 필요하여 메소드 overdraftCharge()를 클래스 AccountType으로 옮기려고 한다. 리팩토링 기법 중의 하나인 Move 메소드의 개념과 절차를 설명하고 이를 활용하여 리팩토링한 코드를 작성하시오. (25점)

```
class Account
{
…중략…
  double overdraftCharge()
  {
    if (_type.isPremium()) //isPremium() 메소드는 AccountType 클래스에 있음
    {
      double result = 10;
      if (_daysOverdrawn > 7) result += (_daysOverdrawn -7) * 0.85;
      return result;
    }
    else return _daysOverdrawn * 1.75;
  }

  double bankCharge()
```

```
  {
    double result = 4.5;
    if (_daysOverdrawn > 0) result += overdraftCharge();
    return result;
  }
  private AccountType _type;
  private int _daysOverdrawn;
}
```

K-4

형상관리

소프트웨어는 요구사항이 계속 변화하고 결함 수정 등 진화하는 특성을 가지므로 소스코드, 데이터, 문서 등의 형상항목의 지속적인 변경을 가하게 된다. 이에 소프트웨어를 구성하는 항목을 식별하고 변경을 통제하며 정기적인 형상항목 일치율 검사를 통해 형상을 관리할 필요가 있다. 형상관리는 고품질의 소프트웨어를 딜리버리하기 위한 필수 프로세스이다.

1 형상관리 개요

소프트웨어의 가시성과 추적성을 보장하기 위해 소프트웨어 생명주기Life cycle 동안 산출물의 형상 이력을 관리해 고품질을 보장하는 기법이다. 관리할 형상항목을 식별, 문서화하고 변경사항 발생 시, 변경관리와 연계한 통제활동을 통해 CMDB 등 형상관리도구에 형상이력을 체계적으로 관리함으로써 요구사항의 형상의 완전한 반영을 감시하는 활동이다.

형상관리에서 다루는 주요 개념은 다음과 같다.

용어	설명
형상 항목 (Configuration Item)	SW Lifecycle 동안 관리하는 소스코드, 데이터, 문서 등의 산출물
기준선 (Baseline)	형상항목의 변경 발생 시 변화를 통제하는 기술적 시점: 기능적 기준선, 분배적 기준선, 설계 기준선, 시험 기준선, 제품 기준선, 운용 기준선
형상물 (Configuration Product)	형상관리의 실체적 대상으로 HW, SW, 문서 산출물 등: CMDB와 형상물 간 일치성 감사 등 형상관리의 대상이 됨
형상정보 (Configuration Information)	형상항목과 형상물의 모든 정보 및 이력으로 주로 CMDB에서 CI를 관리함

형상관리 프로세스 수행 시 프로그램의 최신 버전 유지, 이전 버전으로의 회귀 기능, 프로그램의 승인받지 않은 변경 및 삭제 원천 차단, 시스템의 모든 형상항목의 정보Configuration Information의 핵심 기능을 수행한다.

식별된 형상항목에 대해 베이스라인을 설정해 버전관리와 접근제어를 수행하는 것이 중요하다.

2 형상관리 프로세스 및 관리 기법

2.1 형상관리 개념도

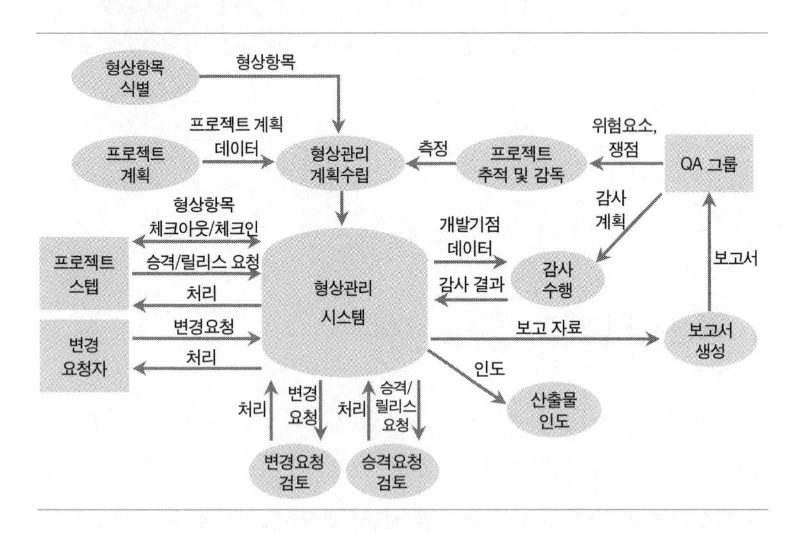

형상관리 프로세스는 형상식별, 형상통제, 형상감사, 형상기록의 라이프사이클Lifecycle을 가진다. 소스코드, 데이터, 문서 등의 형상항목을 식별하고, 형상항목을 기준으로 형상관리계획을 수립한다. 형상항목에 변경이 발생할 경우, 구축된 형상관리시스템을 활용하여 승인된 변경 건에 대해 수정 허용 및 형상정보를 관리함으로써 추적성과 가시성을 보장한다.

QA 그룹은 형상항목의 일치율 검사를 감독해 감사를 수행하며, 형상 불일치 항목에 대해 조치를 지시한다. 형상항목에 대한 모든 변경사항은 CMDB 등 형상정보 저장 리포지터리Repository에 저장된다.

2.2 형상관리 기법

형상관리 라이프 사이클을 구성하는 핵심활동별 관리 기법은 다음과 같다.

Lifecycle	설명
형상식별	- 형상관리 대상 도출 및 형상항목에 대해 고유 식별 번호 부여 - 요구 추적성 관리를 위한 통제 대상을 식별해 추적성 확보 - HW/SW 제품, 소스코드, 데이터, 문서(산출물)
형상통제	- 형상항목에 변경 요구 발생 시 변경관리 프로세스와 연계 - 변경통제위원회의 변경 승인 건에 대해 소프트웨어 베이스라인에 반영하여 변경 통제 수행 - 소프트웨어 버전관리 및 접근제어 수행
형상감사	- 형상항목의 무결성 보장을 위한 감사 활동 - 요구사항과 소프트웨어 항목의 일치를 감사하는 기능적 형상감사, 설계 산출물과 구현된 소프트웨어 제품의 일치를 감사하는 물리적 형상감사 수행 - 검증(Verification)과 확인(Validation) 후 형상 불일치 항목 조치
형상기록	- 형상항목의 변경 수행 결과를 CMDB 등 형상정보 리포지터리(Repository)에 저장해 추적성 및 영속성 보장 - 형상정보의 데이터베이스 저장관리 및 보고서 기능 제공

형상관리 프로세스에서 변경 통제를 통해 아이템의 무결성을 보장하는 형상통제 활동이 가장 중요하며, 변경관리 프로세스와의 유기적 연계를 위해 ITSM 도구와 형상관리시스템을 활용한다.

3 소프트웨어 생명주기상에서의 형상관리

프로젝트 수행 시 소프트웨어 생명주기 단계마다 형상항목의 추적성과 가시성 확보를 위해 기준선Baseline을 관리한다. 시스템의 생명주기의 일정 시점마다 산출물을 검토 후 반영해 다음 단계로 전개하는 방법이다. 프로젝트 생명주기 단계마다 산출물의 검증과 확인을 시행한 기준점이 베이스라인으로 형상항목 추적성의 기준을 제시한다. 프로젝트 단계별 기준선 내용은 다음과 같다.

SDLC	기준선	형상관리 항목
계획	기능적 기준선	시스템명세서, 개발계획서, 형상관리계획서, 품질계획서, 개발 표준 가이드, 업무 프로세스 처리 매뉴얼
요구분석	분배적 기준선	자료흐름도(Data Flow Diagram), 자료사전(Data Dictionary), 자료흐름명세서(Data Flow Spec)
설계	설계 기준선	입력/출력 데이터 목록, 화면설계서, 데이터설계서, 시스템구성도, 아키텍처 정의서, 네비게이션 설계서
구현	시험 기준선	단위 테스트 계획서/결과서, 테스트 시나리오, 소스 실행코드
통합/테스트	제품 기준선	통합 테스트 결과서, 성능/부하 테스트 결과서, 인수테스트 결과서, 기능 테스트 결과서
설치/운영	운용 기준선	소스코드, 사용자 매뉴얼, 운영자 매뉴얼, 시스템 매뉴얼, 프로그램 매뉴얼

프로젝트 단계별 기준선의 수행 내용은 다음과 같다.

- 기능적 기준선: 비즈니스 니즈와 요구사항 정의서 및 명세서를 검토하는 시점
- 분배적 기준선: 사용자 요구사항이 하위 시스템에 분배되는 기본 설계 명세서를 검토하는 시점
- 설계 기준선: 기본설계 내용을 프로그램으로 구현하기 위한 상세 설계 명세서를 검토하는 시점
- 시험 기준선: 비즈니스 요구사항과 소프트웨어의 기능 간 연계Align 만족도를 검증하기 위한 시험계획서를 검토하는 시점
- 제품 기준선: 개발이 완료된 소프트웨어 제품의 품질을 보증하는 시점
- 운용 기준선: 사용자 프로덕트Product 환경에 디플로이된 소프트웨어를 운용하기 위해 평가하는 시점

프로젝트 단계별 기준선은 형상항목의 무결성을 보장하는 척도가 되며, 변경사항 발생 시 변경관리 프로세스에 따른 승인된 수정만 가하고 기준선을 재정의한다.

4 기대효과와 문제점 및 해결 방안

형상관리 적용 시 프로젝트 측면과 소프트웨어 측면에서 긍정적인 효과를

기대할 수 있다.

프로젝트 측면의 기대효과는 다음과 같다.

- 프로젝트관리의 체계화와 효율화를 보장하는 기준을 제시할 수 있다.
- 프로젝트 단계별 원활한 통제 및 프로세스의 가시성과 추적 용이성 보장이 가능하다.

소프트웨어 측면의 기대효과는 다음과 같다.

- 소프트웨어 변경 시 사이드 이펙트 / 리플 이펙트Side Effect / Ripple Effect 최소화 및 관리 용이성을 극대화한다.
- 소프트웨어의 품질을 향상시키며, 변경관리와 연계해 형상항목의 무결성 및 유지보수성을 보장한다.
- 소프트웨어 자산관리SW Asset Management와 연계해 소프트웨어 생명주기 기반 라이선스 정책을 원활하게 운용할 수 있다.

반면 형상관리 적용 시 프로세스 미흡이나 체계가 부재할 경우 오히려 소프트웨어의 품질을 저하시키는 문제점이 나타나기도 한다. 형상항목의 부정확 또는 형식적인 형상관리를 수행할 경우 소프트웨어의 개발 및 운용 생산성만 저하되고 품질 향상에는 도움이 되지 않는다. 형상 식별, 통제, 감사, 기록의 프로세스 부재나 조직 등 거버넌스 체계가 미흡할 경우 소프트웨어의 무결성이나 추적성을 보장하기가 어려울 수 있다.

형상관리 적용 시 문제점을 해결하기 위해 적절한 형상관리도구의 활용, 프로젝트 특성을 고려한 형상관리 프로세스 테일러링 적용, 형상관리 항목에 대해 기준선Baseline이 정해질 경우 변경사항은 변경통제위원회 통제하에 공식적인 절차에 의해 수행하는 것이 중요하다.

기출문제

105회 응용 소스코드 형상관리(Source Code Configuration Management) 업무 프로세서를 설정(Setup)하고 형상통제(Configuration Control) 업무 흐름도(Work Flow)에 대하여 설명하시오. (25점)

95회 관리 소프트웨어 개발 및 운영 프로젝트에서 소프트웨어 형상관리(Software Configuration Management)에 대하여 다음 질문에 답하시오. (25점)

(1) 프로젝트 단계별 기준선(Baseline)과 FTR(Formal Technical Review)을 설명하시오.
(2) 개발 프로젝트와 운영 프로젝트의 형상관리를 비교하여 설명하시오.

93회 응용 소프트웨어 형상관리(Software Configuration Management) 일환으로 수행하는 소프트웨어 변경관리(Software Change Management) 및 배포관리(Release Management)를 설명하시오. (25점)

86회 응용 통합개발 환경과 형상관리가 연동되도록 개발환경을 구축하고자 한다. 이에 소요되는 기술을 열거하고, 그들을 이용한 시스템 구성에 대하여 논술하시오. (25점)

81회 응용 소프트웨어 형상관리. (10점)

L
소프트웨어 품질

L-1. 품질관리
L-2. 품질보증
L-3. CMMI
L-4. TMMI
L-5. 소프트웨어 안전성 분석 기법

L-1

품질관리

소프트웨어 품질은 제품과 서비스가 비즈니스 목적과 요구사항을 만족시키는 정도를 의미한다. 소프트웨어 제품이 가져야 하는 요구사항 요건이 반영된 총체적인 특성이다.

1 소프트웨어 품질

소프트웨어 품질은 비즈니스 목적Goal과 연계된 요구사항을 구현한 기능과 특성 일체를 의미한다. 요구사항 명세서상의 비즈니스 요구사항이 소프트웨어 제품의 기능으로 구현된 연계Align 정도가 높을수록 고품질의 소프트웨어이다. 소프트웨어 요구 특성을 구현할 수 있는 프로세스 정도이며, 고객의 니즈Needs를 충족시키는 수준이다. 소프트웨어 품질을 측정하는 제품의 유형은 소스코드, 오브젝트 코드, 문서 산출물이다. 소프트웨어는 중복되지 않는 정량적인 방법으로 측정하기 어렵고, 품질 측정을 위한 테스트의 신뢰성 보장 이슈 등으로 SDLC상에서 품질관리가 어렵다. 또한, 품질은 소프트웨어 구현에 투입되는 비용, 시간, 인력, 도구 등의 리소스에 종속되므로 프로젝트 특성에 따라 표준화된 적용 및 측정이 어려운 면이 존재한다.

소프트웨어는 고객 관점과 개발자 관점에서 다음과 같이 정의될 수 있다.

- 고객 관점: 비즈니스 요구사항의 고객 만족도Total Quality Management
- 개발자 관점: 소프트웨어의 결함 및 오류 없는 요구사항의 구현 정도, 요

구명세서의 소프트웨어 구현 충실도

2 소프트웨어 품질 요소

소프트웨어의 운영 시 장애를 유발할 수 있는 결함을 제거하기 위해 소프트웨어 품질에 영향을 주는 요소를 파악하는 것이 중요하다.

소프트웨어 품질 요소는 맥콜McCall 기준 소프트웨어 품질요소와 ISO 25010 기준 품질 요소의 두 가지 유형이 있다.

McCall 기준 소프트웨어 품질요소는 다음과 같다.

- 개발자 관점: 유지보수성Maintainability, 유연성Flexibility, 테스트 용이성Testability
- 사용자 관점: 정확성Correctness, 사용성Usability, 효율성Efficiency, 신뢰성Reliability, 무결성Integrity
- 시스템 관점: 이식성Portability, 재사용성Reusability, 상호운용성Interoperability

ISO 25010에서 정의하는 소프트웨어 품질요소는 다음과 같다. 기존 ISO 9126에서 ISO 25010으로 개정된 내용으로, 주 특성이 기존 6개에서 8개로 증가했다.

- ISO 9126: 기능성, 신뢰성, 사용성, 유지보수성, 이식성, 효율성
- ISO 25010: 기능 적합성, 실행 효율성, 호환성, 사용성, 신뢰성, 보안성, 유지보수성, 이식성

사용 품질Quality in use 측면에서는 효과성Effectiveness, 생산성Productivity, 안정성Safety, 만족도Satisfaction가 핵심 품질 요소이다.

3 소프트웨어 특성과 품질

소프트웨어의 유형별 특성에 따라 이해관계자별 품질 요구사항은 달라질 수 있다. 소프트웨어 생명주기SDLC 상에서 품질계획, 품질통제, 품질보증 활동을 수행할 때 소프트웨어의 특성을 고려해 품질 프로세스를 테일러링 적용하

는 것이 효과적이고 효율적이다.

소프트웨어 유형	소프트웨어 특성	핵심 품질 요구사항
증권거래 시스템	금융거래의 실시간 처리와 정확한 기능성 보장	정확성, 신뢰성, 가용성, 사용성, 변경 용이성 등
임베디드 시스템	장비로의 유입 데이터를 실시간 신속처리	효율성, 신뢰성, 정확성, 신속성 등
원자력 발전소/ 방사선 치료기	소프트웨어 결함이 인명과 재산에 치명적 손실 유발	신뢰성, 정확성, 테스트용이성 등
실시간 시스템	RealTime 프로세스 및 실시간 기능 보장	효율성, 신뢰성, 정확성, 신속성 등
보안 시스템	시스템의 기밀성, 무결성, 가용성 등 보안 요구사항 보장	보안성, 기밀성, 무결성 등
기간계 시스템	소프트웨어 생명주기 연장 및 요구사항의 유연한 반영 보장	유지보수성, 이식성, 융통성 등
타 연동 시스템	시스템 특성이 다른 기타 시스템과의 유기적 연계 보장	상호운용성 등

소프트웨어의 유형에 따라 품질 특성에 중요한 차이가 있으며, 핵심 품질 요구사항이 상이하다. 소프트웨어 아키텍처 분석/설계 수행 시 비즈니스 골 연계Goal Align를 고려한 품질 특성에 집중해 품질계획을 수립해야 고품질의 소프트웨어 서비스를 보장할 수 있다.

4 소프트웨어 품질 접근 방법

소프트웨어의 품질을 보장하기 위해 소프트웨어 개발 과정Porcess 측면과 소프트웨어 제품Product 측면에서 접근할 수 있다.

소프트웨어 개발 과정 관점에서는 소프트웨어 생명주기상에서 개발 프로세스의 표준화와 체계화 수행을 통해 품질 수준을 확보할 수 있다. CMM, SPICE 등의 프로세스 성숙도 모델을 도입해 프로세스의 개선을 추구할 수 있다.

소프트웨어 제품 관점에서는 소프트웨어 구현 완료 후 제품의 품질평가와 관리를 수행해야 한다는 것이다. 소프트웨어 제품의 품질의 정성적/정량적 평가를 위한 메트릭 기준 측정, 정형 검증 기법, 동료 검토Peer Review 등 정적/동적 방법을 적용할 수 있다.

항목	Process 품질	Product 품질
개념	소프트웨어 개발 프로세스의 정합성을 구현 전 검증	비즈니스 요구사항과 소프트웨어 제품의 연계(Align) 정도 확인
수행 관점	소프트웨어 개발자 관점	소프트웨어 사용자/운영자 측면
집중 대상	소프트웨어 개발 프로세스(과정)	소프트웨어 구현 결과물(제품)
수행 활동	Verification(검증) 활동	Validation(확인) 활동
수행 기법	Inspection, Audit, 감리 등	테스트, 메트릭 측정, 정형기법, PeerReview(Inspection, TechReview 등)
품질표준	ISO 12207, 15504(SPICE), CMM/CMMI	ISO 9126, 14598, 25010
고려사항	소프트웨어 개발 프로세스 성숙도가 제품 품질 자체를 보장하지는 않음	비즈니스 요구와 환경 및 제품의 품질 수준은 계속 변화하므로 지속적 관리 요구

소프트웨어의 품질 활동과 개발/운영 생산성은 상호 트레이드오프TradeOff 관계가 있으므로 프로젝트와 시스템 환경 및 특성을 고려해 유연하게 적용하는 것이 중요하다. 소프트웨어 품질 통제 도구(QC7) 등의 자동화 툴Tool을 적용해 실효성 있고 지속적인 품질관리 활동을 수행하도록 한다.

참고자료

최은만. 2011. 『소프트웨어 공학』. 정익사.
위키백과(http://www.wikipedia.org/)

기출문제

113회 응용 품질관리이론에서 프로세스관리 관점의 PDCA(Plan Do Check Action) Cycle에 대하여 설명하시오. (25점)

111회 관리 국내 중소기업은 소프트웨어공학 프로세스에 의한 소프트웨어 개발 품질관리를 수행하기에 인력과 비용이 부족하여, 소프트웨어 개발 품질관리를 수행하기 위한 방안으로 소프트웨어 Visualization이 부각되고 있다. 소프트웨어 Visualization을 개발 프로세스 및 소스코드 관점에서 설명하시오 (25점)

L-2

품질보증

품질관리 라이프사이클은 품질계획, 품질보증, 품질통제의 절차로 이루어진다. 품질보증은 품질계획서 기준으로 비즈니스/사용자 요구사항을 모든 프로세스가 만족하는지 검증하기 위해 체계적인 품질활동을 적용하는 행위이다.

1 소프트웨어 품질보증

품질보증은 품질계획에 따라 소프트웨어 제품과 요구사항과의 연계Align 여부를 확인하는 체계적인 활동이다. 모든 소프트웨어 산출물SourceCode, Object Code, Document이 요구사항을 만족하는지 검증하는 활동이다. 소프트웨어 특징을 고려한 품질보증 관점은 다음과 같다.

(1) 비즈니스 요구사항을 구현한 논리 집합체: 비즈니스 논리의 구조화, 검증 및 명확한 표현 여부

(2) 소프트웨어 비가시성: 프로그램 및 프로세스의 시각화 여부

(3) 이해관계자별 다양한 사용자 요구: 사용자 요구사항 수집 및 변경 시 신속한 파악, 유연한 대응 및 요구 반영 테스트 여부

(4) 소프트웨어 개발 및 운영 생산성: 프로세스 표준화 및 자동화, 품질관리 도구를 활용한 생산성 제고

※ 품질관리도구는 단계에 따라 현상파악 단계 도구와 원인분석 단계 도구로 나뉜다. 주요 품질 도구로 현상파악 단계 도구(체크 시트, 파레토 차트,

히스토그램), 원인분석 단계 도구(특성 요인도, 산점도, 층별)가 현장에서 활용된다.

2 소프트웨어 생명주기와 품질보증 활동

소프트웨어 생명주기상에서 V&V 기반 품질보증 모형을 적용할 수 있다. 'Verification'은 개발자 관점에서 프로세스가 체계적으로 수행되고 있는 지 정합성을 검증하는 활동이고, 'Validation'은 사용자 관점에서 비즈니스 요구사항이 소프트웨어 제품에 잘 반영되어 있는 지 확인하는 활동이다.

소프트웨어 생명주기에 따른 품질보증 모형은 다음과 같다.

V&V 모형

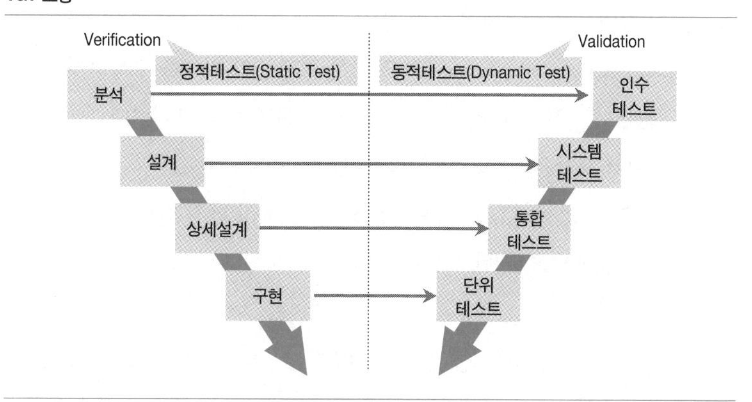

Verification(검증) & Validation(확인) 생명주기 진행 단계에 따라 정적/동적 분석 도구, TEST 설계 도구, 커버리지 측정 도구를 활용해 소프트웨어 시험을 실시한다.

V&V 기반 품질보증 모형 상세 내용은 다음과 같다.

항목	Verification	Validation
개념	개발 단계 산출물의 요구사항 충족도를 평가하기 위한 기법 및 활동	소프트웨어 제품의 기능이 비즈니스 요구사항을 반영했는지 확인하는 기법 및 활동
목적	소프트웨어 제품을 올바른 프로세스로 개발하고 있는지 검증	구현된 소프트웨어 제품의 기능의 요구사항 기반 완전성을 확인
수행대상	요구사항 명세서, 분석/설계 명세서, 소스코드 등	프로그램, 애플리케이션, 소프트웨어 제품

항목	Verification	Validation
수행기간	소프트웨어 생명주기 단계별 수행	소프트웨어 생명주기 중 시작과 종료 단계
수행 관점	개발자 관점	사용자 관점
테스트 방법	Inspection, Walkthrough, Peer Review	단위, 통합, 시스템, 인수 테스트
고려사항	산출물 검토 관점에서 사람이 테스트	소프트웨어 실행 관점에서 기계가 테스트

최근 고품질, 고신뢰성, 실시간 처리가 중요한 임베디드 시스템 개발 시 모델, 프로토타입, 최종 제품 단계별 V&V 모델을 반복 점증적으로 적용하는 Multiple V 모델이 활용되고 있다.

3 품질보증 기법

품질보증 작업은 소프트웨어 설계 품질, 설치 품질, 운용 품질 관점에서 산출물 SourceCode, ObjectCode, Document 을 포함한 결과물의 검토를 수행하게 된다. IEEE 표준에서 기본 검토 작업으로 다음과 같은 활동을 제시한다.
- 소프트웨어 요구, 검사 및 검증 계획, 형상관리계획 검토
- 예비 설계, 주요 설계, 기능, 프로세스, 관리, 물리 환경 검토
- 소프트웨어 개발 프로젝트 완료 후 검토

프로젝트 내부 관점의 품질보증 기법으로 매니지먼트 리뷰Management Review, 테크니컬 리뷰Technical Review, 워크스루Walkthrough, 소프트웨어 인스펙션SW Inspection이 활용된다.

항목	Management Review	Technical Review	Walkthrough	SW Inspection
목적	프로젝트 진행 상태 점검 및 조치 가이드 제언	명세서 적합성 평가 및 기술 타당성 보증	결함 검출 및 산출물 보완	결함 검출 및 해결 방안 검증
구성 규모	2명 이상	3명 이상	2~7명	3~6명
주요 구성원	경영자	개발자	개발자	공식 참석 대상자
산출물 Size	큼	큼	작음	작음
검토 산출물	경영검토보고서	기술검토보고서	산출물 검토보고서	결함목록, 검사보고서

프로젝트 외부 관점의 품질보증 기법으로 감리, AUDIT가 활용된다.

- 감리: 정보시스템 통제와 소프트웨어 품질보증을 수행하여 정보시스템의 효과성, 효율성, 안전성 증진을 위해 제 3자의 객관적 입장에서 정보시스템을 점검 및 평가하는 활동
- AUDIT: 조직 내/외부 감사 조직을 통해 소프트웨어 개발 프로세스의 정합성, 표준성, 완전성을 확인하고 산출물의 요구 충족도를 점검 및 평가하는 활동

4 품질보증활동의 어려움과 기대효과

프로젝트 현장에서 품질보증활동을 수행함에 다양한 어려움이 존재한다. 구성원의 품질에 대한 인식 부족, 품질보증 전문 인력 부족, 소프트웨어 개발 프로세스 표준화 부재, 개발생산성과 품질활동 간 트레이드오프로 인해 품질보증 업무의 중요성 간과 등 많은 요인이 소프트웨어의 품질 보증 활동의 장애 요인으로 작동한다.

그럼에도 불구하고 QA 조직을 중심으로 품질보증활동을 지속적으로 수행할 경우 소프트웨어 품질 개선, 자동화 도구 활용을 통한 개발/운영 생산성 향상, 프로세스 표준화 정립으로 인한 신뢰성 제고, 유지보수성 향상 등 기대효과를 창출할 수 있다.

경영자의 품질에 대한 마인드 제고와 의지를 중심으로 이해관계자 상호 간 품질 중요성에 대한 이해가 중요하다. 소프트웨어 품질보증 활동은 프로세스의 개선에 초점을 맞추어 진화할 것으로 기대된다.

참고자료

최은만. 2011.『소프트웨어 공학』. 정익사.

위키백과(http://www.wikipedia.org/).

기출문제

114회 관리 품질보증(QA: Quality Assurance), 품질통제(QC: Quality Control). (10점)

105회 관리 소프트웨어 개발 프로젝트 품질보증(Quality Assurance)을 위한 정보시스템 감리 절차에 대하여 설명하시오. (25점)

L-3

CMMI

CMM은 소프트웨어 개발 조직의 프로세스 개선 및 벤치마킹에 활용되는 프로세스 성숙도를 측정하기 위한 프레임워크를 제시한 모델이다. CMM 모델은 모델 간 구조의 상이성과 중복 투자 문제로 통합의 필요성이 제기되었다. 이에 기존 CMM에 프로젝트관리, 시스템 엔지니어링, Procurement 등 요소를 추가하여 CMMI 모델이 등장하게 된다.

1 CMMI 개요

CMMI Capability Maturity Model Integration는 기존 SW-CMM, IPD-CMM, P-CMM, SE-CMM을 통합해 조직의 성숙도와 역량을 종합적으로 평가하기 위한 모델이다. 정보시스템 소프트웨어 영역을 프로세스 개선 도구를 활용해 통합하고 검증된 실무활동을 반영해 조직의 성숙도 및 공정능력 향상을 위한 적용성을 제공하는 프레임워크이다.

CMMI는 다음과 같은 특징을 제공한다.

- 다양한 CMM 모델 통합으로 다양한 영역 적용 가능
- 통합 평가를 위한 표준 방법론 SCAMPI 제공
- SW-CMM, IPD-CMM, P-CMM, SE-CMM 모델 통합
- 모델 간 불일치/중복 제거, 비용 절감 및 이해용이성 향상

CMMI 구성 시 통합된 주요 모델 상세 내역은 다음과 같다.

CMM 모델	CMM 모델 설명
SW-CMM(Software)	소프트웨어 개발 및 유지보수 성숙도 모델
IPD-CMM(Integrated Product Development Team Model)	프로젝트 간 협업 및 통합 개선 모델
P-CMM(People)	인적자원 역량 성숙도 모델
SE-CMM(System Engineering)	시스템 엔지니어링 역량 성숙도 모델
SA-CMM(Software Acquisition)	소프트웨어의 구매, 조달, 획득 역량 성숙도 모델

소프트웨어의 품질은 소프트웨어 생명주기상의 개발 프로세스의 품질과 밀접한 관계가 있으므로 인력, 기술, 절차, 도구의 통합 프로세스 성숙도 모델을 제시하는 CMMI가 부각되고 있다.

2 CMMI 구성과 모델 유형

2.1 CMMI 구성요소

CMMI 모델은 소프트웨어 엔지니어링Software Engineering, 시스템 엔지니어링System Engineering, 통합된 제품 & 프로세스 개발Integrated Product & Process Development, 서플라이어 소싱Supplier Sourcing의 요소로 구성된다.

구성요소	구성요소 설명
Software Engineering	- 소프트웨어 개발, 운영, 유지보수의 체계화 및 정량화 중심 접근
System Engineering	- 비즈니스 요구사항을 소프트웨어 생명주기 동안 소프트웨어 제품에 적용 및 개발 지원
Integrated Product & Process Development	- 소프트웨어 개발 생명주기 동안 이해관계자와 프로젝트 간 협업을 통해 비즈니스 요구사항의 기능 충족도 향상
Supplier Sourcing	- 요구사항 다변화에 유연하게 응대하기 위해 소프트웨어 변경 사항 반영 지원

CMMI 구성요소를 반영한 프로세스 성숙도 모델로 단계적Staged, 연속적Continuous 모델이 주로 사용된다.

2.2 CMMI 모델 유형

조직 및 프로세스 성숙도 표현 방법에 따라 단계적·연속적 모델이 있다.

항목	Staged Representative (단계적)	Continuous Representative (연속적)
개념	- 조직의 성숙도 수준 비교	- 프로세스 영역별 성숙도 수준 평가
수행활동	- Bottom-Up: 하위 단계에서 상위 수준으로 프로세스 단계별 제시 - 단일 등급 체계 제공, 조직 간 비교	- Top-Down: 비즈니스 Goal Align, 개선사항 우선순위 적용 - 프로세스 영역(Process Area)별 Capability Level 이용, 성숙도 평가
수행방식	- Maturity Level로 그룹화 - Goal 달성, Practice 제공	- Capability Level로 그룹화 - 프로세스 영역, Practice 제공
성숙도 수준	- 1~5단계	- 0~5단계
구현사례	- SW-CMM	- SE-CMM
특징	- 성숙도 수준 조직 간 비교 - 단일 등급 체계 제공	- 조직 역량 평가 및 개선 - 프로세스 영역별 역량 수준 평가로 프로세스 개선에 유연
고려사항	- 프로세스 개선 단계에 따라 순차적인 개선 추진	- 전체 조직 적용 시 Risk 감소

CMMI 모델 유형별 성숙도 및 능력도 단계는 다음과 같다.

단계	Staged	Continuous	수행활동
0		불수행	- 프로세스 활동 미수행
1	초기	수행	- 프로세스 미정의 상태에서 수행자의 역량에 의존해 수행
2	관리	관리	- 특정 프로세스 정의 및 수행 상태
3	정의	정의	- 조직의 표준 프로세스 활용 업무 수행
4	정량화	정량화	- 핵심 프로세스를 정량화된 지표로 구체적 관리
5	최적화	최적화	- 프로세스 개선 및 지속적인 역량 향상 활동

CMMI는 25 프로세스 영역Proces Areas을 관리하고 있다.

3 CMMI 전환 및 실무 적용 시 고려사항

프로젝트 현장에서 CMMI를 적용해 전환할 경우 단계별 로드맵 수립에 따른 이행이 필요하다.

(1) 프로젝트 현황 분석 및 CMMI 전환 전략 착수: 경영진의 CMMI 전환 의지를 바탕으로 조직 구성원의 역량 및 프로세스 성숙도 수준, 상태 분석. CMMI 전환 시 위험요소 도출
(2) CMMI 전환 계획 및 전략 수립: 전환 실무 담당자 지정 및 CMMI 전환 방법론 선정 통한 상세 계획 수립
(3) CMMI 이행 및 사후 모니터링: CMMI 이행 계획 수립, 프로젝트 구성원 프로세스 교육 및 공유, 사후 사이드 이펙트Side Effect 분석 및 모니터링 실시
(4) 점검 및 조정: CMMI 전환 결과 분석 및 프로세스 지속적 개선

CMMI의 실무 전환 시 문서Document보다는 프로세스 개선에 집중, 단기간에 상위 수준으로의 향상보다는 지속적인 프로세스 개선을 통한 순차적 향상에 집중, CMMI 전환 계획 수립 시 위험요소 사전 식별 및 위험통제 대응 방안 도출 등에 집중하는 것이 중요하다.

참고자료

최은만. 2011. 『소프트웨어 공학』. 정익사.

기출문제

107회 응용 CMMI(Capability Maturity Model Integration). (10점)

96회 응용 소프트웨어 테스트 프로세스 성숙도 평가모델 TMMI(Test Maturity Model Intergration)와 시스템 개발 프로세스 성숙도 평가모델 CMMI(Capacity Maturity Model Intergration)는 5레벨의 단계적 평가 프레임워크이다, TMMI 모델과 CMMI 모델을 각각 설명하시오. (25점)

87회 관리 CMMI(Capability Maturity Model Integration)는 조직의 프로세스 개선 활동을 효율적으로 지원하기 위한 모델이다. 다음 물음에 답하시오.
(1) CMMI 표현 방법 중 단계적 표현 방법과 연속적 표현 방법을 비교 설명하시오.
(2) CMMI 의 단계적 표현방법에서 모델 구성 요소에 대해 설명하시오.
(3) 통계적 프로세스 관리에 사용되는 대표적인 도구인 파레토 차트, 산점도, 관리도에 대해 설명하시오. (25점)

84회 응용 CMMI의 Continuous Model & Staged Model. (10점)

81회 관리 소프트웨어 품질 평가 및 측정 기술에 대하여 다음 질문에 답하시오.
가. 품질평가 기술의 유형을 나열하고 비교 설명하시오.
- SW 프로덕트 관점, 프로세스 관점(CMMI, SPICE)

나. 각 유형별 대표적인 표준 또는 모델을 제시하고 설명하시오.
다. GS(Good Software) 인증은 이 중 어느 유형에 속하며 무슨 모델(표준)을 따르고 있는지 설명하시오. (25점)

L-4

TMMI

소프트웨어 규모의 대형화, 응용 영역 확대로 품질의 중요성이 부각되면서 CMMI가 품질 인증으로 사용되어왔다. 소프트웨어 SDLC에서 테스트의 비중이 30~40%를 차지하고 있음에도 CMMI의 테스트 비중이 상대적으로 작아 테스트 프로세스 개선 모델의 중요성이 부각된다. TMMI는 소프트웨어 테스트 프로세스 성숙도 모델이다.

1 소프트웨어 테스트 프로세스 성숙도 평가모델 TMMI

TMMI는 소프트웨어 테스트 조직의 성숙도 평가 및 프로세스 개선을 위한 테스트 베스트 프랙티스Best Practice 기반 성숙도 모델이다. 테스트 성숙도 단계, 단계별 성숙도 목표 및 심사 모델로 구성되며 실무 적용 시 CMMI와 상호보완적으로 수행하게 된다.

TMMI 수행 범위는 다음과 같다.

(1) SW와 시스템 기술: 테스트 활동과 테스트 프로세스 개선 지원. 소프트웨어 및 비 소프트웨어 시스템 개발 포함

(2) 테스트 레벨: 테스트 등급과 구조적 특성을 고려한 상/하위 테스트 및 동적 테스트관리

(3) TMMI와 CMMI 상호 보완: CMMI의 프로세스 영역과 업무 참조, 지원 및 재사용

(4) 표준: 개선기회 식별 및 참조 모델 제공을 위한 테스트 프로세스 표준

제시. TMMI 표준 방법 요구사항 가이드라인

(5) 개선 접근법: 테스트 프로세스 개선을 위한 의사결정 체계 제공

소프트웨어 테스트 단계의 표준화를 적용해 테스팅 품질 향상을 기대할 수 있다. 요구사항 다변화에 따른 효과적인 테스트 프로세스 및 베스트 프랙티스를 제공할 수 있다.

2 TMMI 구성 및 성숙도 단계

TMMI는 점진적인 성숙도 단계를 정의한 5단계로 구성되며, 22개의 프로세스 영역을 관리한다. TMMI 성숙도 각 단계는 다음 단계 진입을 위한 개선의 기반이 된다. 성숙도 레벨은 프로세스 영역과 스페시픽 골Specific Goal과 제너릭 골Generic Goal로 구성된다.

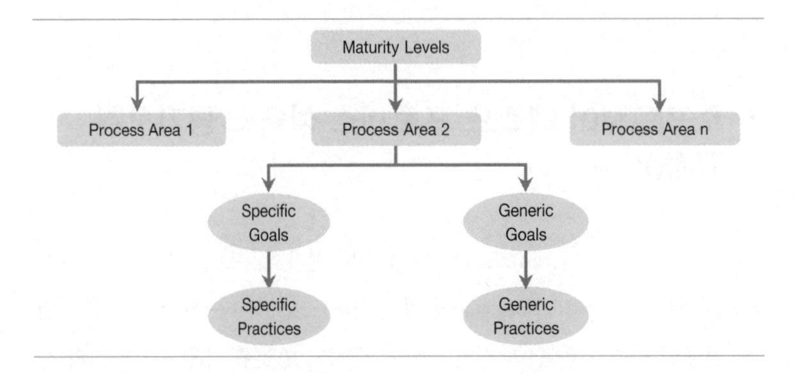

TMMI의 성숙도 단계 및 프로세스 영역 내용은 다음과 같다.

성숙도 단계	수행 활동	프로세스 영역
초기 (Initial)	- 테스트 프로세스 미정의 및 프로세스의 안정적 지원 환경 부재 - 구성원의 경험과 능력, 스킬 의존	
관리 (Managed)	- 테스트 계획, 정책 및 목표 설정 - 테스트 전략에 따른 테스팅 수행 기반 - 독립적인 테스트 환경 구성 및 제공	- 테스트 정책과 전략 - 테스트 계획 - 테스트 모니터링 및 제어 - 테스트 설계 및 수행 - 테스트 환경

정의 (Defined)	- SW SDLC와 테스팅 통합 - 별도 SW 테스트 조직 구성 - 테스트 프로세스 제어 및 모니터링 - 조직 관점의 테스트 내재화	- 테스트 조직 - 테스트 교육/훈련 - 테스트 생명주기와 통합 - 비기능 테스팅 - 동료 검토
정량화 (Measured)	- SW SDLC와 테스팅 통합 - SW 품질 평가 및 테스트 측정, 검토 - 테스트의 수치화, 정량화 관리	- 테스트 측정 - 소프트웨어 품질 평가 - 발전된 동료 검토
최적화 (Optimization)	- 결함 예방과 품질 제어 활동 - 프로세스의 지속적 조정 및 개선 - 프로세스 개선 위한 인프라 지원	- 결함 예방 - 테스트 프로세스 최적화 - 품질 제어

TMMI는 점진적인 프로세스 개선을 통해 소프트웨어 품질을 향상시킨다. 급진적인 무리한 단계 향상보다는 단계별 테스트 프로세스를 최적화하는 접근 방법, 문서Document 중심보다는 프로세스 중심의 테스트 프로세스 개선 활동이 중요하다.

3 TMMI와 CMMI 모델 비교

TMMI와 CMMI는 실무 적용 시 상호보완적으로 동작하는 프로세스 개선 성숙도 모델로서 TMMI는 CMMI의 모델을 참조해 재사용한다. TMMI와 CMMI 모델을 비교한 내용은 다음과 같다.

비교항목	TMMI	CMMI
평가 Scope	- 소프트웨어 테스트 영역 집중	- 소프트웨어 개발/유지보수 및 시스템 엔지니어링(테스트 포함)
모델 Type	- 조직 관점의 성숙도 측정 및 평가	- 조직 관점 성숙도 및 프로세스 영역별 평가
개발 기관	- TMMI 재단(비영리 법인)	- SEI(Software Engineering institute)
심사 Process	- 선임 심사원 평가	- 심사방법론 SCAMPI 기준 평가
국내 Reference	- LG CNS(3 Level 인증)	- 5 Level 인증, 기업 다수

TMMI는 CMMI와 상호 보완적인 모델 구조로 설계되어 성숙도 레벨에 따라 연계되는 CMMI 프로세스 영역을 참조한다.

참고자료

최은만. 2011. 『소프트웨어 공학』. 정익사.

기출문제

96회 응용 소프트웨어 테스트 프로세스 성숙도 평가모델 TMMI(Test Maturity Model Intergration)와 시스템 개발 프로세스 성숙도 평가모델 CMMI(Capacity Maturity Model Intergration)는 5레벨의 단계적 평가 프레임워크이다, TMMI 모델과 CMMI 모델을 각각 설명하시오. (25점)

L-5

소프트웨어 안전성 분석 기법

다양한 산업 분야에서 디지털 융합에 따라 소프트웨어 안전성 확보가 부각되고 있다. 이에 소프트웨어 생명주기 단계별 안전성 분석 수행 기준을 의무화하고 있다. 소프트웨어 규모의 대형화와 비즈니스의 복잡성으로 기능 오류로 인한 실패가 대형 사고를 유발하기 때문에 소프트웨어 안전성 분석 기법에 대해 숙지할 필요가 있다.

1 소프트웨어 안전성 분석 기법 개요

소프트웨어 안전성 분석의 목적은 위험 식별 및 도출, 영향도 분석, 위험 원인 분석 및 제거이다. FTA, FMEA, HAZOP 등 다양한 소프트웨어 안전성 분석 기법이 활용되고 있으며, 비즈니스 요구에 기반한 소프트웨어의 목적에 따라 분석 기법을 선택한다.

2 FHA Functional Hazard Assessment

소프트웨어 개발 초기 단계에 장애를 유발하는 기능Function을 도출하는 분석 기법이다. 톱다운Top-Down 접근 방식을 통해 기능과 관련된 위험, 영향도, 심각도 기준, 소프트웨어 안전성을 분석한다.

3 PHA Preliminary Hazard Analysis

요구사항 분석 마지막 단계나 설계 초기 단계에서 시스템 전문가나 안전성 분석 기법 경험자가 안전성 분석 체크리스트를 사용하여 안전성 항목을 점검하는 기법이다.

안전성 분석 체크리스트 내용은 다음과 같다.

(1) 완전성: 소프트웨어 위해도 목록, 제어 자동화 정도 및 계통 위해도, 요구사항의 계통 안전 목표 부합도, 부적합 사항 해소 완화 기준

(2) 일관성: 안전성 분석자의 소프트웨어 요구사항 완전성/일관성 보장 여부

(3) 정확성: 안전성 분석자의 안전 관련 소프트웨어 요구사항의 명확성/정밀도 확인 여부

4 FMEA Failure Mode and Effect Analysis

소프트웨어에 잠재적으로 존재하는 문제 및 오류가 사용자에게 장애를 유발하기 전에 문제의 원인을 도출하고 정의하며 제거하는 안전성 분석 기법이다.

FMEA document general format / TABLE 1

May be a product, assembly,
Subassembly or part

Initial development of the FMEA									Improvement activities		Post-improvement activities				
Process step/ input	Ptential failure mode	Potential Failure effects	SEV	Potential causes	OCC	Current controls	DET	RPN	Actions recom-mended	Resp.	Actions taken	SEV	OCC	DET	RPN

FMEA의 수행 단계는 다음과 같다.

(1) 기능을 구현하는 모든 컴포넌트를 목록List 형태로 정의

(2) 개별 고장 모드가 영향을 미치는 모든 컴포넌트/시스템 정의

(3) 개별 고장 모드의 가능성과 심각성 개선 수행

FMEA를 소프트웨어 생명주기 단계에 적용할 경우 품질 비용을 절감할 수 있으며, 경고Warning, 예방Preventive 기법으로 오류로 인한 설계 수정 위험Risk을 최소화할 수 있다

5 FSD Failure Sequence Diagram

FSD는 컴포넌트의 상호작용을 설명하지 못하는 FMEA의 단점을 극복하기 위해 등장한 소프트웨어 안전성 분석 기법이다. FSD 수행 절차는 다음과 같다.

(1) FMEA 조사 단계 완료 후 수행

(2) UML 시퀀스 다이어그램Sequence Diagram 작성 후 컴포넌트 간 상호작용 표현

(3) 소프트웨어의 제어 상태와 참조하는 행동Action 기술

(4) 액터Actor에서 발생한 입력이 컴포넌트 단계별 사용자에게 전달되는 고장 형태 및 과정 분석

6 HAZOP Hazard and Operability Analysis

시스템을 검토하고 잠재적인 위험을 도출하기 위해 시스템의 위험과 운영상의 위험요소를 조사하는 안전성 분석 기법이다.

Title							page	1 of …	
Drawing Number:					Revision No:		Date:		
Team Members:							Meeting Date:		
Installation Part:									
Design Intent:			Material: Comes from:			Activity: Goes to:			
Ref. No.	Guide word	Element	Deviation	Possible cause	Consequences	Safeguards	Remarks	Necessary actions	Action assigned to:
1									
2									
3									
4									

HAZOP 수행 절차는 다음과 같다.

(1) 브레인스토밍 기법 활용, 소프트웨어 시스템 분석

(2) HAZOP 체계적 진행 및 스터디 노드Study Node 작성

(3) 가이드 워드Guide Words(No, Less, More, Reverse, Also, Other, Function, Early, Late, Before/After, etc) 작성

(4) 공정변수의 순차적 적용으로 가이드 워드 조합

(5) 이탈의 전개 및 원인 파악

(6) 결과 예측, 안전 조치의 강구 및 위험등급 산정

7 FTA Fault Tree Analysis

소프트웨어 개발 생명주기SDLC 단계에서 시스템의 기능과 고장 정보를 트리 구조로 제공하는 소프트웨어 안전성 분석 기법이다. FTA는 위험을 발견하지는 못하고, 위험 발생 원인을 분석할 수 있다. 특정 사고의 연역적 해석이 가능하므로 사고 원인, 설비 결함, 작업자의 실수도 분석이 가능하다.

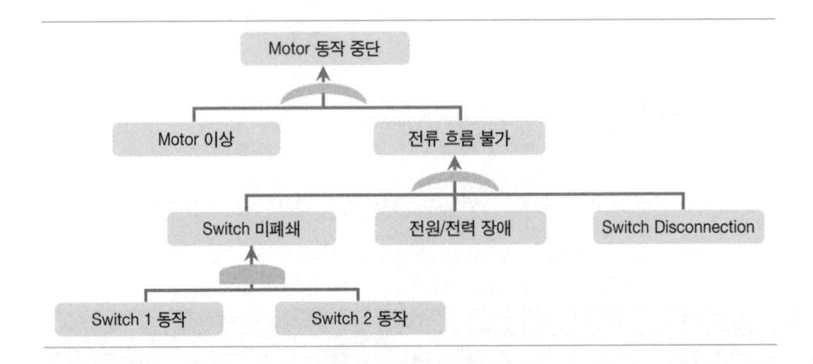

FTA의 기능과 고장정보 표현 방식은 다음과 같다.

- Root: 의도하지 않은 이벤트 표시
- Node: 잠재적인 Fault Event 또는 Normal Event 표시
- Boolean logic: Event 간 AND, OR 조합하여 시각화 표시

참고자료

이장수·이동아. 2015. 「소프트웨어 기반의 안전 필수 시스템을 위한 안전성 분석 기법」. ≪정보과학회지≫, 33권 7호.
최윤자·변태준. 2014. 「차량전장용 운영체제 검증 사례를 통한 소프트웨어 안전성 검증 기법 소개」. ≪정보처리학회지≫, 21권 4호.

기출문제

108회 관리 소프트웨어 안전성 분석 방법인 FTA(Fault Tree Analysis), FMEA(Failure Modes and Effects Analysis), HAZOP(Hazard and Operability Study)를 비교 설명하시오. (25점)

S o f t w a r e

E n g i n e e r i n g

M

소프트웨어 사업대가산정

M-1. 소프트웨어 사업대가산정
M-2. 프로세스 및 제품측정

M-1

소프트웨어 사업대가산정

소프트웨어 사업대가산정 가이드는 국가, 지방자치단체, 국가·지방자치단체가 투자한 법인 또는 기타 공공단체에서 소프트웨어의 기획, 구현, 운영 등 생명주기 전체 단계에 대한 사업을 추진할 경우 예산 수립, 사업 발주, 계약 시 적정대가를 산정하기 위한 기준을 제공한다.

1 소프트웨어 사업대가산정의 적용 범위

소프트웨어 사업대가산정은 사업유형 식별, 대가산정 시점 식별, 대가산정 모형 선정의 순서로 진행한다. 적용 범위를 선정 시, 소프트웨어 사업 생명주기 및 IT 컨설팅, 유지관리, 운영사업 등 대가산정 모형 기준을 고려한다. 생명주기에 따른 대상 사업유형별 대가산정 모형은 다음과 같다.

생명주기	대상 사업유형	대가산정 모형
기획	정보전략계획(ISP)	컨설팅 지수 방식 정보전략계획 수립비
		투입공수 방식 정보전략계획 수립비
	정보전략계획 및 업무재설계(ISP/BPR)	정보전략계획 및 업무재설계 수립비
	전사적 아키텍처(EA/ITA)	전사적 아키텍처 수립비
	정보시스템 마스터 플랜(ISMP)	정보시스템 마스터 플랜 수립비
	정보보안컨설팅	정보보안컨설팅 수립비

생명주기	대상 사업유형	대가산정 모형
구현	소프트웨어 개발	기능점수 방식 소프트웨어 개발비(정통법)
		기능점수 방식 소프트웨어 개발비(간이법)
		투입공수 방식 소프트웨어 개발비
운영	소프트웨어 유지관리	요율제 유지관리비
	소프트웨어 운영	투입공수 방식 운영비
	소프트웨어 유지관리 및 운영	고정비/변동비 방식 유지관리 및 운영비
		SLA 기반 유지관리 및 운영비 정산법
	상용 소프트웨어 유지관리	상용 소프트웨어 유지관리비
	보안성 지속 서비스	보안성 지속 서비스 운영비
	보안관제 서비스	보안관제 서비스 운영비
	소프트웨어 재개발	재개발비

SLA 기반의 정산법을 사용하는 경우 사전에 사후 정산의 가능성을 고려해야 한다.

2 생명주기 단계별 대가산정 방법

기획, 구현, 운영의 소프트웨어 생명주기 단계별로 대가산정 유형이 존재하며, 각각 대가산정 방법이 상이하다. 소프트웨어 생명주기 단계별 대가산정 방법 상세 내용은 다음과 같다.

SW사업 생명주기	대가산정 유형	대가산정 방법
SW사업 기획단계	정보화전략계획(ISP) 수립비	컨설팅 지수에 의한 방식
		투입공수에 의한 방식
	ISP/BPR 수립비	투입공수에 의한 방식
	EA/ITA 수립비	투입공수에 의한 방식
	ISMP 수립비	투입공수에 의한 방식
	정보보안 컨설팅비	투입공수에 의한 방식
SW사업 구현단계	소프트웨어 개발비	기능점수에 의한 방식
		투입공수에 의한 방식

SW사업 생명주기	대가산정 유형	대가산정 방법
SW사업 운영단계	소프트웨어 유지관리 및 운영비	요율제 방식에 의한 유지관리비
		투입공수 방식에 의한 운영비
		고정비/변동비 방식에 의한 유지관리비 및 운영비
		SLA 기반 유지관리비 및 운영비 정산법
		상용 소프트웨어 유지관리비
	보안성 지속 서비스비	요율제 방식에 의한 운영비
	보안관제 서비스비	투입공수 방식에 의한 운영비
	소프트웨어 재개발비	재개발 기능점수에 의한 방식

소프트웨어 사업 대가를 산정하기 위해 정보시스템의 특성을 고려하여 크기, 기능, 경험, 기술 중심의 규모 측정 방식을 적용한다.

프로세스 및 제품 측정

소프트웨어 개발에 측정을 적용하는 것이 모델링과 분석 측면에서는 복잡한 반면, 소프트웨어 측정에는 근본적이면서 더 높은 수준의 측정과 분석 프로세스의 기초가 되는 등 여러 가지 측면이 있다. 측정지표의 베이스라인이 설정되어야 프로세스와 제품의 개선 성과를 평가할 수 있다.

1 소프트웨어 프로세스 및 제품 측정 개요

소프트웨어 프로세스 및 제품 측정은 프로세스 구현과 변경의 시작을 지원하거나 그 결과를 평가하기 위해 수행될 수 있으며 제품 그 자체에 대해서도 수행될 수 있는 것으로 ISO/IEC 15359도 프로세스와 제품 특성 측정을 위한 표준 프로세스를 제시한다.

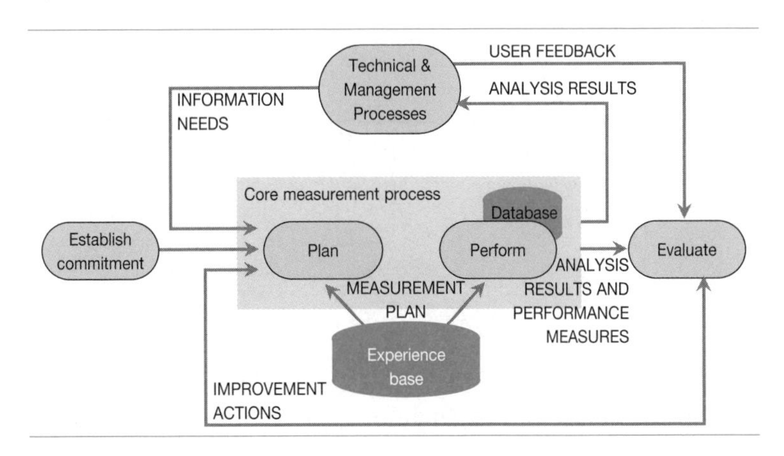

소프트웨어 측정과 관련해 메저measure, 메저먼트measurement, 메트릭metric을 구분할 줄 알아야 한다. 우선 메저란 프로젝트나 프로세스에서 측정된 특정 속성을 숫자 값(정도, 양, 치수, 크기 등)으로 표현한 것이며, 대표적인 예로는 기능 수FP, 본 수, 라인 수, 결함 수, 투입 공수 등이 있다. 또한 메저먼트는 측정지표를 결정하고 측정하고 결과를 기록하는 활동 그 자체로 메저를 결정하는 행위이며, 메트릭은 2개 이상 메저 조합을 정량화해 표현하고자 하는 것이다. 즉, 측정measurement을 통해 수집된 메저(투입 공수, 소프트웨어 규모, 투입 비용, 소요 시간 등의 값)를 생산성, 품질, 성능, 비용 등의 관리와 통제에 필요하도록 계산한 복합적 지표이다. 대표적인 예로 '결함률 = 결함 수/규모'를 들 수 있다.

2 프로세스 측정

프로세스 측정Process measurement은 프로세스에 대한 정량적인 정보를 모으고 분석하고 해석해 프로세스의 강·약점을 식별하고, 프로세스가 구현 및 변경된 후의 결과 평가와 소프트웨어 프로젝트관리를 하기 위함이다.

2.1 프로세스 측정 구조

다음 그림과 같이 프로젝트의 배경은 프로세스와 그 결과물 사이의 관계에 영향을 미친다. 즉, 프로세스에서 프로세스로 연결되는 결과물은 프로젝트 배경에 의존한다.

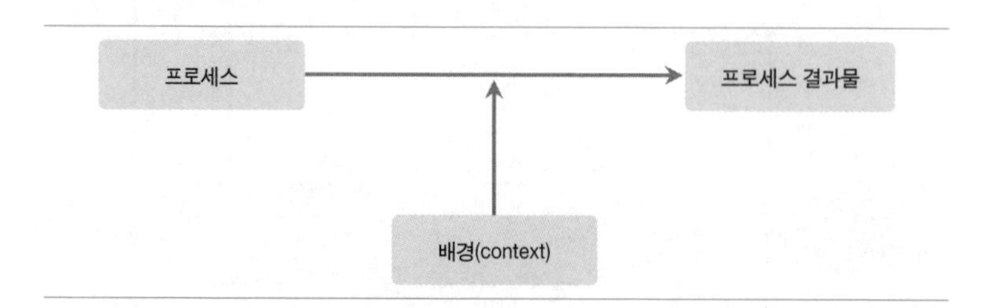

프로세스의 주요 관심 측정지표는 팀이나 프로세스의 생산성, 소프트웨어 개발에서의 관련 경험 수준, 기술에 대한 지표 등으로 제품 품질, 유지보

수성, 생산성, 고객만족 차원 등에서 측정할 수 있다.

- 제품 품질: KLOC 또는 FP당 결함
- 유지보수성: 일련의 변경을 위한 공수
- 생산성: 1M/M당 LOC나 기능점수
- time-to-market
- 고객만족: 고객 설문을 통해 측정

프로세스 결과 지표는 조직의 규모, 프로젝트의 규모 등 특정 상황에 의존적이며, 프로세스의 결과물에 영향을 미치는 다른 요인(직원의 업무 능력, 사용되는 도구, 프로세스 내재화 수준 등)을 찾아내는 것이 중요하다.

3 소프트웨어 측정 개요

소프트웨어 측정방법은 직접 측정과 간접 측정으로 나뉜다. 직접 측정에는 Cost, Delivery, Effort, LOC, Memory size, Errors 등이 있으며, 간접 측정에는 Function, Quality, Complexity, Reliability, Maintainability, Efficiency 등이 있다.

3.1 소프트웨어 측정 범주

- 소프트웨어 측정 범주 구조

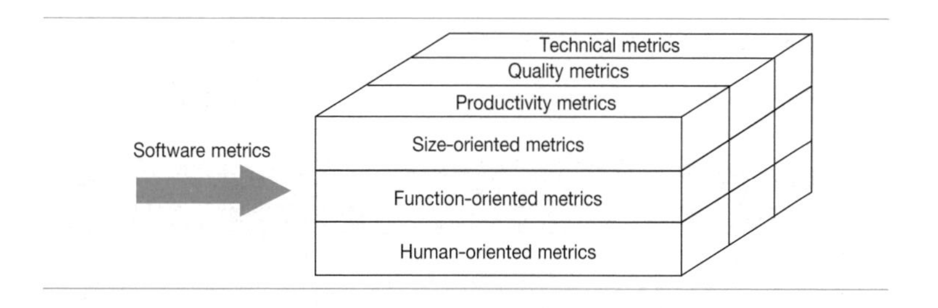

- 소프트웨어 측정 범주 내역

측정 범주	기능
Size-oriented metrics	소프트웨어 공학 절차에 따른 산출물을 직접 측정해 수집
Function-oriented metrics	간접 측정에 의한 정보로 품질, 신뢰도, 복잡도, 유지보수성 등이 속함
Human-oriented metrics	개발자의 태도나 툴 또는 방법 등 효율성에 대한 정보 수집
Productivity metrics	소프트웨어 공학 절차에 대한 출력에 초점
Quality metrics	사용자 요구사항의 구현 정도에 대한 품질 척도를 Explicit & Implicit로 표시
Technical metrics	논리적 복잡도나 모듈화 정도 등 소프트웨어 특성에 초점

4 크기 중심 규모 측정

크기 중심 규모 측정Size-oriented metrics은 소프트웨어나 프로세스를 직접 측정하는 방법으로 생산성, 품질, 비용, 문서화, 오류, 결함 등의 지표가 있다.

- 생산성 = KLOC / 노력
- 품질
  - 오류발생률 = 오류의 수 / KLOC
  - 결함발생률 = 결함의 수 / KLOC
- 비용 효율성 = 비용 / KLOC
- 문서화 = 문서의 페이지 수 / KLOC

크기 중심 규모 측정 예시는 다음 표와 같으며, 크기 중심 규모 측정은 주로 LOC 중점으로 측정되어 쉽게 계산할 수 있기 때문에 많은 측정 모델이 LOC를 중요한 입력값으로 사용한다. 반면 프로그래밍 언어에 따라 크기가 가변적이고, LOC 기준이 모호하고 표준이 없다는 단점이 존재한다.

프로젝트	LOC	노력 (M/M)	비용 (1,000만 원)	문서 페이지	오류 (errors)	결함 (defects)	인원
A	13,400	20	8	373	128	30	2
B	29,100	63	48	1,317	334	92	7
C	19,500	30	35	960	274	70	5

크기 중심 규모 측정을 적용하기 위해서는 아래 단계를 거치도록 한다.

- 단계 1: 모듈별로 분할
- 단계 2: 기능별로 LOC 추정
  - EV(추정 LOC) = (P + 4M + O)/6, sum(EV)
- 단계 3: 경험치 데이터를 이용해 프로젝트의 비용과 개발 노력을 추정
  - 프로젝트 비용 = KLOC×KLOC당 비용(경험치)
  - 개발노력(M/M) = KLOC/생산성(경험치)

5 기능 중심 규모 측정

기능 중심 규모 측정Function-oriented metrics을 위해서는 FP를 이해해야 한다. FP는 사용자가 요구하는 소프트웨어 기능의 규모size를 표현하는 단위를 의미하는데, 사용자에게 제공되는 소프트웨어의 기능적 크기를 측정하는 단위이다. 1979년 앨런 알브레히트Allan Albrecht가 FP를 소개했고 1986년 국제기능점수사용자그룹IFPUG: International Function Point User Group의 발족으로 활성화된 후 2003년 ISO/IEC 표준으로 승인되었다.

FP는 사용자 관점에서 사용자가 제공받는 기능을 측정한다.

이는 상이한 기술, 생명주기, 적용방법론 및 다양한 이해당사자의 관점에서 객관적인 소프트웨어의 규모를 측정하기 위한 것이다. 그러므로 소프트웨어 개발 및 유지보수 업무량을 프로젝트 및 조직에 걸쳐 일관되게 측정하며, 이를 통해 상호 비교 또한 가능하다.

이러한 FP를 사용하면 다양한 이점이 존재한다. 우선 패키지의 모든 기능을 측정함으로써 구매한 애플리케이션 패키지 규모를 결정하거나, 사용자 요구를 만족시키는 특정 기능을 측정함으로써 패키지가 사용자 조직에 유익한지를 판단하고 결정하는 지원 도구로 사용하거나, 품질과 생산성 분석을 돕기 위해 소프트웨어 제품 단위를 측정하는 도구로 활용하거나, 소프트웨어 개발 및 유지보수에 필요한 비용과 자원을 측정하거나, 소프트웨어 간에 비교를 위한 도구로 사용할 수 있다.

5.1 기능점수 측정 절차

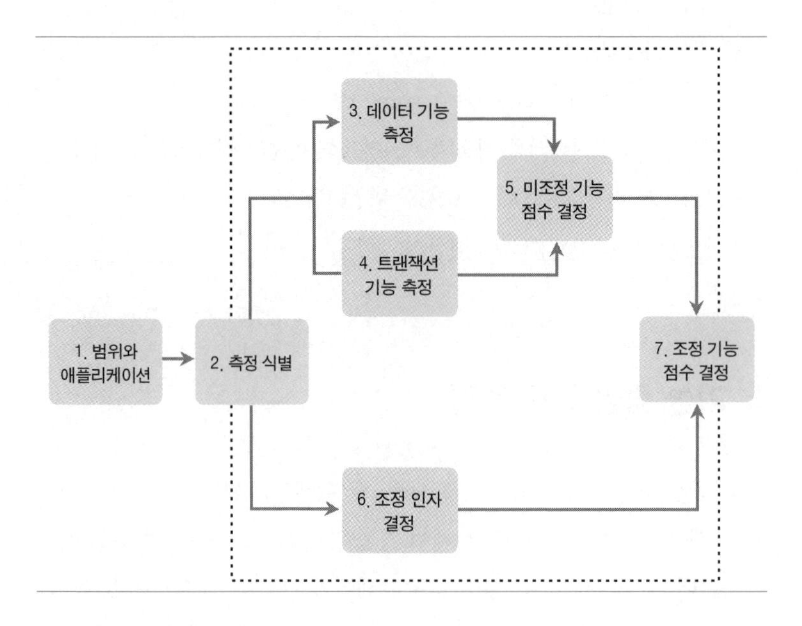

- 측정 유형 구분

구분	내역
개발 프로젝트	프로젝트 종료 후 인도된 소프트웨어의 최초 설치와 함께 사용자에게 제공된 기능을 측정하는 것
개선 프로젝트	기존 애플리케이션의 변경 부분을 측정하는 것으로 프로젝트 종료 후 인도된 사용자 기능에 추가·수정·삭제한 부분을 의미
애플리케이션	설치된 애플리케이션의 베이스라인 또는 설치된 FP 측정

5.2 FP 측정 항목

측정 항목	설명
EI (External Input)	외부입력 측정(사용자 입력 개수)
EO (External Output)	외부출력 측정(사용자 출력 개수)
EQ (External inQuery)	외부조회 측정(사용자 질의 개수)
ILF (Internal Logical File)	내부 파일 개수
EIF (External Interface File)	외부 인터페이스 개수

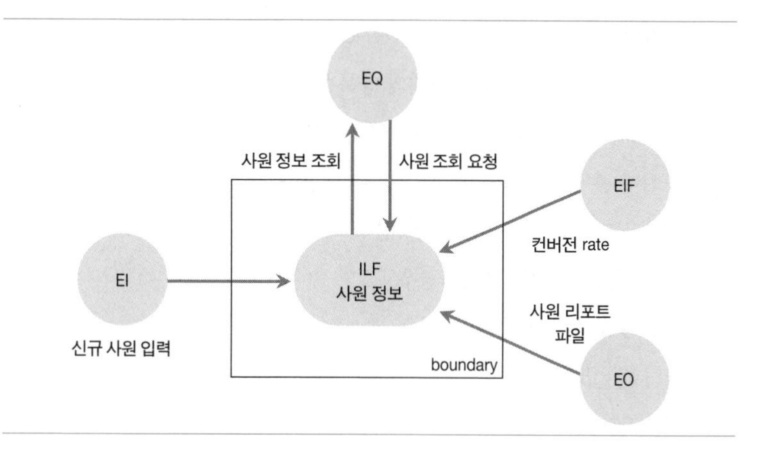

5.3 FP의 계산 구조

FP는 다음에 정의한 기능 수FC: Function Count와 기술적 복잡도TCF를 고려해 계산한다.

$$FP = FC \times TCF$$

5.3.1 기능 수 계산

개발 대상 소프트웨어가 명확히 정의되고 외부 시스템과 인터페이스가 분명하게 정의된 상태에서 외부입력EI, 외부출력EO, 외부조회EQ, 내부논리파일ILF, 외부인터페이스파일EIF 기능을 추출해 각각의 복잡도를 측정한다.

복잡도는 기능에서 다루는 데이터 요소의 수와 입출력 기능에서 참조하는 파일 수 및 파일이 포함하는 레코드 종류 수의 조합으로 이루어진다.

기능 유형	가중치			기능 수 (FC)
	단순	보통	복잡	
외부입력	_ × 3 = _	_ × 4 = _	_ × 6 = _	
외부출력	_ × 4 = _	_ × 5 = _	_ × 7 = _	
외부조회	_ × 3 = _	_ × 4 = _	_ × 6 = _	
내부논리파일	_ × 7 = _	_ × 10 = _	_ × 15 = _	
외부인터페이스파일	_ × 5 = _	_ × 7 = _	_ × 10 = _	
기능 수(FC) 합계				

5.3.2 기술적 복잡도 계산 Technical complexity

기술적 복잡도는 다음과 같은 14개의 항목에 대한 영향도를 평가해 계산한다.

영향도DI: Degree of Influence는 0부터 5까지 정수로 나타낸다.

- 0: 특성이 존재하지 않거나 영향이 없는 경우
- 1: 영향을 미치는 정도가 사소한 경우
- 2: 어느 정도의 영향이 있는 경우
- 3: 보통 정도의 영향이 있는 경우
- 4: 상당한 정도의 영향이 있는 경우
- 5: 지속적으로 강력한 영향을 미치는 경우

14개의 기술적 복잡도 요소는 다음과 같다.

- 데이터 통신의 필요 정도
- 분산처리 기능의 정도
- 응답 속도나 처리율throughput과 같은 시스템 성능performance 요구
- 운용 시스템의 여유 정도(사용 정도)
- 트랜잭션율transaction rate이 높은 정도
- 온라인 자료 입력 및 제어 기능 요구 정도
- 온라인 입력이 복수의 스크린 또는 오퍼레이션을 사용하는 트랜잭션으로 구성되는 정도
- 내부 논리파일을 온라인에서 갱신하는 정도
- 처리의 복잡성 정도
- 프로그램 재사용의 고려 정도
- 변환 및 설치 용이성을 고려하는 정도
- 효과적인 백업, 복구 등 운용상의 편리함을 고려하는 정도
- 복수의 조직을 위해 복수 장소에 설치를 고려하는 정도
- 변경 용이성을 고려하는 정도

14개 항목에 대해 각각의 영향도(0~5)를 평가해 합산한 총영향도는 0에서 70 사이 값이 되며 기술적 복잡도 값인 TCF Technical Complexity Factor는 다음 식으로 계산된다.

$$TCF = 0.65 + 0.01 \times \text{총영향도}(\Sigma DI)$$

5.3.3 FP 계산

- FP = FC × TCF
- FP는 생산성이나 품질 등의 척도로 활용될 수 있다.
  - 생산성 = FP / MM
  - 품질 = 결함defects / FP
  - 비용 = 원 / FP
  - 문서의 양 = 문서 페이지 수 / FP

6 경험 측정 모델

6.1 자원 평가 모델

자원 평가 모델Resource estimation model은 1980년 바실리Basili가 제안하여 사용하는 리소스 모델RM: Resource Model로 하나 이상의 수식으로 표현되어, 예측 자원 투입 효과, 개발기간, 타 프로젝트의 예측 데이터(경험 데이터) 등을 토대로 Single-Variable, Static Multi-Variable, DynaMic Multi-Variable Model 등으로 구분된다.

Single 변수 모델 식은 다음과 같다.

- R = C1× (estimated characteristic)C2

  ※ C1, C2: 과거 프로젝트에서 얻은 경험 데이터
- estimated characteristic: effort(E), project duration(D), staff size(S), software documentation(DOC) etc.

6.2 Walston & Felix(WAL77) 모델

Walston & Felix 모델은 60여 개의 프로젝트(소스 규모 4,000~467,000라인, 참여자 12~11,758PM 정도)에서 수행된 결과를 토대로 설정한 비용 평가 모델이다.

- E = 5.2 × L 0.91, D = 4.1 × L 0.36, D = 2.47 × E 0.35, S = 0.54 × E 0.06, DOC = 49 × L 1.01

- E: effort in staff months, L: lines of code in thousands, DOC: document in pages, D: project period, S: average staff size = E/D

6.3 COCOMO 모델

COCOMO COnstructive COst 모델은 보엠이 1982년에 제안한 대표적인 비용 평가 모델로 소프트웨어의 비용 또는 개발자원 투입량 development effort 을 평가하며, 다음과 같이 세 가지로 구분된다.

모델	내역	특징
Basic	추정된 LOC를 프로그램 크기의 함수로 표현해 노력과 비용을 계산하는 정적 단일변수 모델	- LOC 기반 - 소프트웨어 크기와 개발모드
Intermediate	basic의 확장으로 프로젝트 형태, 개발 환경, 개발 인력 요소에 따라 15개의 특성치를 적용한 방식	- LOC + 가중치 - 15개의 비용 요소를 곱한 가중치 계수 이용
Advanced	intermediate COCOMO 모델 특성 + 소프트웨어 공학 과정 각 단계 평가를 통합	- 시스템을 모듈, 서브시스템으로 세분화 후 intermediate와 동일

6.3.1 Basic COCOMO

소프트웨어 개발에 따른 노력과 비용을 LOC 형태로 추정된 프로그램의 크기에 따라 계산한다.

소프트웨어 유형은 복잡도 등급에 따라서 organic, semi-detached, embedded mode로 구분하며 각 유형에 따른 총소요공수 MM와 총개발기간 TDEV은 다음과 같이 계산한다.

- organic mode: $MM = 2.4 \times (KDSI)^{1.05}$, $TDEV = 2.5 \times (MM)^{0.38}$
- semi-detached mode: $MM = 3 \times (KDSI)^{1.12}$, $TDEV = 2.5 \times (MM)^{0.35}$
- embedded mode: $MM = 3.6 \times (KDSI)^{1.20}$, $TDEV = 2.5 \times (MM)^{0.32}$
- 필요 인원: N = MM/TDEV

(KDSI: Kilo Delivered Source Instruction, 1 KDSI = 1,000 LOC, MM: Man Months, TDEV: Total DEVlopment Time)

- 예: 128,000 LOC의 크기인 embedded mode project의 총소요공수(MM)와 총개발기간(TDEV), 필요인원(N), 생산성 계산

- 총소요공수 MM = $3.6 \times (128)^{1.2}$ = 1,216 Man-Months
- 총개발기간 TDEV = $2.5 \times (1,216)^{0.32}$ = 24개월
- 필요인원 N = 1,216/24 = 50.66 ≒ 51명
- 생산성 = 128,000/1,216 = 105 LOC/MM

6.3.2 Intermediate COCOMO

베이직basic에 더해 비용에 영향을 미치는 하드웨어, 인력, 프로젝트 특성 등에 따라 정해지는 코스트 드라이버cost driver를 추가로 적용해 계산한다.

- 총소요공수 = 기본비용 × EAF

  (EAF: Effort Adjustment Factor, 비용을 증가 또는 감소시키는 속성 요인)

- organic mode: MM = $3.2 \times (KDSI)^{1.05} \times$ EAF, TDEV = $2.5 \times (MM)^{0.38}$
- semi-detached mode: MM = $3.0 \times (KDSI)^{1.12} \times$ EAF, TDEV = $2.5 \times (MM)^{0.35}$
- embedded mode: MM = $2.8 \times (KDSI)^{1.20} \times$ EAF, TDEV = $2.5 \times (MM)^{0.32}$

6.3.3 Advanced COCOMO

중간 단계intermediate의 COCOMO 모델에 적용된 특성과 함께 이들 특성이 모듈별, 서브시스템별, 개발 단계별로 각각에 끼친 영향도 함께 고려해 계산한다.

6.4 COCOMO II 모델

기존 COCOMO는 최근의 새로운 소프트웨어 개발방식에 적용하기 어려움이 있어 재사용의 강화나 컴포넌트를 이용한 조립개발과 같은 최근의 개발환경을 반영해 COCOMO II 모델이 제시됐다.

시스템 개발 단계별로 다음과 같이 세 가지 모델을 적용할 수 있다.

모델	설명 및 사례
Application composition	- 개발 초기 프로토타입 시제품 개발 시 적용할 수 있는 모델 - 작은 팀이 몇 주 동안 개발하는 경우에 사용 - 주로 GUI builder나 컴포넌트를 이용해 조립 개발하는 경우에 이용

모델	설명 및 사례
Early design	- 개발될 제품의 규모를 알기 어려운 프로젝트 초기 단계에 기능점수와 같은 사이즈 지표를 이용하는 모델 - 실제 개발할 소프트웨어의 크기, 운영 환경의 특성, 프로젝트에 참여할 관련자, 수행할 프로세스의 세부사항 등에 대한 정보가 부족할 때 사용
PA (Post Architecture)	- 프로젝트 아키텍처 개발이 완료되어 소프트웨어 규모 및 가격요인을 정확하게 적용할 수 있는 모델 - 가장 세부적인 COCOMO II 모델로 소프트웨어 생명주기가 확립된 후에 사용

6.5 도티 모델

도티Doty 모델은 Doty associate가 미 국방성, 정부기관, SDC, IBM, 대학 등의 인터뷰와 많은 문헌조사를 바탕으로 개발한 모델로 프로그램 규모(I)가 알려졌다는 전제하에 총소요공수를 견적하는 방식이다. 프로그램 규모인 I가 1만 행 이상일 때는 베이스라인형을, 그 이하일 때는 다변량형을 사용한다.

6.5.1 총개발공수 모델(베이스라인형)

분석에서부터 테스트에 소요되는 공수와 소스 라인 수(프로그램 규모)의 관계식으로 다음과 같다.

$$MM = aI^b$$

MM: 총개발 공수Man Month

I: 프로그램 규모(소스코드 라인 수)

a, b: 상수

6.5.2 개발 환경을 고려한 모델(다변량형)

응용 소프트웨어 개발공수 추정 정밀도를 높이기 위해서 프로그램 규모 이외의 개발 환경에 의해 변동하는 요인을 고려해 만든 관계식으로 다음과 같다.

$$MM = aI^b\prod_{i-1}^{p} fi$$

MM: 총개발공수 I: 프로그램 규모(소스코드 라인 수)

a, b: 상수 p: 요인 수 fi: 작업 환경 요인

π: 파이 $$\prod_{i-1}^{p}\sum_{\sum} = f1 \times f2 \times ... \times fp$$

※ 작업 환경이란 소프트웨어 개발을 위한 개발 단말의 유무, CPU의 제약, 개발 장소 등 14종류가 있다.

6.6 퍼트넘 모델

1978년에 퍼트넘Putnam이 제안한 동적 다변수 모델Dynamic Multivariable Model로 전체 프로젝트 수행기간 중 각 분야별(요구사항 분석 및 설계, 기능 구현, 시험, 문서화 등) effort 분포를 추정할 수 있으며, 대형 프로젝트에 투입되는 인력 분포의 특징을 알 수 있는 유용한 모델이다.

인력manpower 분포 곡선이 레일리rayleigh 분포를 나타내는 것이 특징이다.

- $L = CkK^{1/3}Td^{4/3}$, $K = L^3 / CkTd^4$

L: source line

Ck: state of technology constant(2,000~11,000)

K: effort expended(person-years) over the entire life cycle for software development & maintenance

Td: project 수행 기간(year)

Ck	software development environment
~2,000	poor
~8,000	good
~11,000	excellent

7 기술적 측정 모델

7.1 할스테드의 소프트웨어 과학

할스테드Halstead의 소프트웨어 과학Software science은 쉽게 구하는 원시코드의 성질에서 계산되는 여러 가지 지표metrics를 개발, 소프트웨어 규모와 난이도에 대한 척도를 이용해 개발 소요공수 예측 모형을 제시한다.

- 원시코드 성질
  - 프로그램 내에 있는 연산자의 수 N_1
  - 프로그램 내에 있는 연산수operand의 수 N_2
  - 프로그램 내에 있는 연산자의 종류 n_1
  - 프로그램 내에 있는 연산수의 종류 n_2
- 프로그램의 길이: $N_1 + N_2$
- 소프트웨어 규모(V): $(N_1 + N_2) \times \log2(n_1 + n_2)$
- 언어의 추상화 레벨 or 난이도(L) $= (n_1/2) \times (N_2/n_2)(2 \times n_2)/(n_1 \times N_2)$
- 소요공수(E) $= V/L = (n_1 \times N`_2 \times (N`_1 + N`_2) \times \log2(n_1 + n_2))/(2 \times n_2)$

7.2 매케이브의 회전복잡도

매케이브McCabe는 프로그램의 이해난이도가 주로 프로그램에 대한 제어흐름, 그래프 복잡도에 의해서 결정된다는 사실을 관찰(MCC 76)해 회전복잡도Cyclomatic complexity를 고안해냈다.
접속 그래프 G의 사이클로매틱cyclomatic 수는 그래프 내에 있는 일차 독립경로의 수이다.

$V(G) = E - n + 2$

※ E = 연결선 수, n = 노드 수

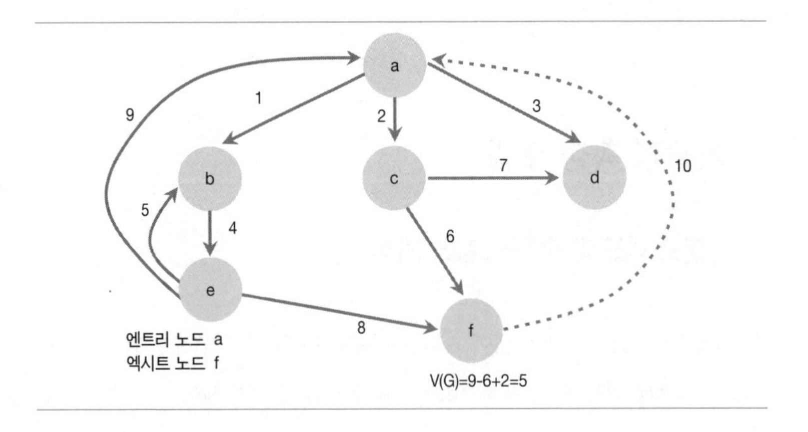

앞의 그림에서 V(G)는 5, 출력 노드 f에서 입력 노드 a를 연결시키는 점선은 하나의 접속 그래프를 만들기 위해서 추가된다. 매케이브는 엔트리와 엑시트 구조가 단일한 프로그램에서 V는 술어의 수에다 1을 더한 것과 같다는 사실을 입증했으며 사이클로매틱 복잡도, 테스트의 용이성, 루틴의 신뢰도 사이에는 강한 상관관계가 있다고 주장했다.

참고자료

최은만. 2007. 『소프트웨어 공학』. 정익사.
프레스먼, 로저(Roger S. Pressman). 2001. 『소프트웨어 공학 5판(Software Engineering A Practitiouer's Approach)』. 우치수 옮김. 한국맥그로힐.
한혁수. 2008. 『소프트웨어 공학의 소개』. 홍릉과학출판사.

기출문제

107회 응용 S/W프로젝트의 규모척도인 기능점수(Function Point)의 장단점을 설명하고, LOC(Line Of Code)와 COCOMO(Constructive Cost Model)와의 차이를 설명하시오. (25점)

105회 관리 기능점수(Function Point) 산출방법에 대하여 설명하고 간이법을 적용하여 아래의 이벤트(Event) 리스트와 "ISBSG(International Software Benchmark Standard Group) 평균복잡도"를 근거로 하여 기능점수를 산출하시오

〈이벤트(Event) 리스트〉

가. 담당자는 고객주문을 입력·수정·삭제 한다(고객DB)

나. 인사담당자는 사원목록을 부서단위로 조회한다(사원DB, 부서DB)

다. 인사담당자는 사원목록을 단순 출력한다(사원DB)

라. 인사담당자는 일정 금액 이상의 급여 수령자 사원목록을 검색한다(사원DB, 급여DB)

마. 원화에 대한 미국 달러(USD) 가치를 찾기 위해 A은행 외환DB에서 환율을 검색한다(외환DB)

바. 인사담당자는 5년 경력 이상이고, 해당 직무 수행 경험이 있는 사원목록을 추출한다(사원DB)

사. 인사담당자는 신입/경력사원 입사 시 사원 파일을 갱신한다(사원DB)

아. 인사담당자는 외국 사원 입사 시 사원의 급여를 결정하기 위해 H연합회 통화정보를 참조한다(사원DB, 급여DB, 통화DB)

자. 회계시스템은 전표번호(부서번호 중 앞자리 2+년도+일련번호)를 자동채번한다(전표DB)

차. 인사담당자는 사원현왕을 엑셀 파일을 업로드시킨다(사원DB)

기능유형: 평균 복잡도

EI: 4.3

EQ: 5.4

EQ: 3.8

ILF: 7.4

EIF: 5.5. (25점)

87회 관리 비용 산정 모델에 대한 다음 물음에 답하시오. (25점)

(1) 비용 산정을 위한 COCOMO(Constructive Cost Model)와 기능점수의 특징과 장점을 비교 설명하시오.

(2) 네 개의 모듈로 구성된 프로젝트가 있다. LOC(Line of Code)를 기반으로 한 각 모듈의 규모 추정이 아래와 같을 때, 이 프로젝트의 총규모는 몇 LOC인지 계산하시오.

84회 응용 기능점수(Function Point)의 특징 및 요구분석 단계 이후의 기능점수를 이용한 소프트웨어 비용 산정절차와 활성화 방안에 대해 기술하시오. (25점)

84회 관리 기능점수(Function Point) 측정에 대해 아래의 내용을 근거로 각 질문에 답하시오. (25점)

〈application boundary〉

[업무기능요건]

가. 인사담당자가 인사기본정보(사원DB, 부서DB)를 관리한다.

나. 인사담당자가 임직원의 직무정보(사원DB, 직무DB)를 산업인력관리공단의 표준직무 DB와 연계하여 관리한다.

다. 인사담당자가 부서별 각종 최신 통계자료(사원DB, 직무DB, 부서DB)를 조회·출력한다.

가. 기능점수 산출방법의 간이법과 정규법의 차이점을 비교 설명하시오.

나. 간이법을 적용하여 주어진 [업무기능요건]에 대한 트랜잭션 기능(transaction function)과 데이터 기능(data function)을 산출하시오.

다. 간이법을 적용하여 주어진 [업무기능요건]에 대한 기능점수를 산출하시오.(복잡도는 ISBSG의 평균데이터를 이용할 것)

※ ISBSG(International Software Benchmarking Standards Group)의 평균복잡도

83회 관리 신규 소프트웨어 개발 프로젝트 계획 단계에서 기능점수를 측정했더니 아래의 〈표 1〉과 같이 기능이 식별되었다. 측정시점에서 신규 개발기능의 세부내용에 대한 개별복잡도 측정이 어려워 평균복잡도 가중치를 적용키로 했으며, 다른 요구기능은 없다고 가정하고 다음 질문에 대해 설명하시오. (25점)

(1) IFPUG의 기능점수 측정 절차를 설명하시오.

(2) 기능별 평균점수와 조정된 개발 기능점수를 구하시오.

(3) 기능점수 측정의 유의사항과 기능점수 측정결과에 대한 지식화 방안을 제시하시오.

〈표 1〉 기능점수 식별 내용 예시

구분		기능 수(개)
데이터 기능	내부 논리파일(ILF)	12
	외부 연계파일(EIF)	6
트랜잭션 기능	외부 입력(EI)	24
	외부 출력(EO)	3
	외부 조회(EQ)	12

〈표 2〉 기능점수 평균 복잡도 가중치

유형	내부 논리파일	외부 연계파일	외부 입력	외부 출력	외부 조회
가중치	7.3	5.4	4.0	5.1	3.8

S o f t w a r e

E n g i n e e r i n g

N
프로젝트

N-1. 프로젝트관리
N-2. 정보시스템 감리

N-1

프로젝트관리

프로젝트의 성공적 완료를 목적으로 기간, 예산, 자원 내에서 비즈니스 요구에 맞는 결과물을 도출하도록 하는 업무를 의미한다. 프로젝트관리는 착수, 계획, 실행, 통제, 종료 프로세스에 따라 프로젝트 지식영역 10개를 관리한다.

1 프로젝트관리

- 프로젝트

제품 혹은 서비스를 만들어내기 위한 일시적인 활동이다. 프로젝트는 몇 가지 특성이 있다. 먼저 유일성이다. 모든 프로젝트 비즈니스, 고객, 제약조건, 환경, 팀 구성원 등이 다르고 예측하기 어려운 특성이 있다.

다음은 일시성이다. 프로젝트는 시작과 종료가 명확해 납기 내에 주어진 자원과 예산 안에서 수행되어야 한다.

다음은 점진적 상세화이다. 프로젝트 초기에는 프로젝트 충족 요건들이 다소 추상적이지만 시간이 지남에 따라 점점 구체화되고 상세화되는 특성이 있다. 이외에도 많은 특성이 있지만 이상에서 얘기하는 특성은 프로젝트의 성격을 잘 반영한 특성이라 할 수 있다.

- 프로젝트 생명주기

프로젝트의 생명주기는 영업, 제안 발표, 계약, 실행, 종료 단계로 구성된다.

생명주기	주요 기능
영업	발주준비 → RFI(정보요청서) → RFP(제안요청서) → 제안설명회 → 제안서 작성
제안발표	제안서 발표 및 평가
계약	업체선정 → 프로젝트 계약
실행	준비(착수), 수행 및 통제(분석, 설계, 개발, 구현), 개발 방법론, 프로젝트관리 방법론
종료	프로젝트 접수 → 프로젝트 종료

프로젝트 생명주기 중 영업단계 절차를 좀 더 살펴보면 다음과 같다.

프로젝트 생명주기

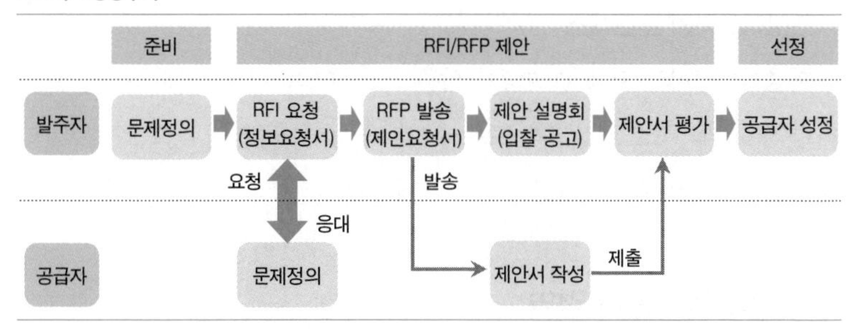

발주자는 사업 발주 전 사업의 내용을 정의하고 프로젝트 계획 및 수행에 필요한 정보 수집을 위해 공급 대상 업체 몇 곳에 RFI Request For Information를 요청한다. 공급자는 RFI의 답변서를 작성해 발주자에게 제공한다. RFI는 요구사항을 좀 더 구체화하고 공급자의 과업 수행 역량을 개략적으로 파악하는 데 유용하다. 발주자는 요구사항 구체화해 공급자에게 RFP Request For Proposal을 보내고 제안을 요청한다. RFP는 발주자와 공급자의 과업 수행 범위와 계획에 관련된 공식문서이다. RFP에 포함되는 내용은 사업개요, 현황 및 문제점, 사업 추진 방안, 제안 요청 내용, 제안서 작성 요령, 안내 사항, 붙임 및 별첨 자료로 구성되어 있다. 공급자는 제안서를 작성해 제출하고 이렇게 제출된 제안서를 통해 공정한 평가에 의해서 최종 공급자를 선정하고 계약을 수행한다. 제안서의 내용은 제안 개요, 제안 업체 일반, 기술 부문, 사업관리 부문, 지원 부문, 기타, 별첨으로 구성되어 있다.

- 프로젝트관리

프로젝트 요건을 충족하기 위해서 관련 지식, 스킬, 도구 및 기법 등을 활용해 프로젝트의 목표와 이해관계자들을 만족시키기 위한 활동이다. 프로젝트는 범위Scope, 일정Time, 원가Cost라는 세 가지 제약조건이 있으며 이 중 하나라도 변경이 되면 다른 제약조건들에 영향을 준다.

- 프로젝트관리 영역

프로젝트의 목표달성을 위해 관리해야 할 지식영역은 통합관리, 범위관리, 일정관리, 원가관리, 품질관리, 인적자원관리, 의사소통관리, 위험관리, 조달관리, 이해관계자관리 이상 10개 영역으로 구성되어 있다.

- 프로젝트관리 프로세스

프로젝트관리 영역을 관리하기 위한 프로세스는 착수, 계획, 실행, 모니터링 및 통제, 종료 이상 5개 프로세스로 구성되어 있다. 각 프로젝트관리 영역은 5개 프로세스 중에 포함되어 수행된다.

1.1 프로젝트관리 영역

- 프로젝트관리 영역

프로젝트의 목표달성을 위해 관리해야 할 지식영역으로 10개의 영역이 있다.

관리 영역	설명
통합관리	프로젝트의 다양한 요소들을 적절하게 통합, 조정하기 위해 필요한 프로세스
범위관리	프로젝트의 과업범위를 정의하고 관리하기 위해 필요한 프로세스
일정관리	프로젝트 납기 준수하고 관리하기 위해 필요한 프로세스
비용관리	프로젝트의 예산 내에서 목표를 달성하고 관리하기 위해 필요한 프로세스
품질관리	프로젝트의 품질 요구사항을 달성하고 관리하기 위해 필요한 프로세스
인적자원관리	프로젝트에 인적자원을 최대한 효율적으로 관리하기 위해 필요한 프로세스
의사소통관리	프로젝트 정보를 효과적으로 생성, 취합, 배포, 보관하고 관리하기 위해 필요한 프로세스
위험관리	프로젝트의 위험요소를 식별하고 체계적으로 분석, 대응, 통제 관리하기 위해 필요한 프로세스
조달관리	프로젝트에 필요한 요소를 조직의 외부의 제품이나 서비스를 확보하고 관리하기 위해 필요한 프로세스
이해관계자관리	프로젝트의 이해관계자들을 파악하고 관리하기 위한 프로세스

프로젝트관리 영역은 프로젝트 요소 중 '무엇What'을 관리할 것인가에 관한 분류이다.

- 프로젝트관리 영역과 프로세스

프로젝트관리 영역별 수행 프로세스는 다음의 표와 같다.

구분	착수	계획	실행	감시 및 통제	종료
통합관리	프로젝트헌장 개발	관리계획	프로젝트 실행	감시, 통제	단계종료
범위관리		요구사항수집 범위정의 WBS		범위검증 범위통제	
일정관리		활동정의 활동순서배열 활동자원산정 활동기간산정 일정개발		일정통제	
원가관리		원가산정 예산결정		원가통제	
품질관리		품질관리계획	품질보증	품질통제	
자원관리		자원관리계획	프로젝트 팀 확보 프로젝트 팀 개발 프로젝트 팀 관리		
의사소통관리		의사소통 계획	의사소통관리	의사소통 통제	
위험관리		위험관리계획 위험 식별 정성적 분석 정량적 분석 대응계획 수립		위험통제	
조달관리		조달관리계획	조달수행	조달통제	조달종료
이해관계자 관리		이해관계자 관리계획	이해관계자 참여관리	이해관계자 참여통제	

프로젝트관리 프로세스는 프로젝트관리 영역을 '어떻게How' 관리할 것인가에 대한 내용을 다룬다.

2 프로젝트 통합관리

프로젝트 통합관리는 각 영역을 적절하게 조정 및 관리하기 위한 영역이다.

전체 관리 영역의 효율적이고 효과적으로 관리하기 위한 프로세스로 구성되어 있다. 프로젝트관리 프로세스 전 영역(착수, 계획, 실행, 감시 및 통제, 종료)에 걸쳐 존재한다.

- 통합관리 프로세스

통합관리 프로세스는 프로젝트 헌장개발, 관리계획서 개발, 프로젝트 실행, 감시 및 통제, 종료 및 단계종료의 5개의 프로세스로 프로젝트관리 단계별로 있다.

통합관리 절차

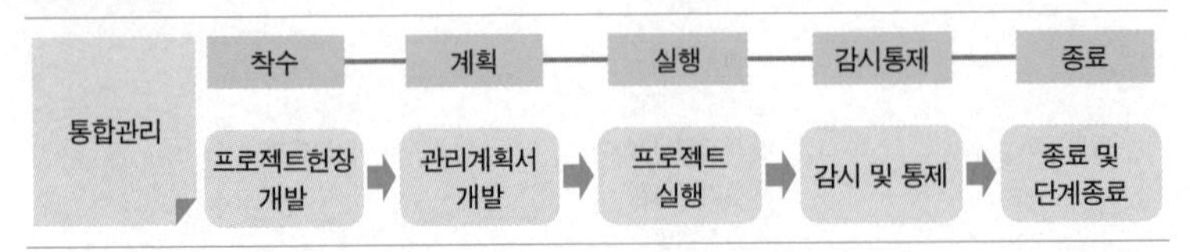

착수 단계에서는 프로젝트를 공식화하는 프로젝트 헌장을 개발한다. 계획단계에서는 프로젝트를 관리하기 위한 관리계획을 수립하고 상세화한다. 통합관리 프로세스별로 입력물, 기법 및 도구, 산출물로 구성된다.

- 통합관리 프로세스 입력물, 기법 및 도구, 산출물

실행단계에서는 프로젝트 계획서에 따라 프로젝트를 수행한다. 감시 및 통제 단계에서는 프로젝트 진척상황을 모니터링하고 변경을 조정 통제한다. 프로젝트 종료 및 단계 종료 프로젝트의 전체 프로젝트에 대한 종료와 세부 프로젝트 단계별 종료 프로세스가 있다. 통합관리 프로세스의 입력물, 기법 및 도구, 산출물은 다음 표와 같다.

프로세스(Process)		입력물	기법 및 도구	산출물
프로젝트헌장 (Project Charter) 개발	프로젝트 승인 및 자원지원 공식화	SOW RFP	프로젝트 산정방법 (비용 모델, 수학적 모델)	프로젝트헌장 (Project Charter)
관리계획서 개발	프로젝트 계획수립 상세화	영역별 계획서	관리 방법론 관리시스템(PMIS) 전문가판단	예비범위기술서 프로젝트 계획서
프로젝트 실행	프로젝트 계획서에 따른 진행	프로젝트 계획서	관리 방법론 관리시스템	산출물 변경요청 성과측정정보

프로세스(Process)		입력물	기법 및 도구	산출물
프로젝트 감시 및 통제	프로젝트 진척상황 모니터링 및 변경조정 통제	변경요청 성과측정정보	기성고 변경관리 형상관리	계획보완 및 시정조치 등
프로젝트 및 단계종료	프로젝트 종료 혹은 중단	프로젝트 계획서	관리 방법론 관리시스템	최종산출물 Lessons learned

* SOW (Statement Of Work)
* RFP (Project Request Proposal)
* PMIS (Project Management Information System)

3 프로젝트 범위관리

프로젝트 범위관리는 프로젝트 수행범위를 관리하기 위한 영역이다. 프로젝트 과업범위의 경계와 구체적인 업무를 정의한다. 프로젝트에서 수행해야 할 모든 일을 정의하고 정의된 일을 하고 있는지에 대해 보증하는 프로세스이다. 프로젝트관리 프로세스 중 계획과 감시 및 통제 단계에 포함된다.

- 범위관리 프로세스

범위관리 프로세스는 범위계획, 요구사항 수집, 범위정의, WBS, 범위검증 및 범위통제 프로세스로 구성된다.

범위관리 절차

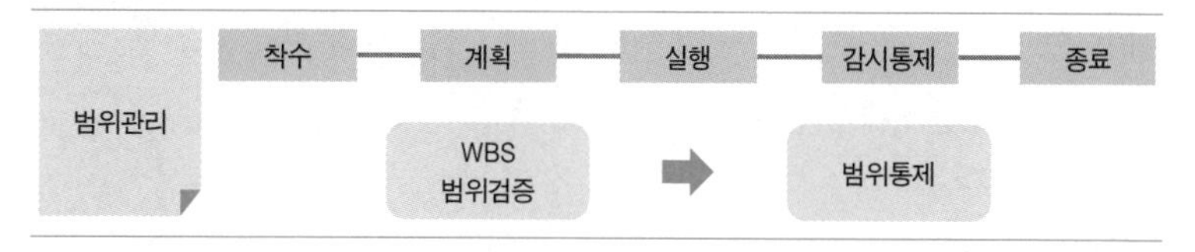

범위계획 단계에서는 관리에 대한 절차와 방법 등을 정의한다. 프로젝트의 과업범위, 인수조건 등을 범위정의 단계에서 정의한 다음 해야 할 일에 대해서 관리 가능한 단위로 분할해 WBS Work Break Down를 작성한다. 범위검증 프로세스는 범위계획단계의 계획과 WBS를 기준으로 수행 범위에 대한 검증을 수행한다. 범위통제 프로세스는 과업범위 기준선 baseline의 변경에 대해 모니터링 및 통제한다.

- 범위관리 프로세스 입력물, 기법 및 도구, 산출물

범위관리 프로세스의 입력물, 기법 및 도구, 산출물은 다음 표와 같다.

프로세스(Process)		입력물	기법 및 도구	산출물
범위계획	범위관리 절차와 방법정의	관리계획서 프로젝트헌장	전문가판단 템플릿, 표준	범위관리계획서
범위정의	업무범위 목표와 인수기준 등 정의	범위계획서 프로젝트헌장 예비범위기술서	전문가판단 브레인스토밍	프로젝트 범위기술서
WBS	산출물관리 단위로 분할	범위관리계획서 범위기술서	WBS 템플릿	WBS WBS Dictionary Scope Baseline
범위검증	완성된 결과물 인수 확인	범위관리계획서 범위기술서 WBS Dictionary	인스펙션 (Inspection)	검증된 결과물
범위통제	업무 변경관리	범위기술서 WBS	범위기술서 형상관리 절차 편차분석	Scope Baseline

* WBS (Work Breakdown Structure)

4 프로젝트 일정관리

프로젝트 일정관리는 프로젝트 납기 준수를 위한 관리 영역이다. 작업단위 활동을 정의하고 적절한 기간을 산정하고 통제하기 위한 프로세스로 구성된다. 범위관리가 '무엇을 할 것인가?'에 중점을 둔다면 일정관리는 '언제, 어떤 순으로 할 것인가?'에 중점을 둔다. 프로젝트관리 프로세스 중 계획, 감시 및 통제 단계에 포함된다.

- 일정관리 프로세스

일정관리 프로세스는 활동정의, 활동순서 배열, 활동자원 추정, 활동기간 추정, 일정개발 및 일정통제 프로세스로 구성된다.

일정관리 절차

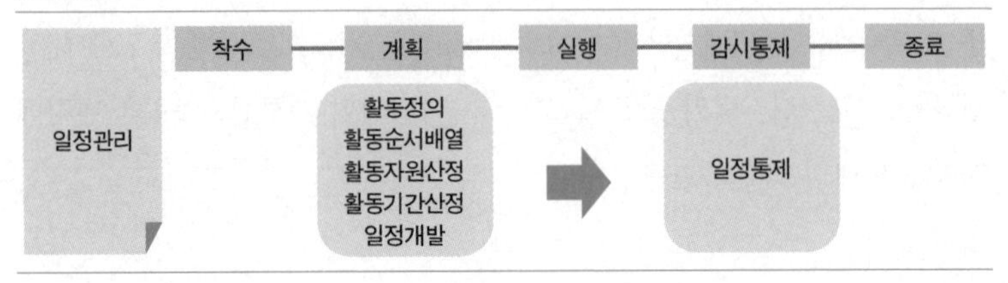

활동정의 단계에서는 범위관리에서 정의한 WBS의 목표를 달성하기 위한 활동을 정의하는 것으로부터 시작한다. 활동순서 배열 단계에서 정의된 각 활동들 간의 논리적인 연관 관계와 순서를 배열하고 활동자원 추정과 기간 추정 단계에서 각 활동을 위해 소요되는 자원과 기간을 추정한다. 일정개발 단계에서는 개별 활동들의 착수일과 종료일을 결정한다. 이후 일정 통제를 통해 계획대비 일정을 모니터링하고 일정지연이나 기타 문제에 대해 일정을 통제 관리한다.

- 일정관리 프로세스 입력물, 기법 및 도구, 산출물

일정관리 프로세스의 입력물, 기법 및 도구, 산출물은 다음 표와 같다.

프로세스(Process)		입력물	기법 및 도구	산출물
활동정의	WBS 달성을 위한 활동 정의	OPA WBS 관리계획서 범위기술서	템플릿 전문가판단	활동목록
활동순서배열	활동 간의 연관 관계 정의	활동목록 활동속성	PDM ADM	PSND
활동자원산정	활동 수행에 필요한 자원추정	OPA 활동목록 자원가용성	참조데이터분석 전문가판단	활동자원요청
활동기간산정	활동 수행에 필요한 기간 추정	EEF OPA 활동목록	유추추정 3점 추정 전문가판단	ADE
일정개발	활동 착수일과 종료일 결정	OPA ADE PSND	CPM 일정단축 자원배분 (Resource Leveling)	프로젝트스케줄
일정통제	진척도 모니터링 및 통제	Schedule Baseline, Performance Reports	진척보고 일정변경 통제절차 성과측정	성능보고서 변경조치 시정조치

* OPA (Organizational Process Assets)
* EEF (Enterprise Environment Factors)
* PDM (Precedence Diagramming Method)
* ADM (Arrow Diagramming Method)
* ADE (Activity Duration Estimates)
* CPM (Critical Path Method)
* PSND (Project Schedule Network Diagram)

5 프로젝트 원가관리

프로젝트 원가관리는 프로젝트가 승인되어 할당된 예산을 관리하기 위한 영역이다. 원가산정과 통제를 위한 프로세스로 구성되어 있다. 프로젝트관리 프로세스 중 계획단계와 감시 및 통제 단계에 포함되어 있다.

- 원가관리 프로세스

원가관리 프로세스는 원가산정과 원가통제 프로세스로 구성되어 있다.

원가관리 절차

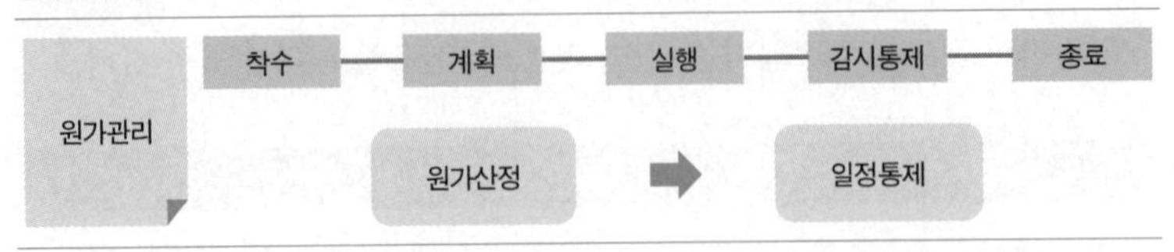

원가산정 단계에서는 개별 활동 수행에 소요되는 원가를 추정해 예산을 수립한다. 과업 달성을 위한 공수와 인건비 등을 계산하고 일정계획과 원가계획을 통합 평가할 수 있는 기준선을 수립한다. 전체 원가 추정치를 시작일과 종료일이 정의된 개별 작업에 할당하고 원가 기준선을 수립한다. 원가통제 단계에서 원가 차이를 야기하는 요소를 관리하고 예산 변경을 통제한다.

- 원가관리 프로세스 입력물, 기법 및 도구, 산출물

원가관리 프로세스의 입력물, 기법 및 도구, 산출물은 다음 표와 같다.

프로세스(Process)		입력물	기법 및 도구	산출물
원가산정	개별 활동 목표달성을 위한 원가 근사치 추정	비용산정 WBS 프로젝트스케줄	유추산정 모수산정 예비분석 상향식산정	활동원가 산정치, 베이스라인 (S-Curve)
원가통제	원가 차이로 인한 예산변경 통제	원가베이스라인 EVM	성과측정	비용산정 예산보완 보완활동

* EVM (Earned Value Method)

6 프로젝트 품질관리

프로젝트 품질관리는 프로젝트의 품질기준을 설정하고 관리하기 위한 영역이다. 프로젝트관리 프로세스 중 계획단계, 실행단계 및 감시 및 통제 단계에 포함된다.

- 품질관리 프로세스

품질관리 프로세스는 관리계획, 품질보증 및 품질통제 프로세스로 구성된다.

품질관리 절차

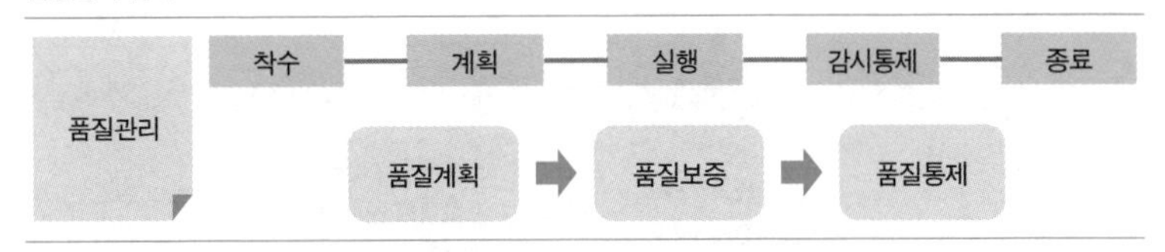

품질계획에서는 품질 표준을 식별하고 품질 기준을 충족시키기 위한 활동을 계획한다. 품질보증은 프로젝트의 성과 및 평가와 관련된 활동이다. 품질통제는 프로젝트의 결과를 모니터링하고 프로젝트 수행 단계별 품질 기준을 충족하도록 통제하는 활동이다.

- 품질관리 프로세스 입력물, 기법 및 도구, 산출물

품질관리 프로세스의 입력물, 기법 및 도구, 산출물은 다음 표와 같다.

프로세스(Process)		입력물	기법 및 도구	산출물
품질관리계획	품질표준식별 및 달성방법 결정	품질정책 범위기술서 제품사양서 표준 및 규정	비용편익분석 벤치마킹 실험계획법	품질관리계획서
품질보증	성과평가 및 품질표준보증 프로세스	품질관리계획	품질감사	OPA 갱신 품질표준개선
품질통제	결과 모니터링 및 품질통제	작업결과 품질관리계획 체크리스트	통계적 표본추출 검토, 샘플링	품질개선 승인결정 재작업 프로세스 조정

7 프로젝트 자원관리

프로젝트 자원관리는 프로젝트 수행에 참여한 사람들을 관리하기 위한 영역이다. 조직, 직무, 교육 등의 관리를 위한 프로세스 영역으로 구성된다. 프로젝트관리 프로세스 중 계획단계와 실행단계에 포함된다.

- 자원관리 프로세스

자원관리 프로세스는 인적자원관리계획, 프로젝트 팀 확보, 프로젝트 팀 개발, 프로젝트 팀 관리 프로세스로 구성된다.

자원관리 절차

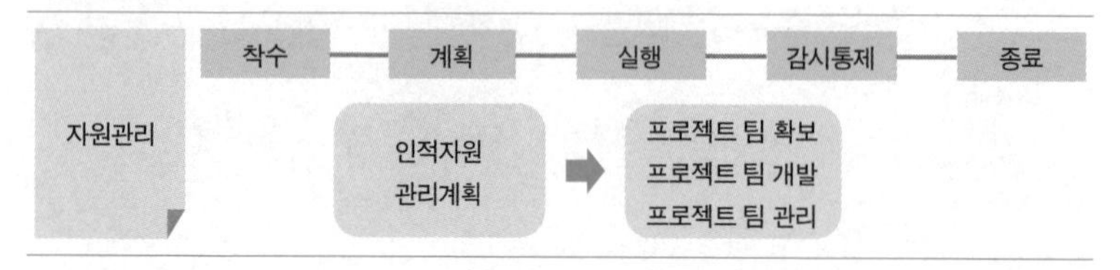

인적자원 관리계획에서는 팀과 팀원들의 역할과 책임을 정의하고 관리계획을 수립한다. 프로젝트 팀원 확보에서는 프로젝트 수행에 필요한 인적자원을 확보한다. 프로젝트 팀 개발은 프로젝트의 성공적 완료와 성과 향상을 위해서 업무와 관련된 지식, 기술 등을 독려하고 학습을 지원해 팀원의 역량을 향상시키는 활동이다. 프로젝트 팀 관리는 개인의 성과분석과 피드백, 팀원 간의 갈등을 조정, 팀의 성과관리 등 팀원과 팀 관리에 관한 활동이다.

- 자원관리 프로세스 입력물, 기법 및 도구, 산출물

자원관리 프로세스의 입력물, 기법 및 도구, 산출물은 다음 표와 같다.

프로세스(Process)		입력물	기법 및 도구	산출물
자원관리계획	인적자원의 R&R정의	EEF OPA 관리계획	조직도 역할 정의서 조직이론	R&R 인력관리계획서
프로젝트 팀 확보	프로젝트 수행인력 확보	EEF OPA 인력관리계획서	사전확보 아웃소싱	프로젝트 인력 배치
프로젝트 팀 개발	업무지식, 기술, 팀원 역량 강화 활동	인력관리계획서	그라운드 룰 (Ground Role) 평가 및 보상	팀 성과 평가

프로세스(Process)		입력물	기법 및 도구	산출물
프로젝트 팀 관리	성과분석 및 피드백 갈등조정	팀 성과 평가	관찰, 대화, 평가, 갈등관리	시정조치

8 프로젝트 의사소통관리

프로젝트 의사소통관리는 프로젝트 수행에 참여한 사람들의 원활한 소통관리를 위한 영역이다. 원활한 소통을 위해 프로젝트 관련 정보를 적시에 적절히 관리하기 위한 프로세스 영역으로 구성된다. 프로젝트관리 프로세스 중 계획, 실행 및 감시통제 단계에 포함된다.

- 의사소통관리 프로세스

의사소통관리는 의사소통계획, 의사소통관리, 의사소통통제 프로세스로 구성된다.

의사소통관리 절차

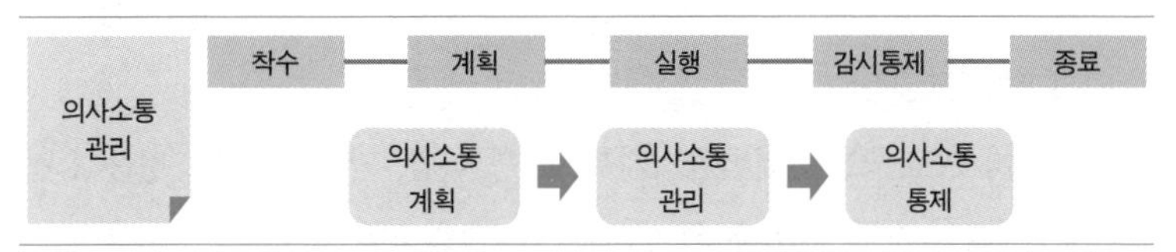

의사소통 계획에서는 프로젝트 이해관계자들의 요구사항을 파악해 적절한 솔루션 제공을 위한 계획을 수립한다. 의사소통관리는 이해관계자들이 필요로 하는 정보를 적시에 적절한 방법으로 제공하는 활동이다. 의사소통통제는 프로젝트 전체 단계에 걸쳐서 이해관계자들 간의 요구사항을 모니터링하고 이해관계자들 간의 이슈를 조정하고 해결하는 활동이다.

- 의사소통관리 프로세스 입력물, 기법 및 도구, 산출물

의사소통관리 프로세스의 입력물, 기법 및 도구, 산출물은 다음 표와 같다.

프로세스(Process)		입력물	기법 및 도구	산출물
의사소통 계획	의사소통계획 수립	EEF OPA 관리계획 프로젝트 범위	의사소통기술	의사소통 관리계획서
의사소통관리	정보배포 및 성과보고관리	의사소통 관리계획서 성과정보	의사소통기술 소통채널	이해당사자 피드백 성과
의사소통 통제	이해관계자 간 이슈 조정	OPA 의사소통 관리계획서	의사소통 이슈로그	해결된 이슈

9 프로젝트 위험관리

프로젝트 위험관리는 프로젝트 수행 시 발생하는 위험을 관리하기 위한 영역이다. 프로젝트에서 발생하는 위험에 대해서 적절하게 대처하고 체계적으로 관리하기 위한 프로세스로 구성된다. 프로젝트관리 프로세스 중 계획과 감시통제 단계에 포함된다.

- 위험관리 프로세스

위험관리 프로세스는 위험관리계획, 위험 식별, 정성적 분석, 정량적 분석, 대응계획 수립 및 위험통제 프로세스로 구성된다.

위험관리 절차

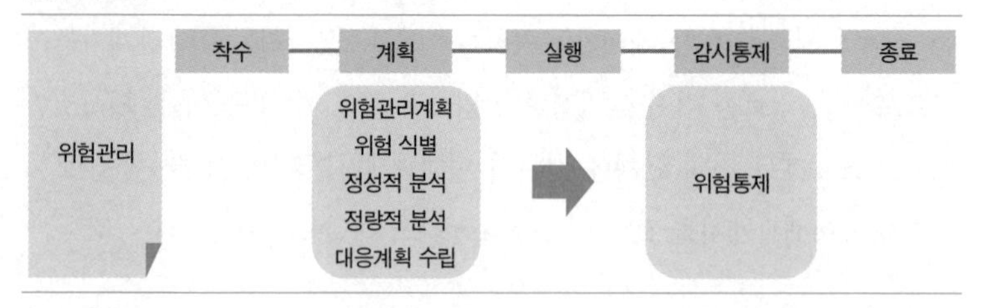

위험관리계획은 위험관리를 위한 활동을 계획한다. 위험 식별은 프로젝트에 영향을 미치는 요소를 식별하고 문서화한다. 정성적 분석에서는 발생 가능성과 영향력 측면에서 위험요소들의 우선순위를 결정한다. 정량적 분석에서는 위험요소가 프로젝트에 미치는 영향을 산술적/확률적으로 분석해 계량화한다. 대응계획수립은 발견된 위험을 최소화할 수 있는 계획을 수립한다. 위험통제는 앞서 수립한 대응계획의 이행여부를 모니터링하고 시정조치를 수행한다.

- 위험관리 프로세스 입력물, 기법 및 도구, 산출물

위험관리 프로세스의 입력물, 기법 및 도구, 산출물은 다음 표와 같다.

프로세스(Process)		입력물	기법 및 도구	산출물
위험관리 계획수립	위험관리 활동계획	EEF OPA 프로젝트 관리계획	미팅, 분석	위험관리계획서
위험식별	성과영향 요소식별	위험관리계획서 OPA EEF	문서검토 브레인스토밍 델파이 인터뷰 가정검토	위험목록
정성적분석	발생 가능성과 영향력 관점의 우선순위 결정	위험관리계획서 위험목록	위험확률 영향도분석 매트릭스 시급성 평가	위험우선순위
정량적분석	프로젝트 목표에 미치는 영향분석	위험관리계획서 위험목록 OPA	인터뷰 민감도 의사결정나무 기대가치분석 몬테카를로	위험목록
대응계획	위험 최소화 계획수립	위험관리계획서 위험목록	위험 대응전략 기회대응전략	위험대응 활동 및 일정 책임자
위험통제	위험 모니터링 및 시정조치	위험관리계획서 위험목록	위험재평가 위험심사 계획대비차이 성과분석	위험목록

10 프로젝트 조달관리

프로젝트 조달관리는 프로젝트 수행 시 필요한 자원에 대한 조달을 관리하는 영역이다. 프로젝트에 필요로 하는 자원을 외부로부터 구매 및 조달하기 위한 프로세스로 구성된다. 프로젝트관리 프로세스 중 계획, 실행 및 감시

통제 단계에 포함된다.

- 조달관리 프로세스

조달관리 프로세스는 조달관리계획, 조달수행, 조달통제 프로세스로 구성된다.

조달관리 절차

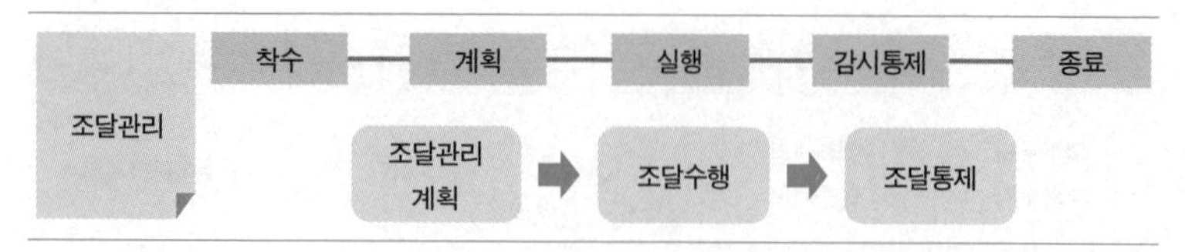

조달관리계획은 프로젝트에 필요한 자원의 조달 여부, 방법, 공급자 등을 결정한다. 조달수행은 공급의 제안서를 평가하고 조달계약을 체결하는 활동이다. 조달통제는 조달계약 후 이행여부를 모니터링하고 필요하면 시정조치를 수행한다.

- 조달관리 프로세스 입력물, 기법 및 도구, 산출물

조달관리 프로세스의 입력물, 기법 및 도구, 산출물은 다음 표와 같다.

프로세스(Process)		입력물	기법 및 도구	산출물
조달관리계획	구매, 획득 계획 및 업체선정계획 수립	EEF OPA 프로젝트 관리계획 프로젝트범위 WBS 조달관리계획	전문가판단	조달관리계획서 SOW 표준문서 RFP
조달수행	제안서제출요청 공급자선정	OPA 조달관리계획서 RFP	사업설명회 업체목록 평가시스템 전문가판단	제안서 계약서
조달통제	계약관리	계약서 조달관리계획서 성능보고서	계약통제 성과보고 대금지불체계	계약문서 변경요청
조달종료	최종검수	조달관리계획서 계약서	조달심사 기록관리체계	계약종료 OPA

11 프로젝트 이해관계자관리

프로젝트 이해관계자관리는 프로젝트에 관련되어 있는 이해관계자들을 관리하기 위한 영역이다. 프로젝트 이해관계자들을 분류하고 적극적인 참여를 유도하고 이끌기 위한 프로세스로 구성된다. 프로젝트관리 프로세스 중 계획, 실행 및 감시통제 단계에 포함된다.

- 이해관계자관리 프로세스

이해관계자관리 프로세스는 이해관계자 관리계획, 이해관계자 참여관리, 이해관계자 참여통제 프로세스로 구성된다.

이해관계자관리 절차

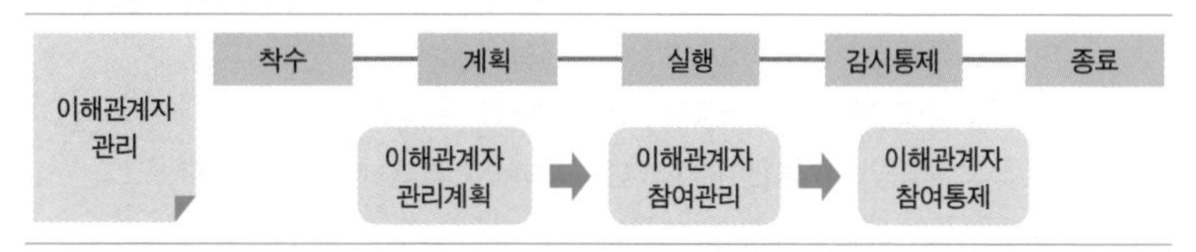

이해관계자 관리계획은 프로젝트의 이해관계자를 식별하고 이들의 적극적인 참여를 유도하기 위한 계획을 수립한다. 이해관계자 참여관리는 이해관계자들 참여 유도와 이슈를 도출하고 해결하는 활동이다. 이해관계자 참여통제는 이해관계자들에 대한 관리계획과 전략을 종합적인 검토를 통해 재조정한다.

- 이해관계자관리 프로세스 입력물, 기법 및 도구, 산출물

이해관계자관리 프로세스의 입력물, 기법 및 도구, 산출물은 다음 표와 같다.

프로세스(Process)		입력물	기법 및 도구	산출물
이해관계자 관리계획	이해관계자 식별 관리계획 수립	프로젝트 헌장 관리계획서 소통계획서	이해관계자분석 분석 기법, 미팅 현저성모델	이해관계자 명부관리계획서
이해관계자 참여관리	이해관계자들의 참여유도 및 이슈도출	관리계획서 변경목록	대인관계 관리기술	이슈목록 변경요청
이해관계자 참여통제	이해관계자들의 관계 검토 관리전략 조정	이슈목록 작업성과	관리시스템	변경요청

기출문제

83회 관리 최근 공공기관의 대규모 정보시스템 구축 프로젝트에서는 컨소시엄방식의 사업자 참여가 증가하고 있는 실정이다. 이들 프로젝트에서 예상되는 문제점을 범위, 일정, 위험, 품질, 자원배치, 의사소통 관점에서 이슈사항을 도출해보고 전사적 조직측면의 프로젝트관리 전공전략을 제시하여 보시오. (25점)

104회 응용 PMO(Project Management Officer)의 기능 중 범위관리, 일정관리, 인적자원관리, 위험관리, 의사소통관리 기능에 대하여 각 기능의 정의, 주요단계, 관리상 주의사항을 설명하시오. (25점)

69회 응용 정보시스템 개발 프로젝트 관리자 위치에서 수행해야 할 아래 프로젝트관리(Project Management) 분야들에 대하여 이들 관리 분야별 세부 활동사항에 대해 4가지를 선택하여 논하시오. (25점)

가. 프로젝트 통합관리 (Project Integration Management)

나. 프로젝트 범위관리 (Project Scope Management)

다. 프로젝트 시간관리 (Project Time Management)

라. 프로젝트 비용관리 (Project Cost Management)

마. 프로젝트 품질관리 (Project Quality Management)

바. 프로젝트 인적자원관리 (Project Human Management)

사. 프로젝트 의사소통관리 (Project Communication Management)

아. 프로젝트 위험관리 (Project Risk Management)

자. 프로젝트 조달관리 (Project Procurement Management)

111회 응용 프로젝트 관리 국제표준 ISO21500에는 관리 주제별로 단계별 수행 프로세스에 대하여 명시하고 있다.

가. ISO21500에서 범위관리를 위해 기획 단계와 통제 단계에 수행하는 세부 활동에 대하여 설명하시오.

나. 작업분류체계(WBS: Work Breakdown Structure)에 대하여 설명하시오.(정의, 주요 투입물, 작성 방법 등)

다. 프로젝트 수행 경험을 통해 WBS가 범위관리 외에 일정관리, 의사소통관리 등에 어떻게 활용되는지 사례를 제시하시오. (25점)

83회 관리 프로젝트 일정관리에서 임계경로(Critical Path)의 의미를 설명하고, 다음의CPM(Critical Path Method)네트워크에서 임계경로(Critical Path)를 찾으시오. (25점)

113회 응용 품질관리이론에서 프로세스 관리 관점의 PDCA(Plan Do Check Action) Cycle에 대하여 설명하시오. (25점)

104회 응용 PMO(Project Management Officer)의 기능 중 범위관리, 일정관리, 인적자원관리, 위험관리, 의사소통관리 기능에 대하여 각 기능의 정의, 주요단계, 관리상 주의사항을 설명하시오. (25점)

81회 관리 기존시스템(AS-IS system)을 CBD 체제로의 차세대시스템 IT Upgrade 프로젝트를 수행한 결과 참담한 실패로 결론지어졌다. 상황은 다음과 같다.

1) 납기 지연: 12개월에서 16개월로 4개월 지연(지체상금: 계약금액의 0.3% / 1일)

2) 투입 M/M: 180 M/M 투입예상에서 265 M/M 투입으로 85 M/M 추가 투입

3) Work Scope: 계약 대비 1.6배 증가(추정치)함. 고객사 업무에 대한 유경험자 부족

4) 요구사항: 프로젝트 착수 후 12개월 경과 후 확정

5) IT환경에 대한 구축 경험 없었음: NT서버,MS-SQL서버,WAS서버의 EJB 생성,X-internet UI툴, Reporting 툴, J2EE & EJB framework

6) 고객사 측의 PM 및 T/F 요원들은 비전산요원임. 끊임없이 추가/변경 요구사항을 수용해 줄 것을 요구하였고, 또한 그렇게 하는 것이 당연한 "갑"의 권리로 생각함 (언어폭력 난무)

7) 통합테스트 및 영업점테스트 기간: 6주(weeks) 계획에서 16주(weeks)가 경과됨으로서 10주(weeks)간 지연되었음. 이유는 시스템 오류사항과 추가요구사항 및 변경요구사항이 테스트 기간에서도 상상을 초월할 정도로 폭증했음

상기와 같은 결과를 초래하지 않기 위한 프로젝트관리 방안(범위관리, 위험관리, 일정관리,예산관리, 품질관리, 의사소통관리, 자원관리)을 기술하시오. (25점)

107회 응용 프로젝트 위험관리에 있어서 위험 최소화를 위한 위험요인을 분류하고, 위험관리 절차를 설명하시오. (25점)

104회 관리 프로젝트 이해관계자 관리(Stakeholder Management)를 위한 절차와 현저성 모델(Salience model)에 대해 설명하시오. (10점)

N-2

정보시스템 감리

정보시스템 감리는 정보시스템 구축과 운영의 효율성, 효과성, 안정성 점검을 통해 정보화사업의 부실을 방지하고 신뢰성을 확보하는 중요한 요소이다.

1 정보시스템 감리

- 정보시스템 감리 정의

> "감리"란 발주자와 사업자 등의 이해관계로부터 독립된 자가 정보시스템의 효율성을 향상시키고 안전성을 확보하기 위하여 제3자의 관점에서 정보시스템의 구축 및 운영 등에 관한 사항을 종합적으로 점검하고 문제점을 개선하도록 하는 것을 말한다.
> [출처] "정보시스템 감리기준 제1장 총칙 제2조(정의), [시행 2017.7.26.] [행정안전부고시 제2017-1호, 2017.7.26., 타법개정]"

발주자와 감리인이 직접적으로 감리계약을 하고 수행 중인 프로젝트에 대해서 감리를 수행한다.

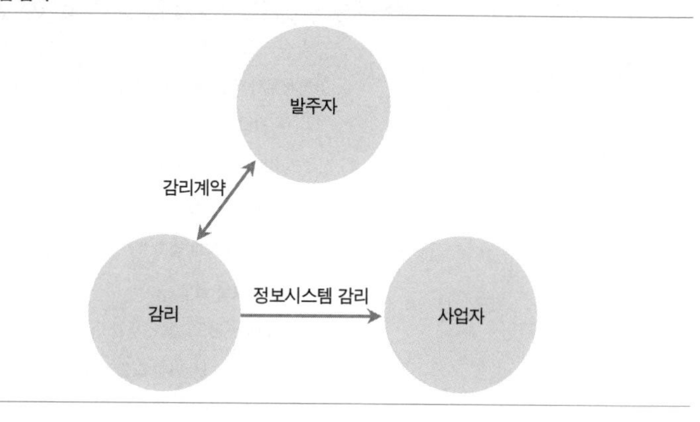

- 정보시스템 감리 분류

정보시스템 감리는 감리 분야, 감리 대상, 감리 시기에 따라 여러 유형으로 분류된다.

감리 분야는 기술 감리, 비용 감리, 성과감리로 분류할 수 있고 감리 대상은 사업 감리, 운영 감리로 분류할 수 있다. 그리고 감리 시기에 따라 사전 감리, 진행 감리, 사후 감리로 구분할 수 있다.

구분	유형	설명
감리 분야	기술 감리	기술의 타당성, 신기술 적용에 대한 유연성, 품질, 제품평가 등 감리
	비용 감리	사업의 계약내용과 비용 관계의 타당성, 적정성, 사전 원가와 종료 후 정산에 대한 감리
	성과 감리	프로젝트 성과관리에 대한 효과성과 효율성 등 검토
감리 대상	사업 감리	시스템 중장기계획, 분석/설계, 구현, 사업감리
	운영 감리	시스템 준거성, 안전성, 효율성, 효과성 등
감리 시기	사전 감리	요구사항 정의, 시스템구조, 개발계획, 일정, 조직, 기술, 장비, 예산 등 검토
	진행 감리	개발 과정의 적정성 확인
	사후 감리	요건 충족도, 비용 및 기간 적정성, 품질, 성능, 사용자교육, 문서화 등 종합적 평가

- 정보시스템 감리 절차

감리는 발주자와의 계약이고 정해진 절차와 방법에 따라 수행한다.

수행절차	내용
감리계약	감리제안
	감리계획서 작성, 통보 및 확정
감리시작	현장감리준비
	감리수행 환경 확인
착수회의	착수회의 실시
	착수회의 결과 정리
감리수행	산출물 접수
	산출물에 대한 검토, 분석, 시험
	문제점 발견 및 개선방향 도출
	상호검토
	사업자 면담
	발주기관 면담
	문제점 및 개선방향 확정
감리보고서 작성	감리원별 보고서 초안 작성 및 검토
	보고서 초안 취합
	보고서안 검토
종료회의	종료회의 준비
	종료회의 실시
조치결과 확인/통보	보고서안 이견사항 접수 및 검토
	이견사항에 대한 처리 결과 공유
	보고서 확정 및 통보

- 정보시스템 감리보고서

감리인은 감리종료회의 결과를 반영하여 다음 각 호의 사상이 포함된 감리보고서를 작성하여야 한다(정보시스템 감리 기준 3장 제11조).

감리보고서의 전체적인 구성은 다음과 같다.

(1) 감리계획의 요약

(2) 감리대상사업의 개요

(3) 감리영역별 검토의견(적합, 부적합, 점검불가)

(4) 권고사항

감리보고서의 구체적인 목차 내용은 다음과 같다.

I. 감리계획
1. 관련근거
2. 감리목적
3. 감리 적용기준
4. 감리 대상범위 및 단계
5. 감리영역별 상세점검항목
6. 감리일정
7. 감리원 편성
8. 감리 계획서 및 보고서 통보기관
9. 감리절차 요약
10. 기타 행정사항

II. 사업계획
1. 사업명
2. 사업기간
3. 사업목적
4. 과업내용
5. 감리대상
6. 사업수행기관
7. 사업비

III. 종합의견
1. 전제조건
2. 감리영역별 현황
3. 종합의견
4. 감리영역별 개선권고 사항

IV. 개선권고사항
1. 프로젝트관리 및 품질보증활동
2. 응용시스템
3. 데이터베이스
4. 시스템 구조 및 보안

V. 상세검토사항

VI. 붙임(첨부)

2 감리 프레임워크

정보시스템 감리와 관련된 내용을 감리영역, 사업유형/감리시점, 감리관점/점검기준으로 체계화한 프레임워크이다.

정보시스템 감리 프레임워크 개요

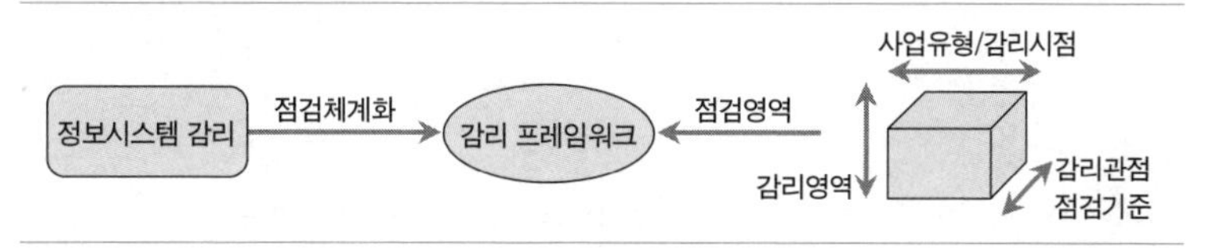

수행절차	목적	설명
사업유형/감리시점	- 계획, 실행, 통제	- 정보화 사업 생명주기를 바탕으로 구분 - EA, ISP, 시스템 개발, DB구축, 운영, 유지보수
감리영역/사업관리	- 감리일관성 유지 - 감리기준(제8조 제1항 제4호)	- 사업유형별, 감리 시점별로 구분 - 사업유형별 감리영역 계획, 아키텍처, 품질보증활동, 구축, 운영, 유지 등
감리관점/점검기준	- 성과 달성 측정	- 감리 시 점검해야 할 항목 및 감리 대상사업을 바라보는 관점 - 절차, 산출물, 성과

정보시스템 감리 프레임워크

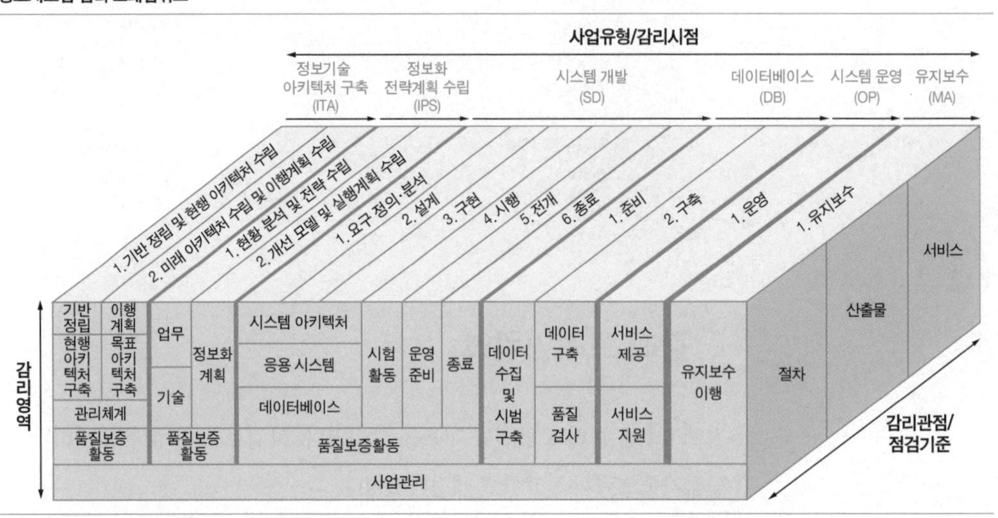

자료: 한국정보화진흥원(2013.5).

참고자료

한국정보화진흥원. 2013.5.「정보시스템 감리 발주·관리 가이드」.

기출문제

108회 응용 최근 프로젝트의 위험성을 최소화하기 위해 PMO(Project Management Office)활성화에 대한 방안이 여러 분야에서 논의되고 있다. PMO에 대해서 기술하고, 정보시스템감리 유형 중 상주감리와의 차이점을 설명하시오. 또한 PMO를 활성화하기 위한 방안에 대해 설명하시오. (25점)

98회 응용 정보시스템 감리의 프레임워크와 감리절차를 설명하시오. (25점)

찾아보기

가

감리 프레임워크 277~278
객체 42, 46~47
객체 모델링 47, 123
객체지향 97, 118, 196
객체지향 방법론 41~42, 46~48, 136
객체지향 설계 원칙 122
객체지향의 원리 119
결합도 132~135
경계 클래스 123~124
경험 기반 테스트 158~159, 163, 167
구조 기반 테스트 158~159, 163~165
구조 다이어그램 49, 140
구조적 방법론 41~43
그레이박스 테스트 163
기능 요구사항 79~80, 127
기능적 독립성 132
기성고 261

나

나선형 모델 31, 34~35

다

다형성 48, 121
단계적 분해 44, 131
도메인 공학 52
동적 테스트 158~159, 162~163
디자인 패턴 16, 109, 113~115

라

리뷰 162~163, 167~170
리스크 171~172
리스크 기반 테스트 171~174
리팩토링 198~201

마

메타 모델 137
명세 기반 테스트 158~159, 163~164
모듈화 44, 131~132

바

반복적 개발 모델 32~33
변경통제위원회 86, 205, 207
분할과 정복 42~43, 45, 129, 132
블랙박스 테스트 159, 163~164
비기능 요구사항 79, 93, 127

사

살충제 패러독스 153
상속성 48, 120~121
소프트웨어 개발 방법론 40~41
소프트웨어 공학 14, 16~20
소프트웨어 설계 21, 127, 129, 135
소프트웨어 설계 원리 131
소프트웨어 설계 원리-추상화 44
소프트웨어 아키텍처 88~90, 92
소프트웨어 아키텍처 설계 92
소프트웨어 아키텍처 평가 98
소프트웨어 아키텍트 89
소프트웨어 위기 17~19, 40
소프트웨어 유지보수 종류 187
소프트웨어 테스트 152~154, 158
스크럼 64~65
스크럼 마스터 64
스프링프레임워크 109~110

아

아키텍처 스타일 93, 97, 115
애자일 방법론 41~42, 62~65, 70
애플리케이션 공학 52
엔티티 클래스 123
연관 관계 125
오픈소스 소프트웨어 148~149
요구공학 78~81
요구사항 명세화 81, 83
요구사항 베이스라인 84~85
유지보수성 47, 113, 120, 122, 189~190, 195, 199, 211, 239
응집도 132, 134~135

자

전자정부 표준프레임워크 111
정보공학 방법론 41~42, 44~46
정보 은닉 44, 131~132
정보전략계획(ISP) 44~46, 234
정적 분석 162~163, 167, 170~171
정적 테스트 158~159, 162~163, 167, 174
제어 클래스 123~124
제품 리스크 171

차

추상화 43, 48, 120

카

칸반 73~74
캡슐화 48, 119

파

퍼트넘 모델 249
폭포수 모델 29~31
품질 비용 80, 229
프레임워크 108~109
프로덕트 라인 41, 51~53
프로세스 리스크 171
프로토타입 모델 31~32

하

행위 다이어그램 140
형상관리 프로세스 21, 204~205
화이트박스 테스트 159, 163
회귀 테스트 159, 188~189, 199, 201

A

ADM 263
Agility 65
ALM 19, 188
AOP 16, 109
ATAM 92, 98~100

C

CBAM 98~99
CBD 방법론 42, 50~51
CBSD 51
CD 51, 72
CMM 18, 212, 218~219
CMMI 80, 177, 218~221, 223, 225
COCOMO 모델 246~247
COCOMO II 모델 247~248
Continuous Representative 220
CPM 263
CTIP 171

D

DevOps 55, 57, 65, 69~71

E

EJB 114

F

FHA 227
FMEA 228~229
FP 측정 항목 242
FSD 229
FTA 230

H

HAZOP 229

I

IEEE 1028 168
IEEE 1471 90~91, 101
IEEE 610 127
IEEE 829 176
ISO 12207 213
ISO 9126 89, 92~93, 167, 211, 213
ISO/IEC 12207 176
ISO/IEC 29119 176~177

M

MDA 41, 54
MOF 137
MSA 16, 19, 54~57
Multiple V 모델 216

O

OMT 48~49, 136
OOD 48~49
OOSE 48, 50, 136
Overloading 48, 122
Overriding 48, 122

P

PDM 263
PHA 228
PMD 170, 182, 189

R

RAD 모델 35
RUP 17

S

SAAM 98~99
SEI 96, 225
Siemens 4 View 92, 96
SOA 16, 19, 41, 54, 101~102
SPICE 18, 177, 180, 212
Staged Representative 220
SWEBOK 19~20

T

TDD 65, 68

TMMI 177~178, 223~225
TPI 177, 179~180

U

UML 다이어그램 140
UML 4+1 View 92

V

V 모델 158, 180

W

WBS 259, 261~264

X

XP 64~66, 68~69
XP 핵심가치 66

1~9

3R 192

각 권의
차례

1권 컴퓨터 구조

A 컴퓨터 구조 기본 컴퓨터 발전 과정 | 컴퓨터 구성 요소 | 컴퓨터 분류 | 컴퓨터 아키텍처
B 논리회로 논리 게이트 | 불 대수 | 카르노 맵 | 조합 논리회로 | 순차 논리회로
C 중앙처리장치 중앙처리장치의 구성 | 중앙처리장치의 기능 및 성능 | 중앙처리장치의 유형 | 명령어 | 주소 지정 방식 | 인터럽트 | 파이프라이닝 | 병렬처리 | 상호 연결망
D 주기억장치 기억장치 계층구조 | 기억장치의 유형 | 주기억장치의 구조와 동작 | 주기억장치 확장 | 인터리빙
E 가상기억장치 가상기억장치 개념과 구성 | 가상기억장치 관리 전략
F 캐시기억장치 캐시기억장치의 개념과 동작 원리 | 캐시기억장치 설계 | 캐시기억장치의 구조와 캐시 일관성
G 보조기억장치 보조기억장치 | 보조기억장치 유형 | 디스크 스케줄링
H 입출력장치 입출력장치 연결과 데이터 전송 | 입출력 제어 기법 | 입출력장치의 주소 지정 방식 | 시스템 버스 | 버스 중재
I 운영체제 운영체제 | 프로세스 | 스레드 | CPU 스케줄링 | 프로세스 동기화 | 메모리 관리 | 파일 시스템

2권 정보통신

A 인터넷통신 기술 OSI 7 Layer와 TCP/IP Layer | 에러 제어 | 흐름 제어 | 라우팅 프로토콜 / 트랜스포트 프로토콜 | IPv6 | IP 멀티캐스트 기술과 응용 | QoS | 모바일 IP | 차세대 인터넷 동향 | OSPF와 BGP 프로토콜 비교
B 유선통신 기술 데이터통신망 | MAN | MPLS | WAN | 인터네트워킹 장비 | 고속 LAN 기술 | 유선통신 이론 | 다중화 기술 | 광통신 시스템 | 직렬통신 | OSP 네트워크 구축 방안 | Campus/DataCenter 네트워크 구축 방안
C 무선통신 기술 변조와 복조 | 전파 이론 | OFDM의 필요성과 적용 기술 | 마이크로웨이브 안테나 | 이동통신의 발전 방향 | 최신 무선 이동통신(LTE) | 5G(IMT-2020) | 위성통신 | GPS | 무선 LAN 시스템 | WPAN | 주파수 공유 기술 | LPWA | M2M(사물지능통신) | IoT
D 멀티미디어통신 기술 PCM | VoIP | VoIP 시스템 | 디지털 TV(지상파) 방송 기술 | 케이블방송 통신 | 디지털 위성방송 | 모바일·차세대 IPTV
E 통신 응용 서비스 LBS | RTLS와 응용 서비스 | ITS 서비스 | 가입자망 기술 | 홈 네트워크 서비스 | CDN | 재해복구통신망 구성 | I/O 네트워크 통합 기술 | 네트워크 가상화 | 클라우드 네트워크 기술 | SDN | 국가재난통신망 | 스마트 그리드 | 네트워크 관리 | 네트워크 슬라이싱 | 산업용 네트워크 기술 | 스마트카 네트워크 기술

3권 데이터베이스

A 데이터베이스 개념 데이터베이스 개요 | 데이터 독립성 | 데이터베이스 관리 시스템 | 데이터 무결성 | Key | 트랜잭션 | 동시성 제어 | 2 Phase Commit | 회복 기법
B 데이터 모델링 데이터 모델링 | 개념 데이터 모델링 | 논리 데이터 모델링 | 물리 데이터 모델링 | E-R Diagram | 함수적 종속성 및 이상현상 | 정규화 | 반정규화 | 연결 함정
C 데이터베이스 실무 관계대수 | 조인 연산 | SQL | O-R Mapping | 데이터베이스 접속 | DBA | 데이터베이스 백업과 복구 | 데이터 마이그레이션 | 데이터베이스 구축 감리
D 데이터베이스 성능 데이터베이스 성능 관리 | 해싱 | 트리 구조 | 인덱스
E 데이터베이스 품질 데이터 표준화 | 데이터 품질관리 | 데이터 품질관리 프레임워크 | 데이터 아키텍처 | 데이터 참조 모델 | 데이터 프로파일링 | 데이터 클렌징 | 메타데이터 | MDM
F 데이터베이스 응용 데이터 통합 | 데이터 웨어하우스 | 데이터 웨어하우스 모델링 | OLAP | 데이터 마이닝
G 데이터베이스 유형 계층형·망형·관계형 데

이터베이스 | 분산 데이터베이스 | 객체지향 데이터베이스 | 객체관계 데이터베이스 | 메인 메모리 데이터베이스 | 실시간 데이터베이스 | 모바일 데이터베이스 | 임베디드 데이터베이스 | XML 데이터베이스 | 공간 데이터베이스 | 멀티미디어 데이터베이스 | NoSQL 데이터베이스

4권 소프트웨어 공학

A 소프트웨어 공학 개요 소프트웨어 공학 개요
B 소프트웨어 생명주기 소프트웨어 생명주기
C 소프트웨어 개발 방법론 소프트웨어 개발 방법론
D 애자일 방법론 애자일 방법론
E 요구공학 요구공학
F 소프트웨어 아키텍처 소프트웨어 아키텍처
G 프레임워크/디자인 패턴 프레임워크 | 디자인 패턴
H 객체지향 설계 객체지향 설계 | 소프트웨어 설계 | UML
I 오픈소스 소프트웨어 오픈소스 소프트웨어
J 소프트웨어 테스트 소프트웨어 테스트 | 소프트웨어 테스트 기법 | 소프트웨어 관리와 지원 툴
K 소프트웨어 운영 소프트웨어 유지보수 | 소프트웨어 3R | 리팩토링 | 형상관리
L 소프트웨어 품질 품질관리 | 품질보증 | CMMI | TMMI | 소프트웨어 안전성 분석 기법
M 소프트웨어 사업대가산정 소프트웨어 사업대가산정 | 프로세스 및 제품 측정
N 프로젝트 프로젝트관리 | 정보시스템 감리

5권 ICT 융합 기술

A 메가트렌드 주요 IT 트렌드 현황 | 플랫폼의 이해 | 기술 수명 주기 | 소프트웨어 해외 진출
B 빅데이터 서비스 빅데이터 서비스의 개요 | 빅데이터 아키텍처 및 주요 기술 | 빅데이터 사업 활용 사례 | 빅데이터와 인공지능 | 데이터 과학자 | 빅데이터 시각화 | 공간 빅데이터 | 소셜 네트워크 분석 | 데이터 레이크 | 데이터 마이닝 | NoSQL | 하둡 | 데이터 거래소 | 빅데이터 수집 기술 | TF-IDF
C 클라우드 컴퓨팅 서비스 클라우드 컴퓨팅의 이해 | 클라우드 컴퓨팅 서비스 | 가상화 | 데스크톱 가상화 | 서버 가상화 | 스토리지 가상화 | 네트워크 가상화 | 가상 머신 vs 컨테이너 | 도커 | 마이크로서비스 아키텍처 | 서버리스 아키텍처
D 인텔리전스 & 모빌리티 서비스 BYOD | CYOD | N-스크린 | 소셜 미디어 | LBS | RTLS | WPS | 측위 기술 | 커넥티드 카 | ADAS | 라이다 | C-ITS | V2X | 드론(무인기)
E 스마트 디바이스 증강현실 | 멀티모달 인터페이스 | 오감 센서 | HTML5 | 반응형 웹 디자인 | 가상현실과 증강현실 | 스마트 스피커
F 융합 사업 스마트 헬스와 커넥티드 헬스 | 자가 측정 | EMS | 스마트 그리드 | 스마트 미터 | 사물인터넷 | 게임화 | 웨어러블 컴퓨터 | 스마트 안경 | 디지털 사이니지 | 스마트 TV | RPA | 스마트 시티 | 스마트 팜 | 스마트 팩토리 | 디지털 트윈
G 3D 프린팅 3D 프린팅 | 4D 프린팅 | 3D 바이오프린팅
H 블록체인 블록체인 기술 | 블록체인 응용 분야와 사례 | 암호화폐 | 이더리움과 스마트 계약 | ICO
I 인공지능 기계학습 | 딥러닝 | 딥러닝 프레임워크 | 인공 신경망 | GAN | 오버피팅 | 챗봇 | 소셜 로봇
J 인터넷 서비스 간편결제 | 생체 인식 | O2O | O4O | 핀테크

6권 기업정보시스템

A 기업정보시스템 개요 엔터프라이즈 IT와 제4차 산업혁명
B 전략 분석 Value Chain | 5-Force | 7S | MECE/LISS | SWOT 분석 | BSC/IT-BSC
C 경영 기법 캐즘 | CSR, CSV, PSR | 플랫폼 비즈니스 | Lean Startup
D IT 전략 BPR/PI | ISP | EA | ILM
E IT 거버넌스 IT 거버넌스 | ISO 38500 | COBIT 5.0 | IT-Complaince | 지적재산권 | IT 투자평가
F 경영솔루션 BI | ERP | PRM | SCM | SRM | CRM | EAI | MDM | CEP | MES | PLM
G IT 서비스 ITSM/ITIL | SLA | ITO
H 재해복구 BCP | HA | 백업 및 복구 | ISO 22301
I IT 기반 기업정보시스템 트렌드 IOT | 인공지능 기술 및 동향 | 클라우드 기술 및 동향 | 블록체인 기술 및 동향 | O2O

7권 정보보안

A 정보보안 개요 정보보안의 개념과 관리체계 | 정보보증 서비스 | 정보보안 위협요소 | 정보보호 대응수단 | 정보보안 모델 | 사회공학
B 암호학 암호학 개요 | 대칭키 암호화 방식 | 비대칭키 암호화 방식
C 관리적 보안 관리적 보안의 개요 | CISO | 보안인식교육 | 접근통제 | 디지털 포렌식 | 정보보호 관리체계 표준 | 정보보호 시스템 평가기준 | 정보보호 거버넌스 | 개인정보보호법 | 정보통신망법 | GDPR | 개인정보 보호관리체계 | e-Discovery
D 기술적 보안: 시스템 End Point 보안 | 모바일 단말기 보안 | Unix/Linux 시스템 보안 | Windows 시스템 보안 | 클라우드 시스템 보안 | Secure OS | 계정관리 | DLP | NAC/PMS | 인증 | 악성코드
E 기술적 보안: 네트워크 통신 프로토콜의 취약점 | 방화벽 / Proxy Server | IDS / IPS |

WAF | UTM | Multi-Layer Switch / DDoS | 무선랜 보안 | VPN | 망분리 / VDI

F 기술적 보안: 애플리케이션 데이터베이스 보안 | 웹 서비스 보안 | OWASP | 소프트웨어 개발보안 | DRM | DOI | UCI | INDECS | Digital Watermarking | Digital Fingerprinting / Forensic Marking | CCL | 소프트웨어 난독화

G 물리적 보안 및 융합 보안 생체인식 | Smart Surveillance | 영상 보안 | 인터넷전화(VoIP) 보안 | ESM/SIEM | Smart City & Home & Factory 보안

H 해킹과 보안 해킹 공격 기술

8권 알고리즘 통계

A 자료 구조 자료 구조 기본 | 배열 | 연결 리스트 | 스택 | 큐 | 트리 | 그래프 | 힙

B 알고리즘 알고리즘 복잡도 | 분할 정복 알고리즘 | 동적 계획법 | 그리디 알고리즘 | 백트래킹 | 최단 경로 알고리즘 | 최소 신장 트리 | 해싱 | 데이터 압축 | 유전자 알고리즘

C 정렬 자료 정렬 | 버블 정렬 | 선택 정렬 | 삽입 정렬 | 병합 정렬 | 퀵 정렬 | 기수 정렬 | 힙 정렬

D 확률과 통계 기초통계 | 통계적 추론 | 분산분석 | 요인분석 | 회귀분석 | 다변량분석 | 시계열분석 | 범주형 자료 분석

지은이 소개

삼성SDS 기술사회는 4차 산업혁명을 선도하고 임직원의 업무 역량을 강화하며 IT 비즈니스를 지원하기 위해 설립된 국가 공인 기술사들의 사내 연구 모임이다. 정보통신 기술사는 '국가기술자격법'에 따라 기술 분야에 관한 고도의 전문 지식과 실무 경험을 바탕으로 정보통신 분야 기술 업무를 수행할 수 있는 최상위 국가기술자격이다. 국내 ICT 분야 종사자 중 약 2300명(2018년 12월 기준)만이 정보통신 분야 기술사 자격을 가지고 있으며, 그중 150여 명이 삼성SDS 기술사회 회원으로 현직에서 활동하고 있을 정도로, 업계에서 가장 많은 기술사가 이곳에서 활동하고 있다. 삼성SDS 기술사회는 정보통신 분야의 최신 기술과 현장 경험을 지속적으로 체계화하기 위해 연구 및 지식 교류 활동을 꾸준히 해오고 있으며, 그 활동의 결실을 '핵심 정보통신기술 총서'로 엮고 있다. 이 책은 기술사 수험생 및 ICT 실무자의 필독서이자, 정보통신기술 전문가로서 자신의 역량을 향상시킬 수 있는 실전 지침서이다.

1권 컴퓨터 구조

오상은 컴퓨터시스템응용기술사 66회, 소프트웨어 기획 및 품질 관리

윤명수 정보관리기술사 96회, 보안 솔루션 구축 및 컨설팅

이대희 정보관리기술사 110회, 소프트웨어 아키텍트(KCSA-2)

2권 정보통신

김대훈 정보통신기술사 108회, 특급감리원, 광통신·IP백본망 설계 및 구축

김재곤 정보통신기술사 84회, 데이터센터·유무선통신망 설계 및 구축

양정호 정보관리기술사 74회, 정보통신기술사 81회, AI, 블록체인, 데이터센터·통신망 설계 및 구축

장기천 정보통신기술사 98회, 지능형 건축물 시스템 설계 및 시공

허경욱 컴퓨터시스템응용기술사 111회, 레드햇공인아키텍트(RHCA), 클라우드 컴퓨팅 설계 및 구축

3권 데이터베이스

김관식 정보관리기술사 80회, 전자계산학 학사, Database, 기업용 솔루션, IT 아키텍처

윤성민 정보관리기술사 90회, 수석감리원, ISE

임종범 컴퓨터시스템응용기술사 108회, 아키텍처 컨설팅, 설계 및 구축

이균홍 정보관리기술사 114회, 기업용 MIS Database 전문가, SDS 차세대 Database 시스템 구축 및 운영

4권 소프트웨어 공학

석도준 컴퓨터시스템응용기술사 113회, 수석감리원, 데이터 아키텍처, 데이터베이스 관리, IT 시스템 관리, IT 품질 관리, 유통·공공·모바일 업종 전문가

조남호 정보관리기술사 86회, 수석감리원, 삼성페이 서비스 및 B2B 모바일 상품 기획, DevOps, Tech HR, MES 개발·운영

박성훈 컴퓨터시스템응용기술사 107회, 정보관리기술사 110회, 소프트웨어 아키텍처, 저서 『자바 기반의 마이크로서비스 이해와 아키텍처 구축하기』

임두환 정보관리기술사 110회, 수석감리원, 솔루션 아키텍처, Agile Product

5권 ICT 융합 기술

문병선 정보관리기술사 78회, 국제기술사, 디지털헬스사업, 정밀의료 국가과제 수행

방성훈 정보관리기술사 62회, 국제기술사, MBA, 삼성전자 전사 SCM 구축, 삼성전자 ERP 구축 및 운영

배홍진 정보관리기술사 116회, 삼성전자 및 삼성디스플레이 HR SaaS 구축 및 확산

원영선 정보관리기술사 71회, 국제기술사, 삼성전자 반도체, 디스플레이 및 해외·대외 SaaS 기반 문서중앙화서비스 개발 및 구축

홍진파 컴퓨터시스템응용기술사 114회, 삼성

SDI GSCM 구축 및 운영

6권 기업정보시스템

곽동훈 정보관리기술사 111회, SAP ERP, 비즈니스 분석설계, 품질관리

김선득 정보관리기술사 110회, 수석감리원, 기획 및 관리

배성구 정보관리기술사 107회, 수석감리원, 금융IT분석설계 개선운영, 차세대 프로젝트

이채은 정보관리기술사 61회, 전자·제조 프로세스 컨설팅, ERP/SCM/B2B

정화교 정보관리기술사 104회, 정보시스템감리사, SCM 및 물류, ERM

7권 정보보안

강태섭 컴퓨터시스템응용기술사 81회, 정보보안기사, SW 테스트 수행 관리, 코드 품질 검증

박종락 컴퓨터시스템응용기술사 84회, 보안 컨설팅 및 보안 아키텍처 설계, 개인정보보호 관리체계 구축, 보안 솔루션 구축

조규백 정보통신기술사 72회, 빅데이터 기반 보안 플랫폼 구축, 보안 데이터 분석, 외부 위협 및 내부 정보 유출 SIEM 구축, 보안 솔루션 구축

조성호 컴퓨터시스템응용기술사 98회, 정보관리기술사 99회, 인공지능, 딥러닝, 컴퓨터비전 연구 개발

8권 알고리즘 통계

김종관 정보관리기술사 114회, 금융결제플랫폼 설계·구축, 자료구조 및 알고리즘

전소영 정보관리기술사 107회, 수석감리원, 데이터 레이크 아키텍처 설계·구축·운영 및 컨설팅

정지영 정보관리기술사 111회, 수석감리원, 디지털포렌식, 통계 및 비즈니스 서비스 분석

지난 판 지은이(가나다순)

전면2개정판(2014년) 강민수, 강성문, 구자혁, 김대석, 김세준, 김지경, 노구율, 문병선, 박종락, 박종일, 성인룡, 송효섭, 신희종, 안준용, 양정호, 유동근, 윤기철, 윤창호, 은석훈, 임성웅, 장기천, 장윤호, 정영일, 조규백, 조성호, 최경주, 최영준

전면개정판(2010년) 김세준, 김재곤, 나대균, 노구율, 박종일, 박찬순, 방동서, 변대범, 성인룡, 신소영, 안준용, 양정호, 오상은, 은석훈, 이낙선, 이채은, 임성웅, 임성현, 정유선, 조규백, 최경주

제4개정판(2007년) 강옥주, 김광혁, 김문정, 김용희, 김태천, 노구율, 문병선, 민선주, 박동영, 박상천, 박성춘, 박찬순, 박철진, 성인룡, 신소영, 신재훈, 양정호, 오상은, 우제택, 윤주영, 이덕호, 이동석, 이상호, 이영길, 이영우, 이채은, 장은미, 정동곤, 정삼용, 조규백, 조병선, 주현택

제3개정판(2005년) 강준호, 공태호, 김영신, 노구율, 박덕균, 박성춘, 박찬순, 방동서, 방성훈, 성인룡, 신소영, 신현철, 오영임, 우제택, 윤주영, 이경배, 이덕호, 이영길, 이창율, 이채은, 이치훈, 이현우, 정삼용, 정찬호, 조규백, 조병선, 최재영, 최정규

제2개정판(2003년) 권종진, 김용문, 김용수, 김일환, 박덕균, 박소연, 오영임, 우제택, 이영근, 이채은, 이현우, 정동곤, 정삼용, 정찬호, 주재욱, 최용은, 최정규

개정판(2000년) 곽종훈, 김일환, 박소연, 안승근, 오선주, 윤양희, 이경배, 이두형, 이현우, 최정규, 최진권, 황인수

초판(1999년) 권오승, 김용기, 김일환, 김진홍, 김홍근, 박진, 신재훈, 엄주용, 오선주, 이경배, 이민호, 이상철, 이춘근, 이치훈, 이현우, 이현, 장춘식, 한준철, 황인수

한울아카데미 2129

핵심 정보통신기술 총서 4
소프트웨어 공학

지은이 삼성SDS 기술사회 | **펴낸이** 김종수 | **펴낸곳** 한울엠플러스(주) | **편집** 김다정

초판 1쇄 발행 1999년 3월 5일 | **전면개정판 1쇄 발행** 2010년 7월 5일
전면2개정판 1쇄 발행 2014년 12월 15일 | **전면3개정판 1쇄 발행** 2019년 4월 8일

주소 10881 경기도 파주시 광인사길 153 한울시소빌딩 3층
전화 031-955-0655 | **팩스** 031-955-0656 | **홈페이지** www.hanulmplus.kr
등록번호 제406-2015-000143호

ISBN 978-89-460-7129-2 14560
ISBN 978-89-460-6589-5(세트)

* 책값은 겉표지에 표시되어 있습니다.